Lehrbuch der Mathematik

für

den höheren Schulunterricht

bearbeitet

von

Dr. E. F. August,

Professor und Director des Cölnischen Real-Gymnasiums zu Berlin.

Dritter Cursus.

Neunzehnter bis achtundzwanzigster Abschnitt, die Stereometrie umfassend, mit zahlreichen Uebungsaufgaben.

Mit 10 doppelt beigefügten Figurentafeln.

Berlin.

Gedruckt und verlegt bei Georg Reimer.

1854.

Vorwort.

In diesem dritten Cursus der Mathematik habe ich die Stereometrie vollständig auf neun Abschnitte vertheilt. Die Methode der Bearbeitung ist dieselbe, wie in den beiden ersten Cursen; der Stoff ist reichhaltig und giebt zu vielseitiger Uebung der Schüler Veranlassung. Vieles Eigenthümliche wird der Lehrer, der sich bei seinen Vorträgen dieses Buches bedient, darin vorfinden. Die Lehre von den Körperstumpfen ist einfacher und umfangsreicher behandelt, als es in ähnlichen Lehrbüchern bis jetzt geschehen ist. Die Obelisken, welche nur eine besondere Art der Körperstumpfe sind, haben daher hier nur in den Schlußbemerkungen (Anhängen) Platz gefunden. Dahingegen ist die Theorie der Körperstumpfe auch auf die Kugeln, auf das Ellipsoïd, Sphäroïd und Paraboloïd ausgedehnt worden, nachdem die wichtigsten Eigenschaften der Kegelschnitte an dem Kegel selbst nachgewiesen waren. Die Betrachtung der Axen an den Körpern, die Beziehungen der Seitenflächen zu diesen Axen, und manche andere für die Naturlehre wichtigen Betrachtungen, haben in dem Buche geeignete Anknüpfungspunkte gefunden. Die Uebungsaufgaben am Ende bieten reichhaltigen Stoff zur Anwendung der Theorie. Möge sich daher diese Arbeit einer freundlichen Aufnahme erfreuen und in den höheren Lehranstalten so wie bei dem Privatunterricht zur sichern und gründlichen Einübung mathematischer Kenntnisse beitragen.

Die am Schlusse des Ganzen folgenden Berichtigungen und Zusätze mögen vor dem Gebrauche des Buches berücksichtigt werden.

Berlin, im October 1854.

August.

Neunzehnter Abschnitt.

Von der Lage der Ebenen im Raum.

(Erster Abschnitt der Stereometrie.)

§. 1. Erklärung.

Eine Fläche, welche jede gerade Linie, die durch zwei Punkte derselben geht, ganz aufnimmt, ist eine Ebene.

Erläuterung.

Befindet sich in einer Ebene ein Punkt A und ein Punkt B; so ist auch jeder Punkt der geraden Linie AB in dieser Ebene.

Anm. 1. Diese Vorstellung von der Ebene liegt der ganzen Geometrie zu Grunde. Alle in den vorigen Abschnitten durchgeführten Constructionen beziehen sich darauf.

Anm. 2. Alle Constructionen der Geometrie, deren Grundlehren wir bisher behandelt haben, fanden in einer und derselben Ebene statt. Die physikalische Fläche, auf welcher die Zeichnung dargestellt war, wurde als diese mathematische Ebene betrachtet, Flecke und Striche der Zeichnung stellten mathematische Punkte und Linien auf derselben dar. In der Stereometrie, der Lehre von den Raumgrößen dreifacher Ausdehnung, d. h. von den mathematischen Körpern, erstreckt sich die Betrachtung auf mehrere Ebenen. Die Darstellung dieser Ebenen in einer Zeichnung wird dadurch erleichtert, daß man sich Theile dieser Ebenen als Rechtecke begrenzt denkt und die Umrisse so darstellt, wie sie dem betrachtenden Auge aus großer Ferne erscheinen. Die Fläche der Zeichnung wird in vielen Constructionen gleichfalls als hinzugehörige Ebene angesehn.

§. 2. Forderung.

Durch drei Punkte im Raum, die nicht in gerader Linie liegen, eine Ebene zu legen, und eine so bestimmte Ebene nach allen Seiten hin zu erweitern.

Ein jeder trägt die Grundvorstellung der Ebene in sich. Der Forderungssatz verlangt, diese Vorstellung dergestalt mit drei im Raum angenommenen Punkten zu verbinden, daß dieselben als Punkte der vorgestellten Ebene erscheinen. Die Erweiterung der Ebene nach allen Seiten hin entspricht dabei der Verlängerung der geraden Linien auf derselben, und zwar jeder in ihrer Richtung.

§. 3. Lehrsatz.

Durch drei Punkte im Raum, die nicht in gerader Linie liegen, kann nur *eine* Ebene gelegt werden, eben so durch eine gerade Linie und einen Punkt außerhalb derselben, durch die Schenkel eines Winkels und durch zwei Parallellinien.

Beweis.

Liegen die drei Punkte A, B, C (Fig. 1. Taf. I.) in der Ebene der Zeichnung und nicht in gerader Linie, so ist eine andere Ebene durch dieselben nicht möglich.

Liegt nämlich der Punkt D mit den drei Punkten A, B, C in irgend einer Ebene, so kann man von diesem Punkt in dieser Ebene eine gerade Linie ziehen, welche zwei der Seiten des Dreiecks ABC oder ihre Verlängerungen durchschneidet. Es sei dies die Linie DEF, welche AB in E und CB in F durchschneidet.

Da nun der Punkt A und auch B in der Ebene der Zeichnung liegt; so liegt auch E in derselben Ebene. Eben so folgt, daß auch F in derselben liegt. Folglich liegt auch die Gerade EF in derselben, also auch der Punkt D, welcher auf der Linie EF ist. Der Punkt D ist also in der Ebene der Zeichnung.

Es liegt also jeder Punkt, der mit A, B, C in derselben Ebene liegt, auch in der Ebene der Zeichnung. Es giebt also nur diese einzige Ebene, auf welcher die drei angenommenen Punkte A, B, C liegen.

Für eine gerade Linie und einen Punkt außer derselben, gilt derselbe Satz, weil er für zwei Punkte auf der geraden Linie und den Punkt außerhalb gültig ist.

Für die Schenkel eines Winkels gilt er, weil er für den Scheitelpunkt und für zwei Punkte auf verschiedenen Schenkeln gilt.

Für zwei Parallellinien, die nach ihrer Erklärung in einer Ebene liegen, gilt er, weil er für zwei Punkte der einen und einen Punkt der anderen gilt.

§. 4. Lehrsatz.

Eine gerade Linie zwischen einem Punkte außerhalb und einem Punkte innerhalb einer Ebene hat nur diesen einen Punkt mit derselben gemein und durchschneidet die Ebene in diesem Punkte.

Beweis.

Die Gerade AB (Fig. 2.) gehe durch A außer der Ebene MN und durch B in derselben; so kann sie mit ihr keinen anderen Punkt C gemein haben.

Es liegt die ganze Gerade CB auf MN, also auch A; wenn A zu dieser Geraden gehört. A ist aber außerhalb angenommen. Da nun AB und BC, die wir uns in der Ebene der Zeichnung vorstellen wollen, nicht in gerader Linie liegen, also bei B einen Winkel bilden; so ist die Verlängerung von AB nicht innerhalb des Winkelblatts ABC, also außerhalb, auch nicht innerhalb des Winkelblatts ABE, folglich muß die Verlängerung von AB auf der andern Seite der Ebene MN liegen. AB durchschneidet also die Ebene in dem Punkte B.

§. 5. Lehrsatz.

Eine Ebene, welche durch einen Punkt in einer andern und durch einen Punkt außerhalb derselben gelegt ist, hat mit derselben eine gerade Linie gemein, die durch diesen Punkt geht, und durchschneidet dieselbe in dieser geraden Linie.

Beweis.

Die Ebene PQ (Fig. 3.) habe mit der Ebene MN den Punkt A gemein, und gehe zugleich durch den Punkt B außerhalb derselben; so wird MN von der Geraden BA in A durchschnitten. Es liegt also ein Punkt der Geraden, C, auf der andern Seite der Ebene. Nimmt man nun auf gleicher Seite mit B noch den Punkt D in der Ebene PQ an; so muß die Gerade DC nothwendig die Ebene MN durchschneiden. Dies kann nicht in A geschehen, da BC und DC verschiedene Linien sind. Es geschehe also in E. Der Punkt E liegt also auf CD, also in der Ebene PQ, aber auch in der Ebene MN. Eben so liegt A in der Ebene PQ und in der Ebene MN.

Es liegt also die Gerade AE in jeder von beiden Ebenen, und die Theile der Ebene PQ liegen auf verschiedenen Seiten von MN. Die Ebene MN wird also von der Ebene PQ in der geraden Linie AE durchschnitten.

Da nun die beiden Ebenen außer der Linie AE keinen Punkt gemein haben können; so folgt hieraus zugleich der

Zusatz.

Zwei Ebenen können nur eine einzige Durchschnittslinie haben.

§. 6. Erklärung.

Eine gerade Linie, welche eine Ebene in einem Punkte so durchschneidet, daß sie mit jeder Geraden in derselben, die durch diesen Punkt geht, rechte Winkel bildet, heißt ein Perpendikel der Ebene.

Wird also die Ebene MN (Fig. 4.) von der Linie AB in B so durchschnitten, daß alle in MN durch B gezogenen Geraden mit AB rechte Winkel bilden,

also ABC = R = ABD = ABE = ABF etc.;

so ist AB ein Perpendikel zur Ebene MN.

§. 7. Lehrsatz.

Eine gerade Linie, welche eine Ebene durchschneidet, und auf zwei Geraden derselben im Durchschnittspunkte winkelrecht steht, ist ein Perpendikel der Ebene.

Beweis.

Es sei die Linie AB (Fig. 5.) gegeben, durch dieselbe seien zwei Ebenen gelegt, die also keine andre Durchschnittslinie haben als AB, in einer derselben sei das Perpendikel BC, in der andern das Perpendikel BD gezogen und durch die Schenkel des Winkels CBD eine Ebene MN gelegt; so findet die Voraussetzung unsres Lehrsatzes statt. AB durchschneidet die Ebene MB in B (§. 4.) und bildet mit zwei Linien der Ebene, die durch B gehen, mit BC und BD rechte Winkel.

Es soll nun gezeigt werden; daß AB mit jeder andern in der Ebene MN durch B gezogenen Geraden rechte Winkel einschließt.

Man mache BD = BC, ziehe DC, AC, AD; so ist $\triangle ABC \cong ABD$ (SWS); also auch AC = AD. Die Dreiecke CAD, CBD sind also gleichschenklig, und die Perpendikel aus den Spitzen A und B auf die gemeinsame Grundlinie CD treffen diese in ihrem Mittepunkte F. Dann ist

$$AB^2 = AD^2 - DB^2, \quad BF^2 = BD^2 - DF^2;$$

$$\text{also } AB^2 + BF^2 = AD^2 - DF^2 = AF^2.$$

Daher ist ABF ein bei B rechtwinkliges Dreieck (VI, 26.). Die Halbirungslinie des Winkels CBD wird also von AB rechtwinklig durchschnitten.

Wählt man eine andere Linie zwischen den Schenkeln des Winkels CBD, z. B. BG, und zieht GB, GA; so ist

$$AB^2 = AF^2 - FB^2, \quad GB^2 = GF^2 + FB^2,$$

$$\text{also } AB^2 + GB^2 = AF^2 + GF^2 = AG^2.$$

Daher ist auch AGB ein bei B rechtwinkliges Dreieck. Es wird also auch jede in MN zwischen CB und DB liegende Linie von AB rechtwinklig in B durchschnitten.

Derselbe Beweis würde für die zwischen BH, der Verlängerung von CB, und BD durch B gelegten Geraden der Ebene MN gelten. Es ist daher AB ein Perpendikel der Ebene.

§. 8. Aufgabe.

In einem Punkt einer Ebene ein Perpendikel auf derselben zu errichten.

Auflösung.

Sei in der Ebene MN (Fig. 6.) der Punkt A gegeben, in welchem ein Perpendikel zur Ebene errichtet werden soll; so lege man in der Ebene durch A beliebig die Gerade BC und nehme außerhalb der Ebene einen Punkt D beliebig an. Durch D und BC lege man eine Ebene DC und in dieser auf BC durch A das Perpendikel AF; zugleich auch auf BC durch A in MN das Perpendikel AE. Durch beide Perpendikel lege man eine Ebene AG, und in dieser durch AE das Perpendikel AH; so ist AH ein Perpendikel der Ebene.

Beweis.

Da CAE = R und CAF = R; so ist CA ein Perpendikel zur Ebene AG; also auch CAH = R.

Da nun HAC = R und HAE = R; so ist auch HA ein Perpendikel zu MN.

§. 9. Aufgabe.

Von einem Punkt außerhalb einer Ebene ein Perpendikel auf dieselbe zu fällen.

Auflösung.

Es sei außerhalb der Ebene MN (Fig. 7.) der Punkt A gegeben, von welchem ein Perpendikel auf dieselbe gefällt werden soll. Man nehme in MN eine beliebige Linie BC an, lege durch diese und A eine Ebene, und errichte in dieser von A aus auf BC das Perpendikel AD und in MN von D aus auf BC das Perpendikel DE, durch beide Perpendikel lege man eine Ebene und fälle in dieser von A auf DE das Perpendikel AF; so ist dieses ein Perpendikel zur Ebene MN.

Beweis.

Zieht man FC; so ist

$$AF^2 = AD^2 - DF^2, \quad FC^2 = DC^2 + DF^2$$

$$\text{also} \quad AF^2 + FC^2 = AD^2 + DC^2 = AC^2.$$

Daher ist ACF ein bei F rechtwinkliges Dreieck.

Da nun AFD = R und AFC = R; so ist AF ein Perpendikel zur Ebene

Die beiden Aufgaben

1) Durch einen Punkt einer im Raum gegebenen Geraden eine Ebene zu legen, welche dieselbe perpendiculär durchschneidet.

2) Durch einen Punkt außerhalb einer geraden Linie eine Ebene zu legen, welche dieselbe perpendiculär durchschneidet,

werden sehr leicht gelöst; wenn man durch die Linie zwei Ebenen legt und in denselben auf der gegebenen Linie Perpendikel errichtet. Die durch beide Perpendikel gelegte Ebene ist die verlangte.

Im ersten Falle werden die Ebenen beliebig angenommen und die Perpendikel von dem gegebenen Punkte aus in beiden errichtet.

Im zweiten Falle wird eine der Ebenen durch die gerade Linie und den Punkt außer ihr, die andere beliebig gelegt. Die Stelle, von wo aus beide Perpendikel gelegt werden, ist in der erstern Ebene durch das Perpendikel von dem gegebenen Punkt auf die gegebene Linie bestimmt.

Der Beweis für die Richtigkeit der hier angedeuteten Auflösung ist sehr einfach.

§. 10. Zusätze.

1) In einem Punkt einer Ebene kann nur ein Perpendikel errichtet werden.

2) Von einem Punkt außerhalb einer Ebene kann nur ein Perpendikel auf dieselbe gefällt werden.

3) Durch einen Punkt im Raum kann nur **eine** Perpendicularebene zu einer geraden Linie gelegt werden.

Beweis.

1) Wären in einem Punkte einer Ebene zwei Perpendikel möglich; so könnte durch beide eine Ebene gelegt werden. Diese hätte eine Durchschnittslinie mit der gegebenen Ebene und mit dieser müßte jedes der beiden angenommenen Perpendikel der Ebene einen rechten Winkel einschließen, im Widerspruch zu IV, 11. Anm.

2) Wären durch einen Punkt außerhalb einer Ebene zwei Perpendikel möglich; so ständen diese auch in der durch sie gelegten Ebene auf der Durchschnittslinie dieser Ebene mit der gegebenen senkrecht, im Widerspruch zu IV, 12. Anm.

3) Könnten zwei verschiedene Ebenen durch eine Linie perpendiculär gelegt werden, die einen Punkt (in der Linie oder außerhalb derselben) gemein hätten, so könnte man durch diesen Punkt und die Linie eine Ebene legen, deren Durchschnittslinien mit den beiden Perpendicularebenen auf dieselben Widersprüche führten, auf die man bei den beiden vorhergehenden Annahmen gelangt.

§. 11. Lehrsatz.

Wenn man von verschiedenen Punkten eines Perpendikels auf einer Ebene Perpendikel auf eine Gerade in derselben fällt, so treffen diese alle denselben Punkt der Linie.

Beweis.

Ist (Fig. 7.) AF ein Perpendikel der Ebene MN und BC eine Gerade in der Ebene MN; hat man von F aus auf BC ein Perpendikel FD gefällt; so soll auch ein in der durch A und BC gelegten Ebene von A auf BC gefalltes Perpendikel in D treffen.

Zieht man nämlich AD, AC und CF; so ist

$$AD^2 = AF^2 + FD^2, \quad CD^2 = CF^2 - FD^2,$$

$$\text{also } AD^2 + CD^2 = AF^2 + CF^2 = AC^2.$$

Es ist also ADC ein rechter Winkel.

Da nun der Punkt A überall auf dem Perpendikel AF angenommen werden kann, ohne diese Schlußfolge abzuändern; so ist der Satz bewiesen.

§. 12 Lehrsatz.

Wenn von einem Punkte außerhalb einer Ebene ein Perpendikel auf dieselbe gefällt und zugleich nach einem beliebigen

Punkte derselben eine schräge Linie gezogen ist; so bildet diese mit der Geraden zwischen beiden Durchschnittspunkten den kleinsten spitzigen und den größesten stumpfen Winkel unter allen Winkeln, welche sie mit den in der Ebene ihren Durchschnittspunkt treffenden Geraden einschließt, und von je zwei Winkeln, welche die schräge Linie mit einer andern durch ihren Durchschnittspunkt in der Ebene liegenden Geraden einschließt, ist derjenige größer, dessen Schenkel in der Ebene mit dem Schenkel des kleinsten Winkels den größeren Winkel einschließt. Der Winkel der schrägen Linie mit einer Geraden in der Ebene ist ein Rechter, wenn diese Gerade in der Ebene den Schenkel des kleinsten Winkels perpendiculär durchschneidet.

Beweis.

Von dem Punkte A außerhalb der Ebene MN (Fig. 8.) sei auf dieselbe das Perpendikel AB gefällt und nach C die schräge Linie AC gezogen, durch die Punkte C und B sei die gerade Linie ECBD gelegt, die ganz in der Ebene MN ist (§. 4.).

Da nun ABC ein rechter Winkel ist (§. 6.); so ist ACB im Dreieck BCA ein spitzer Winkel. Legt man durch C eine beliebige andere Gerade in der Ebene, GCF; so ist Winkel ACF $>$ ACB.

Man nehme an CF $=$ CB, und ziehe die Geraden AF und FB, von denen die letztere in MN liegt; dann ist ABF $=$ R; also AF $>$ AB.

In den Dreiecken ACB und ACF ist also:

$$AC = AC, \quad CF = CB, \quad AF > AB;$$

folglich ist auch Winkel ACF $>$ ACB (IV, 20.).

Ist nun ACF ein spitzer Winkel; so ist ACG ein stumpfer und

$$2R - ACF < 2R - ACB, \text{ d. h. } ACG < ACE \text{ (I, 10.).}$$

Es ist also ACB der kleinste spitzige und ACE der größeste stumpfe Winkel der Linie AC mit einer Geraden in der Ebene, die durch den Punkt C geht.

Bildet ferner die Gerade CH einen größeren Winkel mit CB, als die Linie CF; so nehme man CH $=$ CF $=$ CB und ziehe noch AH und HB.

Dann ist $CH = CF$; also $HB > BF$ (III, 6.),

also auch $AB^2 + BH^2 > AB^2 + BF^2$, d. h. $AH^2 > AF^2$;

daher auch $AH > AF$ und Winkel $ACH > ACF$.

Wäre endlich CH perpendiculär zu BC; so müßte ein von A auf CH gefälltes Perpendikel den Punkt C treffen (§. 6.); es müßte also auch ACH ein rechter Winkel sein.

Anm. Der kleinste Winkel, den eine Gerade, die eine Ebene durchschneidet, mit einer der Linien in der Ebene bildet, heißt der Neigungswinkel der Linie gegen die Ebene.

§. 13. Lehrsatz.

Jede Linie, die einem Perpendikel auf einer Ebene parallel ist, steht auch winkelrecht auf dieser Ebene, und je zwei Perpendikel derselben Ebene sind parallel.

Beweis.

Auf der Ebene MN (Fig. 9.) sei das Perpendikel AB gegeben und durch C eine Linie CD parallel mit AB; so soll diese ein Perpendikel auf MN sein. Da AB und DC in einer Ebene liegen; so ist BC die Durchschnittslinie dieser Ebenen mit MN. Man nehme auf der Verlängerung von BC den Punkt E in beiden Ebenen an und ziehe AE, welche die Parallele aus C in D durchschneidet. CD ist dann ein Perpendikel der Linie EB. Es soll auch ein Perpendikel der Ebene MN sein.

Wäre DC nicht ein Perpendikel auf MN, so könnte ein Perpendikel DF gefällt werden. Der Punkt F könnte aber nicht auf der Linie EB liegen, weil nur ein Perpendikel von D auf EB möglich ist.

Läge er aber außerhalb derselben in F; so zöge man EF, dann wäre

Winkel DEF > DEC, wegen des Perpendikels AB (nach §. 12.),

Winkel DEF < DEC, wegen des Perpendikels DF (nach §. 12.).

Da nun Winkel DEF nicht zugleich größer und auch kleiner sein kann als DEC; so ist die Lage des Punktes F außerhalb der Linie EB unmöglich.

Liegt aber der Punkt F auf EB, so muß er in C fallen, weil DCE ein rechter Winkel sein muß (§. 6.).

Auch der zweite Theil des Lehrsatzes wird indirekt aber ohne neue Construktion bewiesen. Wäre mit einem zuerst angenommenen Perpendikel auf der Ebene ein zweites nicht parallel, so könnte durch den Durchschnittspunkt desselben mit der Ebene eine Parallele gelegt werden. Diese wäre dann ein Perpendikel zur Ebene und man hätte in demselben Durchschnittspunkt zwei verschiedene Perpendikel der Ebene, was unmöglich ist (§. 8.).

Anm. Daß jede Linie, welche einer andern parallel ist, die eine Ebene durchschneidet, diese Ebene gleichfalls durchschneiden muß, ist leicht einzusehen; wenn man erwägt, daß die Parallellinien in einer Ebene liegen, daß diese

Ebene diejenige durchschneidet, welche von einer der Parallelen durchschnitten wird, daß die Durchschnittslinie beider Ebenen, auch beide Parallelen durchschneiden muß u. s. w.

§. 14. Lehrsatz.

Wenn zwei Linien im Raum einzeln einer dritten parallel sind; so sind sie unter sich parallel.

Beweis.

Es sei (Fig. 10.) AB ‡ CD, AB ‡ EF; so ist auch CD ‡ EF.

Man nehme auf AB den beliebigen Punkt G an, und lege durch G eine Ebene MN, zu welcher AB perpendiculär ist (§. 6.), dann wird diese Ebene auch von CD und EF perpendiculär durchschnitten §. 13.

Da also CD Perpendikel auf MN, und EF Perpendikel auf MN;

so ist CD ‡ EF. Was zu beweisen war.

§. 15. Lehrsatz.

Wenn zwei sich durchschneidende Geraden im Raum, einzeln verglichen, zweien anderen sich durchschneidenden parallel sind; so stimmen die Durchschnittswinkel beider Linienpaare überein.

Beweis.

Die Geraden AB, CD durchschneiden sich in E (Fig. 11.), die Geraden FG, HK in L. Beide Linienpaare seien im Raume, also möglicherweise auch nicht in derselben Ebene, welcher Fall hier besonders berücksichtigt wird, und es sei AB ‡ FG, CD ‡ HK. Es sollen die spitzen Winkel DEB, KLG, also auch die stumpfen AED, FLK einander gleich sein.

Man ziehe die Gerade EL, und schneide in der Ebene der Parallelen AB und FG auf derselben Seite von EL gleiche Stücke von beiden Parallelen ab, EM und LN; eben so gleiche Stücke von den Parallelen CD und HK, nämlich EO und LP, und ziehe die Geraden MN, OP, MO, NP.

Da nun EO ‡ LP und EO = LP; so ist ELPO ein Parallelogramm (VI, 3.).

Es ist also auch OP ‡ EL, und OP = EL.

Eben so wird bewiesen, daß MN ‡ EL, MN = EL.

Es ist also auch OP ‡ MN, OP = MN.

Also ist auch MOPN ein Parallelogramm; daher MO = NP.

Da nun auch ME = NL, OE = PL;

so ist △ OME ≅ NLP; also Winkel MEO = NLP. Was zu beweisen war.

§. 16. Erklärung.

Die Abweichung der Lage zweier Ebenen, die in einer geraden Linie zusammentreffen, heißt ein **Flächenwinkel** oder ein **Keilwinkel**, die beiden Ebenen gemeinschaftliche Linie heißt die **Kante** des Keilwinkels. Die Größe desselben wird durch den ebenen Winkel bestimmt, den zwei Perpendikel einschließen, die in jeder Ebene auf der Kantenlinie in demselben Punkte errichtet sind. Dieser Winkel, der an jeder Stelle der Kante gleich ist, heißt der **Neigungswinkel** beider Ebenen, und man kann daher auch bei den Flächenwinkeln **spitze**, **stumpfe**, **rechte**, **Nebenwinkel** und **Vertikalwinkel** unterscheiden. Wenn der Neigungswinkel ein Rechter ist; so heißt eine Ebene **senkrecht** zur andern.

Erläuterung.

Wenn sich (Fig. 12.) die Ebenen AB und CD in der Geraden EF durchschneiden, so nennt man die Abweichung in der Lage je zweier Abschnitte dieser Ebenen einen Flächenwinkel oder einen Keilwinkel. Die Linie EF ist die Kante der vier Keilwinkel, die beim Durchschnitt der Ebenen AB und CD entstehen. Man bezeichnet einen Keilwinkel dadurch, daß man zuerst einen Punkt der einen Ebene, dann die Kantenlinie, dann einen Punkt der zweiten Ebene aufführt und das Linienzeichen von den Punktzeichen durch Bindestriche absondert.

Die Figur enthält also die vier Keilwinkel

A-EF-C, C-EF-B, B-EF-D, D-EF-A.

Nimmt man auf der Kante EF zwei Punkte G und H an und errichtet in diesen Punkten innerhalb jeder Ebene Perpendikel auf EF; z. B. in FB die Perpendikel GK und HM, in FC die Perpendikel GL und HN; so ist Winkel LGK = NHM, da GK ∦ HM und GL ∦ HN ist. Der Winkel LGK dient also zur Bestimmung des Keilwinkels C-EF-B. Eben so wird C-EF-A bestimmt durch LGO, A-FE-D durch OGQ, D-EF-B durch QGK.

Auch sieht man leicht, daß C-EF-A Nebenwinkel zu C-EF-B und Scheitelwinkel zu B-EF-D ist. Ist LGO ein rechter Winkel; so steht die Ebene CF senkrecht auf der Ebene AB.

§. 17. Lehrsatz.

Jede Ebene, die durch ein Perpendikel einer Ebene gelegt ist, steht senkrecht auf derselben.

Beweis.

Wenn (Fig. 13.) auf der Ebene MN die Gerade AB perpendiculär steht und es ist durch AB die Ebene CD gelegt, welche sich mit MN in der Geraden DE schneidet; so steht diese perpendiculär auf MN. Man errichte innerhalb MN auf ED das Perpendikel BF. Da nun auch ABD = R, so ist FBA der Neigungswinkel zu C-ED-M. Es ist aber ABF = R (§. 6.), also ist auch CD auf MN perpendiculär.

Es folgt aus diesem Satze so leicht, daß Beweis und Auflösung kaum einer Andeutung bedarf:

1. Zusatz.

Jede Linie, die in einer Perpendicularebene senkrecht auf der Durchschnittslinie derselben mit der Hauptebene steht, ist ein Perpendikel der Ebene.

2. Aufgabe.

Durch eine nicht perpendiculäre gerade Linie eine Ebene zu legen, welche eine gegebene Ebene perpendiculär durchschneidet.

Ein Perpendikel durch einen beliebigen Punkt der Linie (die entweder in der Ebene liegt oder nicht) wird auf der Ebene errichtet; dann durch dieses und die Linie eine Ebene gelegt.

3. Zusatz.

Durch eine nicht perpendiculäre gerade Linie kann nur eine Ebene gelegt werden, welche zu einer gegebenen Ebene perpendiculär ist.

Auch hier ist zu unterscheiden, ob die gerade Linie ganz in der Ebene liegt oder nicht.

4. Zusatz.

Wenn sich zwei Ebenen, die auf einer dritten perpendiculär stehen, durchschneiden; so ist die Durchschnittslinie ein Perpendikel zu der dritten Ebene.

Wäre es nicht der Fall; so könnte man in jeder der ersten beiden Ebenen auf dem Treffungspunkt ihrer Durchschnittslinien mit der dritten ein Perpendikel errichten, das ein Perpendikel zur dritten Ebene wäre. Es gäbe also dann in einem Punkt zwei Perpendikel zur dritten Ebene (gegen §. 10.).

§. 18. Lehrsatz.

Der Winkel, den zwei Perpendikel einschließen, die in einem Punkte der Kantenlinie eines Flächenwinkels auf beiden Ebenen desselben nach Außen hin errichtet sind, ergänzt sich mit dem Neigungswinkel der Ebenen zu zwei Rechten.

Beweis.

Es sei (Fig. 14.) durch die Kante AD des Flächenwinkels B-AD-C im Punkt E eine Perpendicularebene gelegt; welche AB in EF, AC in EG durchschneidet. In dieser Ebene sei HE perpendiculär auf EF, und KE perpendiculär auf EG errichtet;

so ist GEF der Neigungswinkel zu B-AD-C,

und HE Perpendikel zu AB, KE Perpendikel zu AC.

Da nun KEH + HEF + FEG + KEG = 4 R (III, 15.),

und KEG + HEF = 2 R;

so ist auch KEH + GEF = 2 R. Was zu beweisen war.

Anm. Wenn zwei Winkel sich zu zwei Rechten ergänzen; so ist der eine der Supplementarwinkel des andern. Es ist also KEH Supplementarwinkel zu GEF.

§. 19. Erklärung.

Eine Linie ist einer Ebene parallel; wenn sie fort und fort verlängert die erweiterte Ebene nie treffen kann. Eine Ebene ist einer andern parallel, wenn beide nach allen Seiten hin erweitert, nirgend zusammentreffen.

§. 20. Lehrsatz.

Eine Linie außerhalb einer Ebene, die einer Linie in der Ebene parallel ist, ist auch der Ebene parallel.

Beweis.

Ist AB (Fig. 15.) außerhalb der Ebene MN mit einer Linie CD in dieser

Ebene parallel; so kann durch beide Linien eine Ebene gelegt werden, die mit MN nur die Linie CD gemein hat. Da nun AB nie die Linie CD trifft; so kann AB auch nie die Ebene MN treffen.

§. 21. Aufgabe

Durch einen Punkt außerhalb einer Ebene eine Ebene zu legen, die derselben parallel ist.

Auflösung und Beweis.

Ist (Fig. 16.) außerhalb der Ebene MN ein Punkt A gegeben, durch den eine Ebene parallel mit MN gelegt werden soll; so errichte man auf MN das Perpendikel AB und lege durch A eine Ebene PQ perpendiculär zu AB; so ist PQ‡MN.

Träfen sich nämlich diese Ebenen; so konnte man von einem Punkte, den sie gemein hätten, z. B. von C, in PQ nach A, in MN nach B gerade Linien ziehen. Im Dreieck ACB wäre dann Winkel CAB = R und Winkel CBA = R (gegen IV, 13. 3.). Es können sich also die Ebenen nicht treffen.

Anm. Die Aufgabe hätte auch durch jede schräge Linie AB gelöst werden können; wenn man von B aus in MN zwei beliebige Geraden, dann durch A zwei Parallellinien mit diesen gezogen, und durch diese eine Ebene gelegt hätte. Der leicht aufzufindende Beweis dieser Auflösung begründet auch den

Zusatz

Wenn die Schenkel zweier ebenen Winkel im Raum parallel sind; so sind auch die Ebenen der Winkelblätter parallel.

§ 22. Lehrsatz.

Wenn zwei Parallelebenen von einer dritten durchschnitten werden; so sind die Durchschnittslinien parallel.

Beweis.

Werden die Ebenen AB, CD (Fig. 17.) von der Ebene EF in den Linien GH und KL durchschnitten; so ist GH‡KL.

Träfen sich beide Linien, so wäre der Treffungspunkt

als Punkt der Linie GH in der Ebene AB,

und als Punkt der Linie KL in der Ebene CD.

Beide Ebenen hätten also diesen Punkt gemein und wären nicht parallel.

Aus diesem Satze ergeben sich als leichte Folgerungen:

1. Zusatz.

Eine Linie, von einem Punkt einer Ebene auf eine Parallelebene derselben senkrecht gefällt, ist ein Perpendikel beider Ebenen.

2. Zusatz.

Ein Perpendikel einer Ebene schneidet alle Parallelebenen derselben winkelrecht.

3. Zusatz.

Eine gerade Linie, die eine Ebene durchschneidet, durchschneidet jede Parallelebene derselben unter denselben kleinsten und größesten Winkeln.

4. Zusatz.

Parallellinien zwischen Parallelebenen sind gleich.

5. Zusatz.

Parallelebenen haben überall gleichen Perpendikelabstand.

6. Zusatz.

Durch einen Punkt im Raum können nicht zwei Ebenen gelegt werden, die einer dritten parallel sind.

7. Zusatz.

Wenn eine Ebene von einer zweiten durchschnitten wird; so wird auch jede Parallelebene der ersten von der zweiten unter demselben Neigungswinkel geschnitten.

Anm. Man kann bei einem solchen Durchschnitt zweier Parallelebenen von einer dritten Ebene, auch innere und äußere, Gegenwinkel und Wechselwinkel unterscheiden, und auf sie die Sätze des fünften Abschnitts anwenden; da alles von Flächenwinkeln gilt, was von ihren Neigungswinkeln gültig ist.

§. 23. Lehrsatz.

Wenn gerade Linien durch drei Parallelebenen gelegt sind, so sind ihre Abschnitte zwischen diesen Ebenen proportional.

Beweis.

Sind die drei Ebenen MN, OP, QR parallel, und werden dieselben von den geraden Linien ABC und DEF so durchschnitten, daß die Punkte A und D in MN, B und E in OP, C und F in QR liegen; so ist

$$AB : BC = DE : EF.$$

Man lege durch C und D eine Gerade, welche die Ebene OP in G schneidet, und ziehe die Linien AD, BG, GE, CF.

Dann ist $BG \ddagger AD$, $GE \ddagger CF$ (§. 22.),

also $AB : BC = DG : GC$,

$DG : GC = DE : EF$,

folglich $AB : BC = DE : EF$. Was zu beweisen war.

Es liegt in dieser Proportion auch die folgende

$$AC : DF = AB : DE.$$

Denkt man sich die Punkte D und A zusammenfallend; so ergiebt sich der

Zusatz.

Alle geraden Linien, welche von einem Punkte ausgehend beliebige Parallelebenen durchschneiden, werden von diesen proportional begrenzt.

§. 24. Schlußbemerkungen zum ersten Abschnitt der Stereometrie.

In diesem Abschnitte sind die einfachsten Beziehungen der Punkte, Linien und Winkel im Raum auf gewisse Hauptsätze (Elemente) zurückgeführt. Viele Aufgaben und Sätze, die in dieses Gebiet einschlagen, hätten noch aufgezählt werden können, sind aber eben, weil sie keine Elemente, sondern leichte Folgerungen aus diesen Elementen sind, dem Nachdenken des Lernenden überlassen. Dahin gehören folgende Sätze:

1) Einen Flächenwinkel zu halbiren.

Man wird den Neigungswinkel halbiren, und durch die Halbirungslinie und die Kante eine Ebene legen, durch welche der Flächenwinkel halbirt wird.

2) Wenn zwei Ebenen, mit einer dritten sie durchschneidenden gleiche Gegenwinkel oder gleiche Wechselwinkel bilden; so sind sie parallel.

Der Beweis dieser und ähnlicher Sätze ist schon §. 22. Anm. angedeutet.

3) Durch zwei beliebige Linien im Raum, die nicht parallel sind und sich nicht treffen, zwei Parallelebenen zu legen.

Man wird jede von beiden Linien mit einer Geraden durchschneiden, die der anderen parallel ist, und dann durch die sich schneidenden Linien Ebenen legen, welches die verlangten sind.

4) Durch zwei Parallellinien lassen sich unzählig viele Parallelebenen legen.

Man wird finden, daß sich eine der Linien auf unzählig viele Arten von einer geraden Linie durchkreuzen läßt, und daß mit jeder dadurch bestimmten Ebene durch die andere Linie eine Parallelebene gelegt werden kann.

5) Den kürzesten Abstand zwischen zwei Geraden zu finden, die sich im Raum nicht treffen und nicht parallel sind.

Man wird zuerst (nach 3) Parallelebenen durch beide Linien legen, dann durch eine der Linien (als erste bezeichnet) eine Ebene, welche die andere Parallelebene perpendiculär durchschneidet. Die dann erhaltene Durchschnittslinie schneidet sich mit der zweiten Linie in einem Punkte, von dem aus ein Perpendikel auf die erste gefällt wird, welches der gesuchte kurzeste Abstand beider ist.

6) Durch zwei gerade Linien im Raum, die sich nicht treffen und nicht parallel sind, und einen Punkt außer ihnen, eine dritte gerade Linie zu legen.

Man wird durch die erste der Linien und den Punkt eine Ebene legen, eben so durch die zweite Linie und den Punkt. Die Durchschnittslinie beider Ebenen ist die verlangte Linie. Wenn diese nicht beide Linien trifft; so ist die Lösung der Aufgabe unmöglich.

7) Wenn zwei Perpendikel auf einer Ebene, einzeln verglichen, zweien Perpendikeln auf einer anderen (oder auch derselben) gleich sind; so ist auch

a) der Abstand der äußeren Endpunkte dieser Perpendikel gleich, wenn der Abstand ihrer Endpunkte in der Ebene selbst gleich ist; und umgekehrt.

b) Der Abstand der äußeren Endpunkte ist bei denjenigen zwei Perpendikeln größer, die auch in der Ebene selbst einen größeren Abstand haben; und umgekehrt.

Ist nämlich a) das Perpendikel AB auf der Ebene MN und $\alpha\beta$ auf der Ebene $\mu\nu$ gleich, und eben so das Perpendikel CD auf $MN = \gamma\delta$ auf $\mu\nu$; haben ferner diese Perpendikel gleiche Abstände in der Ebene, $BD = \beta\delta$; so haben auch ihre Endpunkte außer der Ebene gleiche Abstände ($AC = \alpha\gamma$).

Zieht man nämlich in beiden so entstandenen Paralleltrapezen oder Rechtecken die Diagonalen AD und $\alpha\delta$, so ergiebt sich leicht die Congruenz der Dreiecke ABD und $\alpha\beta\delta$, und daraus die Congruenz der Dreiecke ADC und $\alpha\delta\gamma$. Aus dieser folgt dann, daß $AC = \alpha\gamma$ ist.

Ist ferner b) zwar $AB = \alpha\beta$ und $CD = \gamma\delta$, aber $BD > \beta\delta$; so ist auch $AC > \alpha\gamma$.

Wäre nämlich auch $AB = CD$, also $\alpha\beta = \gamma\delta$; so wären die ebenen Figuren zwischen den Perpendikeln Rechtecke, also $AC = BD$, $\alpha\gamma = \beta\delta$, also $AC > \alpha\gamma$.

Wäre eines der zusammengehörigen Perpendikel kleiner als das andere, z. B. $AB < CD$, so wäre auch $\alpha\beta < \gamma\delta$. Zöge man nun in den entstandenen Paralleltrapezen AE‡BD und $\alpha\varepsilon$‡$\beta\delta$; so wäre auch $AE > \alpha\varepsilon$. Es wäre aber $DE = \delta\varepsilon$, also auch $EC = \varepsilon\gamma$. In den beiden rechtwinkligen Dreiecken ACE und $\alpha\gamma\varepsilon$ wäre Kathete $CE = \gamma\varepsilon$, Kathete $EA > \varepsilon\alpha$; also auch Hypotenuse $AC > \alpha\gamma$. Was zu beweisen war.

8) Wenn auf der einen Schenkelebene eines Flächenwinkels eine beliebige ebene Figur begrenzt ist, und man fällt von allen Grenzpunkten derselben Perpendikel auf die andere Ebene, so wird auch auf dieser eine Figur begrenzt, welche man die Projection jener ersten Figur nennt.

Ist nun die erste Figur geradlinig begrenzt; so ist es auch ihre Projection, und zwar haben beide gleichviel Seiten: ist aber die erste krummlinig begrenzt; so ist es auch die zweite.

9) Eben so, wie durch Perpendikel, können auch durch Linien, welche einander parallel sind, Projectionen einer Figur in einer andern Ebene bestimmt werden.

10) Durch Zerlegung der Figuren in Paralleltrapeze gleicher Höhe läßt sich zeigen, daß die Flächen zweier Figuren, von denen die eine als Perpendikelprojection der andern angesehen werden kann, sich verhalten wie zwei Linien, die in der Ebene des Neigungswinkels der Ebenen beider Figuren liegen, und durch zwei der Projectionsparallelen begrenzt sind, oder wie die Perpendikelabstände zweier zusammengehörigen Punkte beider Figuren von der gemeinschaftlichen Kante des Flächenwinkels.

Anm. Ist der Flächenwinkel ein rechter; und die Projection durch Perpendikel gebildet; so zeigt sie sich als gerade Linie.

Zwanzigster Abschnitt.

Von den Raumecken.

(Zweiter Abschnitt der Stereometrie.)

§. 1. Erkärung.

Die Zusammenstellung von drei oder mehr Winkelblättern, die verschiedenen Ebenen angehören, einen gemeinschaftlichen Scheitelpunkt haben, und von denen je zwei auf einanderfolgende einen gemeinschaftlichen Schenkel haben, wird **Raumecke** (**körperliche Ecke**) genannt. Die Winkelblätter heißen die **Seiten** der Ecke, ihr gemeinschaftlicher Scheitelpunkt heißt **Scheitel** der Ecke, jeder gemeinschaftliche Schenkel zweier Winkelblätter heißt **Kante** der Ecke, und der Flächenwinkel zweier Winkelblätter an ihrer Durchschnittskante heißt **Winkel** der Ecke. Nach der Anzahl der Seiten sind die Raumecken **dreiseitig** oder **mehrseitig**, die letzteren **vierseitig**, **fünfseitig**, **sechsseitig** u. s. w. Eine Ecke ist eine **volle** Ecke; wenn die Erweiterung einer Seite nirgend eine andere Seite durchschneidet, oder mit einer Kante zusammentrifft, die nicht ihr Schenkel ist.

Erläuterung.

Die vier Winkelblätter BAC, CAD, DAE, EAB (Fig. 19.) mit dem gemeinschaftlichen Scheitelpunkt A bilden eine vierseitige Ecke. A ist der Scheitel der Ecke, die Winkelblätter BAC, CAD, DAE, EAB sind die Seiten derselben, die Gerade AC, als gemeinsamer Schenkel der Seiten BAC und CAD, ist eine Kante der Ecke, die andern drei Kanten sind AD, AE, AB. Der Flächenwinkel B-AC-D, der durch seinen Neigungswinkel FGH bestimmt wird, ist ein Winkel der Ecke. Die anderen Winkel sind

C-AB-E = KLM, B-AE-D = NOP, E-AD-C = QRS.

Die Ecke ist eine volle Ecke, weil keine Seite in ihrer Erweiterung eine der anderen Seiten durchschneidet oder mit einer andern Kante zusammentrifft, die nicht ihr Schenkel ist. Man erkennt nämlich leicht an der Figur, daß die Erweiterung der Ebene des Winkelblatts DAC an keiner Stelle die Seite EAB durchschneiden kann, obwohl sie die Erweiterung dieser Seite in einer geraden Linie die durch A geht, durchschneiden muß. Da dies von allen Seiten gilt; so ist die Ecke eine volle Ecke.

Anders verhält es sich mit der in Fig. 20. dargestellten Ecke; wo die Erweiterung der Ebene BAC die Seite EAD in AF durchschneidet, und mit der fünfseitigen Ecke (Fig. 21.), in welcher die Erweiterung von BAC mit der Kante AE zusammentrifft. Diese beiden Ecken sind keine vollen Ecken, lassen sich aber leicht durch Ebenen in volle Ecken zerlegen, oder als Unterschiede voller Ecken betrachten, daher sie in letzterer Rücksicht z e r s t ü c k t e E c k e n genannt werden konnen.

Man unterscheidet den unbegrenzten i n n e r e n Raum einer v o l l e n Ecke von dem ä u ß e r e n. Der innere Raum ist von keiner Seitenerweiterung durchschnitten, der äußere wird durch die Seitenerweiterungen wieder in viele Ecken zerspalten.

Bei zerstückten Ecken muß festgesetzt werden, was als Inneres und was als Aeußeres angesehen werden soll. Die Winkel der Ecke sind dann diejenigen Neigungswinkel, deren Winkelblätter zunächst dem Scheitelpunkte, im Innern der Ecke liegen.

Da man zerstückte Ecken leicht in volle zerlegen kann; so betrachtet man gewöhnlich nur die vollen Ecken.

Man bezeichnet eine Ecke am zweckmäßigsten, indem man zuerst den Scheitelpunkt und dann nach einem Bindestrich Punkte der einzelnen Kanten angiebt, z. B. A-BCDE.

§. 2. Erklärung.

Wenn man die Kanten einer Ecke über den Scheitelpunkt hinaus verlängert und zwischen denselben auch die Ebenen der Winkelblätter erweitert; so erhält man eine neue Ecke von eben so viel Seiten, welche die S c h e i t e l e c k e heißt.

§. 3. Lehrsatz.

Die Seiten und Winkel einer Scheitelecke stimmen mit den Seiten und Winkeln der Hauptecke einzeln der Reihe nach genau überein, doch ist die Aufeinanderfolge der gleichen Bestimmungsstücke der beiden Ecken entgegengesetzt.

Beweis.

Sind (Fig. 22.) in der Ecke E-ABCD die Kanten verlängert und die Seiten erweitert; so daß die Scheitelecke E-$\alpha\beta\gamma\delta$ entstanden ist; so ist

Winkel DEA = δEα, als ebener Scheitelwinkel (III, 13.) und
D-AE-B = δ-αE-β als Flächenscheitelwinkel (XIX, 16.).

In derselben Weise folgt der Reihe nach

Seite AEB = αEβ, BEC = βEγ, CED = γEδ, und
Winkel A-BE-C = α-βE-γ, B-CE-D = β-γE-δ,
C-DE-A = γ-δE-α.

Sieht man jede von beiden Ecken nach einander so an, daß die Scheitel nach oben gekehrt sind; so folgen bei der Hauptecke die Seiten

AEB, BEC, CED, DEA von links nach rechts;

bei der Scheitelecke folgen die jenen gleichen Seiten

αEβ, βEγ, γEδ, δEα von rechts nach links.

Dasselbe ist der Fall mit den Kanten AE, BE, CE, DE und $\alpha\varepsilon$, $\beta\varepsilon$, $\gamma\varepsilon$, $\delta\varepsilon$, an denen die gleichen Winkel beider Ecken anliegen.

Die übereinstimmenden Bestandtheile liegen also in beiden Ecken in entgegengesetzter Ordnung.

§. 4. Erklärung.

Raumgrößen, deren Bestandtheile einzeln verglichen, der Reihe nach übereinstimmen, aber überall in entgegengesetzter Aneinanderreihung, werden symmetrisch genannt.

Erläuterung.

Jede Ecke ist also mit ihrer Scheitelecke symmetrisch.

Anm. 1. Es tritt hier zuerst der Unterschied der Congruenz und Symmetrie auf. Beides ist Uebereinstimmung im Ganzen und in allen Theilen. Die Congruenz verstattet aber, daß die Grenzen einer Raumgröße ganz in die Grenzen einer andern fallen, d. h. daß die betreffenden Figuren sich decken. Bei symmetrischen Figuren ist die Deckung nicht möglich. Davon überzeugt man sich schon, wenn man versucht, die Ecke E-$\alpha\beta\gamma\delta$ auf die Ecke E-ABCD (Fig. 22.) zu legen.

Es ist möglich Eδ auf ED so zu legen, daß die Ebene der Seite δEα auf DEC, und δEγ auf DEA fällt; weil die Winkel an diesen Kanten Eδ und ED gleich sind; aber die Seiten der Ecke, welche so auf einander fallen, δEα und DEC, so wie δEγ und DEA sind ungleich; daher ist die Deckung unmöglich.

Anm. Schon in der ebenen Geometrie hätte die Symmetrie beachtet werden können. Es sind aber da alle symmetrischen Figuren auch congruent.

Ist z. B. ein gleichschenkliges Dreieck durch ein Perpendikel von der Spitze aus in zwei congruente Dreiecke getheilt; so sind diese zunächst symmetrisch.

Unterscheidet man nämlich die dem Betrachtenden zugekehrte Seite der Ebene des Dreiecks als die Vorderseite, die abgewandte als die Hinterseite, so können beide Dreiecke nur zur Deckung gebracht werden, wenn man eins derselben umkehrt und so Vorderseite auf Vorderseite legt.

Wollte man ein Dreieck aufheben und ohne Umwendung der Ebene auf das andere legen, so würde dies nicht angehen, wie es mit den Dreiecken möglich ist, in welche ein Parallelogramm durch die Diagonale zerlegt wird.

Das letztere ist Congruenz, das erstere Symmetrie. In der Stereometrie wird auch gelehrt, daß symmetrische Figuren in congruente übergehen, wenn man eine Figur so umstülpt, daß die inneren Seiten der Flächen nach außen kommen.

Der rechte und linke Handschuh auf der Hand sind symmetrisch, kehrt man den linken um; so wird er ein rechter, also dem anderen congruent.

§. 5. Erklärung.

Wenn man im Scheitelpunkt einer vollen Ecke auf jeder Seite nach Außen hin Perpendikel errichtet, und durch je zwei zu anstoßenden Ebenen gehörigen eine Ebene legt; so schließen die durch diese Perpendikel begrenzten Winkelblätter eine Ecke ein, welche die Supplementarecke (oder Polarecke) der zuerst gegebenen Ecke genannt wird.

§. 6. Lehrsatz.

Die Seiten der Supplementarecke ergänzen die Winkel der Hauptecke zu zweien Rechten, und eben so werden auch die Seiten der Hauptecke durch die Winkel der Supplementarecke zu zweien Rechten ergänzt.

Beweis.

Wenn auf der Seite AEB in der Ecke E–ABCD (Fig. 23.) im Scheitel E das Perpendikel EF errichtet ist, eben so auf BEC das Perpendikel EG, auf CED das Perpendikel EH, auf DEA das Perpendikel EK; so sind diese Perpendikel die Kanten einer neuen Ecke E–FGHK. In dieser ist

Seite FEG Supplementarwinkel zum Winkel A-EB-C (XIX, 18.),

Seite GEH Supplementarwinkel zum Winkel B-EC-D,

HEK zu C-ED-A und KEF zu D-EA-B.

Es ist aber auch, weil KE ein Perpendikel auf AED ist, der Winkel KEA ein rechter Winkel, und weil FE ein Perpendikel auf AEB ist, auch FEA ein rechter Winkel (XIX, 6). Weil aber AEK = R und AEF = R; so ist auch AE ein Perpendikel zu FEK (XIX, 7.).

Es steht also die Kante der Hauptecke AE perpendiculär auf der Seite der Supplementarecke, auf FEK; ebenso ist auch BE Perpendikel zu FEG, CE zu GEH und DE zu HEK. Es läßt sich daher auch die Hauptecke E—ABCD als Supplementarecke zu der Supplementarecke E—FGHK ansehen; so daß also die Seiten der Hauptecke auch Supplementarwinkel zu den Winkeln der Supplementarecke sind.

Es folgt hieraus leicht der

Zusatz.

Wenn in zwei Raumecken der Reihe nach Seiten und Winkel, einzeln verglichen, übereinstimmen; so stimmen auch in den zugehörigen Supplementarecken Seiten und Winkel der Reihe nach verglichen einzeln überein.

§. 7. Lehrsatz.

In jeder dreiseitigen Ecke sind zwei Seiten zusammengenommen größer als die dritte.

Beweis.

In der dreiseitigen Ecke A-BCD (Fig. 24.) sei BAC die größeste Seite; man lege in der Ebene von BAC an BA in A den Winkel BAE = BAD und ziehe beliebig die Linie BC, welche den Schenkel des abgetragenen Winkels AE in E trifft, dann schneide man auf der Kante AD ein Stück AD = AE ab, und lege durch D und BC eine Ebene;

so ist im Dreieck BCD Seite BD + DC > BC:

aber, weil Dreieck ABE ≅ ABD; so ist BE = BD, also DC > CE.

Nun ist in den Dreiecken DAC und EAC,

$$AC = AC, \quad AE = AD, \quad CD > CE;$$

also auch Winkel DAC > EAC (IV, 20.),

mithin ist auch

DAC + DAB > CAE + EAB (I, 7.); d. h.

DAC + BAD > CAB. Was zu beweisen war.

§. 8. Lehrsatz.

In jeder vollen mehrseitigen Ecke betragen alle Seiten zusammen weniger als vier rechte Winkel.

Beweis.

Es geht aus der Erklärung einer vollen Ecke hervor, daß nur zwei Kantenlinien in einer Seitenebene liegen können, und daß, wenn eine Seitenebene erweitert wird, alle nicht zu derselben gehörigen Kanten auf einer Seite dieser Ebene liegen. Daraus folgt leicht, daß man durch eine mehrseitige Ecke eine Ebene legen kann, die alle Kanten derselben durchschneidet.

Dies sei nun bei der Ecke A-BCDEFG (Fig. 25.) geschehen; so ist in der Durchschnittsebene das Sechseck BCDEFG entstanden. In den Seiten der Ecke sind aber sechs Dreiecke entstanden. Jeder Vieleckswinkel bildet hier mit zwei Dreieckswinkeln eine dreiseitige Ecke, ist also kleiner als beide zusammengenommen (§. 7.) (BCD < ACB + ACD, CDE < ADC + ADE u. s. w.).

Es sind daher alle Vieleckswinkel zusammengenommen kleiner als alle ihnen anliegenden Dreieckswinkel.

Nimmt man alle sechs Vieleckswinkel von sechsmal zwei Rechten hinweg, so bleiben 4 R übrig (VII, 3.).

Nimmt man die anliegenden zwölf Dreieckswinkel von sechsmal zwei Rechten hinweg, so bleiben die Seiten der Ecke übrig.

Es sind also die Seiten der Ecke zusammen kleiner als vier Rechte (I, 10.).

Was hier von einer sechsseitigen Ecke bewiesen ist, gilt von jeder Ecke mit beliebiger Seitenzahl.

§. 9. Lehrsatz.

In jeder vollen drei- oder mehrseitigen Ecke ist die Summe aller Winkel größer als die Summe der inneren Winkel einer geradlinigen Figur von gleicher Seitenzahl; jedoch beträgt der Ueberschuß weniger als vier rechte Winkel.

Der Beweis ergiebt sich leicht aus Betrachtung der Supplementarecke. Ist n die Seitenzahl der Ecke; so ist auch n die Seitenzahl der Supplementarecke.

Nennt man nun A, B, C, D, E u. s. w. die Winkel der Hauptecke, und α, β, γ, δ, ε u. s. w. die entsprechenden Seiten der Supplementarecke, so ist (nach §. 4.)

$$A = 2R - \alpha, \quad B = 2R - \beta, \quad C = 2R - \gamma,$$
$$D = 2R - \delta, \quad E = 2R - \varepsilon, \text{ u. s. w.}$$

Nennt man nun W die Summe sämmtlicher Winkel der Hauptecke, und S die Summe sämmtlicher Seiten der Supplementarecke; dann ist

$$W = A + B + C + D + E + \text{ u. s. w.}$$
$$S = \alpha + \beta + \gamma + \delta + \varepsilon + \text{ u. s. w.}$$

Folglich ist auch $W = 2nR - S$,

also gewiß $W < 2nR$.

Da aber auch $S < 4R$ (nach §. 8.)

so ist auch $W > 2nR - 4R$.

Da nun $2nR - 4R$ die Summe der inneren Winkel eines Vielecks von n Seiten ist (VII, 3.); so ist der Satz erwiesen.

Anm. Stellt man sich in einer Ebene gerade Linien die in einen Punkt zusammenlaufen (Strahlen), als Kanten einer Ecke vor; so betragen die Winkel an jeder Kante zwei Rechte. Denkt man sich den Scheitelpunkt dieser flachen Ecke über der Ebene erhoben; so werden die Winkel kleiner. Ist der Punkt in unendliche Entfernung gerückt; so daß alle Linien parallel, also etwa senkrecht auf der Ebene sind, in welcher sie anfänglich gedacht wurden; so betragen die Winkel zusammen so viel wie die Winkel eines Polygons von gleich viel Seiten. Alle volle Ecken hören aber auf, wirklich Ecken zu sein, sobald sie in flache oder parallelkantige Ecken übergehen.

§. 10. Lehrsatz.

Wenn zwei Seiten einer dreiseitigen Ecke einzeln verglichen zweien Seiten einer anderen gleich, die eingeschlossenen Winkel aber ungleich sind; so ist die dritte Seite derjenigen Ecke größer, die den größeren Winkel hat, und der Winkel in derjenigen größer, welche die größere Seite hat. Zu gleichen Winkeln gehören aber gleiche Gegenseiten und umgekehrt.

Beweis.

Sind in den dreiseitigen Ecken A-BCD und α-$\beta\gamma\delta$ (Fig. 26.) die Seiten BAD $= \beta\alpha\delta$ und CAD $= \gamma\alpha\delta$; so lege man durch die Kanten AD und $\alpha\delta$ in gleichem Abstande von A und α, (z. B. AD $= \alpha\delta$) durch die Punkte D und δ Perpendicularebenen, in denen die Winkel der Ecken

$$EDF = B\text{-}AD-C \text{ und } \varepsilon\delta\zeta = \beta-\alpha\delta-\gamma$$

bestimmt werden. Ferner nehme man auch auf den anderen Kanten gleiche Abschnitte an, $AB = \alpha\beta$, $AC = \alpha\gamma$ und ziehe aus B und C Parallelen mit AD, und aus β und γ Parallelen mit $\alpha\delta$.

Es stehen dann die Linien BE und CF perpendiculär auf der Ebene EDF und $\beta\varepsilon$, $\gamma\zeta$ perpendiculär auf der Ebene $\varepsilon\delta\zeta$ (XIX, 13.).

Zieht man die Linien CD und $\gamma\delta$; so ist

Dreieck $ADC \cong \alpha\delta\gamma$ (SWS);

also $CD = \gamma\delta$ und Winkel $CDA = \gamma\delta\alpha$;

also auch $R-CDA = R-\gamma\delta\alpha$, d. h. $CDF = \gamma\delta\zeta$.

Folglich ist auch $\triangle DCF \cong \delta\gamma\zeta$ (SWW),

mithin ist auch $CF = \gamma\zeta$ und $DF = \delta\zeta$.

Eben so wird bewiesen, daß $BE = \beta\varepsilon$ und $DE = \delta\varepsilon$.

Es sind also die Perpendikel BE und CF auf der Ebene EDF einzeln verglichen den Perpendikeln $\beta\varepsilon$ und $\gamma\zeta$ auf der Ebene $\varepsilon\delta\zeta$ gleich.

Sobald also $EF = \zeta\varepsilon$; ist auch $BC = \beta\gamma$, und umgekehrt, (XX, 18. 7.)

sobald $EF > \zeta\varepsilon$, ist auch $BC > \beta\gamma$ und umgekehrt,

so oft $EF < \zeta\varepsilon$, ist auch $BC < \beta\gamma$ und umgekehrt.

Ist nun der Winkel $EDF = \zeta\delta\varepsilon$; so ist auch

Dreieck $EDF \cong \varepsilon\delta\zeta$, also $EF = \varepsilon\zeta$; also auch $BC = \gamma\beta$,

und Dreieck $BAC \cong \beta\alpha\gamma$; also Winkel $BAC = \beta\alpha\gamma$.

Ist hingegen Winkel $BAC = \gamma\alpha\beta$; so ist $BC = \gamma\beta$,

also $EF = \zeta\varepsilon$, also $\triangle EDF \cong \zeta\delta\varepsilon$, d. h. Winkel $EDF = \zeta\delta\varepsilon$.

Ist aber $EDF > \zeta\delta\varepsilon$; so ist $EF > \zeta\varepsilon$, also auch $BC > \gamma\beta$, also auch $BAC > \beta\alpha\gamma$ (XIX, 24. 7.).

Ist hingegen $BAC > \gamma\alpha\beta$; so ist $BC > \beta\gamma$, also $EF > \varepsilon\zeta$, also Winkel $EDF > \zeta\delta\varepsilon$.

Die Fortsetzung der Schlüsse ist sehr leicht aufzufinden, und die im Lehrsatz ausgesprochene Beziehung der Winkel zu den Gegenseiten in zwei dreiseitigen Ecken, in denen zwei Seiten übereinstimmen, dadurch erwiesen.

§. 11. Lehrsatz.

Zwei dreiseitige Ecken sind übereinstimmend (entweder congruent oder symmetrisch), wenn zwei Seiten und der von denselben eingeschlossene Winkel, einzeln verglichen, in einer Ecke so groß sind wie in der andern.

Beweis.

Wenn in den beiden Ecken A-BCD und $\alpha-\beta\gamma\delta$ (Fig. 27.)

Seite BAC $= \beta\alpha\gamma$, CAD $= \gamma\alpha\delta$, und Winkel B-AC-D $= \beta-\alpha\gamma-\delta$ ist;

so ist (nach §. 10.) auch Seite BAD $= \beta\alpha\delta$.

Wenn ferner BAD $= \beta\alpha\delta$, CAD $= \gamma\alpha\delta$ und BAC $= \beta\alpha\gamma$ ist;

so ist auch (nach §. 10.) B-AD-C $= \beta-\alpha\delta-\gamma$.

Eben so wird gezeigt, daß auch D-AB-C $= \delta-\alpha\beta-\gamma$ ist. Es sind also in beiden dreiseitigen Ecken die Seiten und Winkel der Reihe nach einzeln verglichen übereinstimmend. Die Ecke $\alpha-\beta\gamma\delta$ ist also der Ecke A-BCD entweder congruent oder symmetrisch, d. h. der Scheitelecke congruent.

§ 12. Lehrsatz.

Zwei dreiseitige Ecken sind übereinstimmend (congruent oder symmetrisch), wenn die drei Seiten der einen, einzeln verglichen, den drei Seiten der anderen gleich sind.

Beweis.

Es ergiebt sich unmittelbar aus §. 10. daß, wenn in den Ecken A-BCD, $\alpha-\beta\gamma\delta$ (Fig. 27.)

Seite BAC $= \beta\alpha\gamma$, CAD $= \gamma\alpha\delta$, DAB $= \delta\alpha\beta$ ist;

auch C-AB-D $= \gamma-\alpha\beta-\delta$, D-AC-B $= \delta-\alpha\gamma-\beta$,

B-AC-D $= \beta-\alpha\gamma-\delta$.

Beide Ecken stimmen daher in Seiten und Winkeln überein, sind also entweder congruent oder symmetrisch.

§. 13. Lehrsatz.

Wenn in zwei dreiseitigen Ecken eine Seite und die beiden anliegenden Winkel, einzeln verglichen, übereinstimmen, so sind die Ecken übereinstimmend.

Beweis.

Ist in den Ecken A-BCD und $\alpha-\beta\gamma\delta$ (Fig. 27.)

Seite BAD $= \beta\alpha\delta$, Winkel C-AB-D $= \gamma-\alpha\beta-\delta$ und

C-AD-B $= \gamma-\alpha\delta-\beta$;

so stimmen offenbar in den zugehörigen Supplementarecken je zwei Seiten und der eingeschlossene Winkel überein.

Es ist nämlich in der Supplementarecke zu A-BCD
ein Winkel 2R — BAD,
eine daranliegende Seite 2R — C-AB-D,
die andere anliegende Seite 2R — C-AD-B.

Eben so ist in der Supplementarecke zu $\alpha-\beta\gamma\delta$
ein Winkel 2R — $\beta\alpha\delta$,
eine anliegende Seite 2R — $\gamma-\alpha\beta-\delta$,
die andere anliegende Seite 2R — $\gamma-\alpha\delta-\beta$;

die beiden Supplementarecken sind also übereinstimmend.

Dann sind aber auch (nach 6. Zus.) die Hauptecken A-BCB und $\alpha-\beta\gamma\delta$ übereinstimmend.

§. 14. Lehrsatz.

Zwei dreiseitige Ecken sind übereinstimmend, wenn die drei Winkel der einen, einzeln verglichen, den dreien Winkeln der anderen gleich sind.

Beweis.

Sind in den beiden dreiseitigen Ecken A-BCD und $\alpha-\beta\gamma\delta$ (Fig. 27.) die drei Winkel gleich, also

$$C-AB-D = \gamma-\alpha\beta-\delta, \quad B-AD-C = \beta-\alpha\delta-\gamma,$$
$$D-AC-B = \delta-\alpha\gamma-\beta;$$

so haben die dazugehörigen Supplementarecken gleiche Seiten. Denn

die Seiten der einen sind 2R — C-AB-D, 2R — B-AD-C, 2R — D-AC-B.

Die Seiten der andern 2R — $\gamma-\alpha\beta-\delta$, 2R — $\beta-\alpha\delta-\gamma$, 2R — $\delta-\alpha\gamma-\beta$.

Die Supplementarecken sind also (nach §. 12.) übereinstimmend, also auch die Hauptecken.

Anm. Was in den Sätzen über die Congruenz der Dreiecke im 4. Abschnitt durch SWS, WSW, SSS bezeichnet wurde, ist auch für die Uebereinstimmung der Raumecken gültig. Statt des Satzes WWS, der bei ebenen Dreiecken gilt, tritt hier der Satz W,W,W auf, der bei Dreiecken nur Aehnlichkeit, nicht vollständige Uebereinstimmung, bedingt.

§. 15. Lehrsatz.

Mehrseitige Ecken sind übereinstimmend (congruent oder symmetrisch) wenn sie aus übereinstimmenden dreiseitigen Ecken

bestehen, die in genau übereinstimmender Weise aneinander gefügt sind.

Beweis.

Der Beweis dieses Satzes stimmt mit dem für die Congruenz ebener Vielecke gegebenen (VII, 4.) überein. In Bezug auf die Reihenfolge der einzelnen Stücke ist hier nur das Congruent-Passende und das Symmetrisch-Passende zu unterscheiden. Wo in der ebenen Geometrie von Diagonalen die Rede ist, sind hier Winkelblätter zwischen solchen Kanten zu verstehen, die nicht an derselben Seite anliegen.

§. 16. Lehrsatz.

Mehrseitige Raumecken sind übereinstimmend; wenn alle Seiten der Reihe nach und alle Winkel zwischen gleichen Seiten der Reihe nach bis auf drei, einzeln verglichen, einander gleich sind.

Beweis.

Da Symmetrie einer Ecke mit einer anderen auch Congruenz mit deren Scheitelecke ist; so ist in dem Beweise nur auf congruente Ecken Rücksicht zu nehmen.

Sind demnach zwei sechsseitige Raumecken M - ABCDEF und $\mu - \alpha\beta\gamma\delta\varepsilon\zeta$ (Fig. 28.) gegeben, die von den Vielecken ABCDEF und $\alpha\beta\gamma\delta\varepsilon\zeta$ durchschnitten werden; so kann man zur Abkürzung der Bezeichnung die Seiten und Winkel dieses Vielecks statt der Seiten und Winkel der Ecke anwenden; wenn auch keinesweges die Winkel des Vielecks als Neigungswinkel in den Ecken zu betrachten sind, und auch die Seiten des Vielecks keine weitere Beziehung zu den Seiten der Ecke haben, als daß sie zwischen den Schenkeln des zugehörigen Winkelblatts liegen. Es ist also AB Bezeichnung für Winkel AMB, und $\alpha\beta$ für Winkel $\alpha\mu\beta$ und der Ausdruck AB $= \alpha\beta$ bedeutet nicht, daß diese geraden Linien gleich sind; sondern, daß die Winkel AMB und $\alpha\mu\beta$ gleich sind. Eben so bedeutet ABC nicht den ebenen Winkel, der die Linien AB und BC zu Schenkeln hat; sondern den Flächenwinkel A - BM - C, und $\alpha\beta\gamma$ den Flächenwinkel $\alpha - \beta\mu - \gamma$. Es ist also durch die Bezeichnung ABC $= \alpha\beta\gamma$ nicht die Gleichheit dieser ebenen Winkel; sondern die Gleichheit der Winkel A - BM - C und $\alpha - \beta\mu - \gamma$ in der Raumecke gemeint.

Dies vorausgesetzt, wird angenommen

$$AB = \alpha\beta,\ BC = \beta\gamma,\ CD = \gamma\delta,\ DE = \delta\varepsilon,\ EF = \varepsilon\zeta,\ FA = \zeta\alpha.$$

Eben so ist ABC $= \alpha\beta\gamma$, BCD $= \beta\gamma\delta$, CDE $= \gamma\delta\varepsilon$.

Es soll die Congruenz der Ecken daraus gefolgert werden, wenn die Reihenfolge der gleichen Seiten und Winkel in beiden Raumecken dieselbe Ordnung hat.

Man lege die Ebene AMC und $\alpha\mu\gamma$ durch die Kanten AM, MC und $\alpha\mu$, $\mu\gamma$; so entstehen in den Vielecken die Diagonalen AC, $\alpha\gamma$, die als Bezeichnung der in den Raumecken entstandenen Winkelblätter dienen.

Da nun AB $= \alpha\beta$, BC $= \beta\gamma$ und ABC $= \alpha\beta\gamma$, so ist auch

AC $= \alpha\gamma$, Winkel BAC $= \beta\alpha\gamma$, BCA $= \beta\gamma\alpha$ (§. 12.).

Daher ist auch Winkel ACD $= \alpha\gamma\delta$.

Legt man nun durch MA, MD und $\mu\alpha$, $\mu\delta$ die Ebenen AMD und $\alpha\mu\delta$; so ist

AC $= \alpha\gamma$, CD $= \gamma\delta$, ACD $= \alpha\gamma\delta$;

also ist auch AD $= \alpha\delta$, ADC $= \alpha\delta\gamma$, DAC $= \delta\alpha\gamma$;

daher auch Winkel ADE $= \alpha\delta\varepsilon$.

Legt man ferner die Ebenen der Winkelblätter AME und $\alpha\mu\varepsilon$; so ist auch

AD $= \alpha\delta$, ADE $= \alpha\delta\varepsilon$, DE $= \delta\varepsilon$;

also auch AE $= \alpha\varepsilon$, AED $= \alpha\varepsilon\delta$, DAE $= \delta\alpha\varepsilon$.

Da nun AE $= \alpha\varepsilon$, EF $= \varepsilon\zeta$, AF $= \alpha\zeta$, so ist die Raumecke M-AFE congruent mit $\mu - \alpha\varepsilon\zeta$ (§. 13.).

Mithin auch AEF $= \alpha\varepsilon\zeta$ und EAF $= \varepsilon\alpha\zeta$.

Es sind also beide Raumecken aus congruenten dreiseitigen Ecken in genau übereinstimmender Weise nach gleicher Ordnung der Bestandtheile zusammengesetzt, also congruent. Was zu beweisen war.

§. 17. Lehrsatz.

Wenn zwei Winkelblätter Seiten zweier Raumecken von gleicher Seitenzahl sind, deren übrige Seiten der Reihe nach einzeln übereinstimmen; so sind auch 1) diese Winkelblätter gleich, wenn in beiden Ecken die von gleichen Seiten eingeschlossenen Winkel gleich sind und 2) ist das Winkelblatt in derjenigen Ecke größer, die theils gleiche theils größere Winkel zwischen den übereinstimmenden Seiten hat.

Beweis.

Sind die Winkelblätter AMB, $\alpha\mu\beta$ in den Raumecken M-ABCDEFGH und $\mu - \alpha\beta\gamma\delta\varepsilon\zeta\eta\vartheta$ (Fig. 29.) gegeben, und ist

$$\text{BMC} = \beta\mu\gamma,\ \text{CMD} = \gamma\mu\delta,\ \text{DME} = \delta\mu\varepsilon,\ \text{EMF} = \varepsilon\mu\zeta,$$
$$\text{FMG} = \zeta\mu\eta,\ \text{GMH} = \eta\mu\vartheta,\ \text{HMA} = \vartheta\mu\alpha,$$

so wie zugleich

$$B-CM-D = \beta-\gamma\mu-\delta,\quad C-DM-E = \gamma-\delta\mu-\varepsilon,$$
$$D-EM-F = \delta-\varepsilon\mu-\zeta,\quad E-FM-G = \varepsilon-\zeta\mu-\eta,$$
$$F-GM-H = \zeta-\eta\mu-\vartheta,\quad G-HM-A = \eta-\vartheta\mu-\alpha,$$

so ist auch $AMB = \alpha\mu\beta$.

Man lege durch die Kanten zweier beliebig gewählten gleichen Flächenwinkel, z. B. durch MF und $\zeta\mu$, Ebenen, welche durch die anderen Kanten beider Ecken gehen, die wir der Abkürzung wegen wie im vorigen §. durch die in ihnen liegenden geraden Linien bezeichnen können.

Dann ist, wenn jene Bezeichnung auch auf die Flächenwinkel ausgedehnt wird;

$FE = \zeta\varepsilon$, $ED = \varepsilon\delta$ und $FED = \zeta\varepsilon\delta$,

also $M-EFD$ übereinstimmend mit $\mu-\varepsilon\zeta\delta$.

Daher auch $FD = \zeta\delta$, $FDE = \zeta\delta\varepsilon$; also auch $FDC = \zeta\delta\gamma$.

Weil ferner $FD = \zeta\delta$, $DC = \delta\gamma$, $FDC = \zeta\delta\gamma$;

so ist $M-DFC$ übereinstimmend mit $\mu-\delta\zeta\gamma$.

Daher auch $FC = \zeta\gamma$, $FCD = \zeta\gamma\delta$; also auch $FCB = \zeta\gamma\beta$.

Weil endlich $FC = \zeta\gamma$, $BC = \beta\gamma$, $FCB = \zeta\gamma\beta$;

so ist $M-CFB$ übereinstimmend mit $\mu-\gamma\zeta\beta$.

Daher auch $BF = \beta\zeta$.

Es ist daher die Ecke $M—FEDCB$ übereinstimmend mit $\mu—\zeta\varepsilon\delta\gamma\beta$ (§. 16),

also auch Winkel $B-MF-E = \beta-\mu\zeta-\varepsilon$.

Auf dieselbe Weise wird gezeigt, daß

$M—FGHA$ übereinstimmend ist mit $\mu—\zeta\eta\vartheta\alpha$,

also auch Winkel $A-FM-G = \alpha-\zeta\mu-\eta$.

Deshalb ist auch $A-FM-B = \alpha-\zeta\mu-\beta$.

Da nun

$$AF = \alpha\zeta,\quad BF = \beta\zeta,\quad AFB = \alpha\beta\zeta;$$

so ist auch die Ecke $M—AFB$ mit $\mu—\alpha\zeta\beta$ übereinstimmend.

Die beiden achtseitigen Ecken $M—ABCDDFGH$ und $\mu—\alpha\beta\gamma\delta\varepsilon\zeta\eta\vartheta$ sind also aus übereinstimmenden dreiseitigen Ecken in übereinstimmender Weise zusammengesetzt, folglich (nach §. 10.) übereinstimmend; also auch Seite $AMB=\alpha\mu\beta$.

Ist aber einer der von übereinstimmenden Seiten eingeschlossenen Winkel in der Ecke $\mu—\alpha\beta\gamma\delta\varepsilon\zeta\eta\vartheta$ größer als in der anderen, z. B. $\eta\zeta\varepsilon > GFE$; so folgte doch nach denselben Schlüssen, wie vorhin, daß die Ecke zu $\zeta\varepsilon\delta\gamma\beta$ übereinstimmend ist mit der Ecke zu FEDCB, und die Ecke zu $\zeta\eta\vartheta\alpha$ übereinstimmend mit der Ecke zu FGHA; daß also

Winkel $B-FM-E = \beta-\zeta\mu-\varepsilon$, $A-FM-G = \alpha-\zeta\mu-\eta$.
Da nun $\varepsilon-\zeta\mu-\eta > E-FM-G$; ist auch $\alpha-\zeta\mu-\beta > A-FM-B$;
also auch $AMB > \alpha\mu\beta$ (§. 10.). Was zu beweisen war.

Findet sich außer einem größeren Winkel in derselben (ersten) Ecke noch ein zweiter größerer, während die übrigen zwischen gleichen Seiten in beiden Ecken übereinstimmen; so nehme man eine dritte gleichvielseitige Ecke an, deren Construction leicht zu finden ist, welche dieselben übereinstimmenden Seiten hat, in der aber nur einer der ungleichen Winkel zwischen gleichen Seiten mit dem der zweiten Ecke übereinstimmt, alle anderen mit denen der ersten gleich sind.

Vergleicht man dann diese dritte Ecke mit der ersten; so ist das ungleiche Winkelblatt in der ersten größer als in der dritten, wie eben bewiesen ist. Vergleicht man die dritte mit der zweiten; so haben beide auch nur ein ungleiches Winkelblatt, und dieses ist in der dritten größer als in der zweiten. Es muß daher um so mehr das ungleiche Winkelblatt in der ersten Ecke größer als das der zweiten sein.

Wie man auf drei, vier und mehr größere Winkel zwischen übereinstimmenden Seiten diesen Beweis ausdehnen kann, ist leicht zu erkennen.

§. 18. Lehrsatz.

Wenn in zwei Ecken, deren sämmtliche Seiten einzeln der Reihe nach übereinstimmen, ungleiche Winkel zwischen übereinstimmenden Seiten liegen; so muß eine dieser Ecken mindestens zwei größere Winkel haben als die andere, und zwischen denselben mindestens zwei kleinere.

Beweis.

Seien nach der abgekürzten Bezeichnung die beiden mehrseitigen Ecken $ABC\ldots OPQ$ und $abc\ldots opq$ gegeben, deren Seiten $AB = ab$, $BC = bc$ u. s. w. $PQ = pq$, $QA = qa$ sind.

Ist ein von gleichen Seiten begrenzter Winkel A in der einen Ecke größer als a in der anderen; so ist auch das Diagonalwinkelblatt QB größer als qb.

Wären nun alle andern Winkel jenseit dieser Diagonalwinkelblätter in beiden Ecken gleich, d. h. wäre $C = c$, $D = d$ u. s. w. $O = o$, $P = p$; so wäre auch $QB = qb$: wären einige gleich, einige aber kleiner, z. B. $L < l$, so müßte auch $QB < qb$ sein. Da aber $QB > qb$ ist; so muß wenigstens einer der Winkel von C bis P einschließlich größer als der entsprechende in der andern Ecke sein. Es sei $L > l$.

Ist aber (Fig. 30.) A > a, L > l; so muß zwischen A und L zu beiden Seiten ein Winkel sein, der von übereinstimmenden Seiten begrenzt und kleiner ist als in der andern Ecke. Es muß sich z. B. unter den Winkeln von Q bis M ein solcher befinden.

Wäre dies nicht der Fall, wären alle gleich, oder einzelne auch größer als in der anderen Ecke; so könnte man auf irgend einer der zwischen B und K liegenden Seiten BC, CD u. s. w. seine Aufmerksamkeit richten. Es ist z. B. CD $= \gamma\delta$ nach der Annahme.

Es müßte aber CD $> \gamma\delta$ sein, da alle andern Seiten in beiden Ecken übereinstimmen, und die von den übereinstimmenden Seiten eingeschlossenen Winkel derjenigen Ecke, zu welcher CD gehört, theils gleich, theils größer sind als in der andern Ecke.

Da dies gegen die Voraussetzung ist, so muß nothwendiger Weise einer der Winkel Q, P, O, N rc. kleiner als der entsprechende Winkel in der andern Ecke sein. Dasselbe folgt durch ähnliche Schlüsse für die Winkel B, C, D, E, F G, H, J, K.

Wenn man demnach zwei Raumecken mit übereinstimmenden Seiten aber ungleichen Winkeln vergleicht; so wird man in der einen Ecke einen größeren Winkel finden, als in der andern, dann wieder in derselben Ecke einen kleineren, darauf wieder einen größeren und dann wieder einen kleineren als in der anderen Ecke, und solcher Wechsel bei der Vergleichung werden sich mindestens vier darstellen. Dies Gesetz spricht sich aus als

Zusatz.

In mehrseitigen nicht übereinstimmenden Raumecken, deren Seiten einzeln verglichen der Reihe nach gleich sind, finden sich mindestens vier abwechselnde Ungleichheiten der von gleichen Seiten eingeschlossenen Winkel.

§. 19. Schlußbemerkungen zum neunzehnten Abschnitt.

Es lassen sich noch viele Sätze über die Raumecken, namentlich über die dreiseitigen, aufstellen, von denen hier einige mit kurzer Andeutung ihrer Beweise aufgeführt werden sollen.

1) Wenn in einer dreiseitigen Raumecke zwei Winkel gleich sind; so sind auch ihre Gegenseiten gleich.

Eine solche Ecke ist, wie man leicht einsieht, mit ihrer eigenen Scheitelecke congruent (XX, 13.), aber auch symmetrisch (XX, 4.) woraus der Satz sich leicht ergiebt.

2) In einer dreiseitigen Raumecke steht dem größeren Winkel die größere Seite gegenüber.

Man legt durch die Kante des größeren Winkels eine Ebene, welche von demselben einen Flächenwinkel abschneidet, der dem kleineren Winkel gleich ist. Durch diese wird die Gegenseite des größeren Winkels in zwei Winkelblätter zerlegt, das eine ist dem im Inneren der Raumecke neu entstandenen Winkelblatte gleich (nach Nr. 1), das andere ist mit demselben vereinigt großer als die Gegenseite des kleineren Winkels (XX, 7.). Da aber diese beiden vereinigt auch der Gegenseite des größeren gleich sind; so ist der Satz bewiesen.

3) Wenn zwei Seiten einer dreiseitigen Raumecke gleich sind; so sind auch ihre Gegenwinkel gleich.

Dies folgt sowohl indirect aus Nr. 2 als auch direct; wenn man die dritte Seite halbirt und durch den Halbirungspunkt und die Kante des Gegenwinkels eine Ebene legt, wodurch (nach §. 12.) zwei symmetrische Ecken entstehen.

4) In einer dreiseitigen Raumecke hat die größere Seite den größeren Gegenwinkel.

Dies ist indirect aus 1 und 2 abzuleiten.

5) In einer dreiseitigen Raumecke mit zwei gleichen Seiten, steht die Ebene, welche den Winkel dieser Seiten halbirt, winkelrecht auf der dritten Seite.

Beide dreiseitigen Raumecken, die auf diese Weise entstehen, sind symmetrisch (§. 11.), woraus der Satz sich ergiebt.

Anm. Man kann eine solche dreiseitige Raumecke eine gleichschenklige nennen (übereinstimmend mit dem geradlinigen Dreieck), und sich leicht die Sätze aufsuchen, welche denen entsprechen, die mit §. 8. im fünften Abschnitt übereinstimmen.

6) Wenn in zwei dreiseitigen Raumecken zwei Seiten und ein Gegenwinkel einer gleichen Seite übereinstimmen; so stimmen auch die Gegenwinkel der andern Seite überein, oder sie ergänzen sich zu zwei Rechten. Im ersteren Falle sind die Raumecken selbst übereinstimmend.

Der Beweis hat keine Schwierigkeit.

7) Wenn in zwei dreiseitigen Raumecken zwei Winkel und eine Gegenseite eines der gleichen Winkel übereinstimmen; so sind auch die Gegenseiten des andern gleichen Winkels gleich, oder ergänzen sich zu zwei Rechten. Im ersten Falle sind auch die Ecken übereinstimmend.

Der Beweis ergiebt sich aus dem vorigen Satze mittelst des Supplementardreiecks.

Die gegenseitigen Beziehungen der Bestandtheile dreiseitiger Ecken lassen sich auch durch geometrische Constructionen in derselben Ebene darstellen. Dahin gehört die Lösung folgender Aufgaben.

8) Wenn zwei Seiten einer dreiseitigen Ecke nebst dem von denselben eingeschlossenen Winkel gegeben sind, die dritte Seite zu finden.

Auflösung.

Es seien (Fig. 31.) c, b, die Seiten einer Ecke und A, der von ihnen eingeschlossene Winkel, gegeben. Man lege an die beliebig gewählte Linie NO in N zu einer Seite den Winkel MNO = c an, zur andern den Winkel ONP = b; deren Schenkel MN und NP mache man gleich lang, fälle aus M auf NO das Perpendikel MR, verlängere dasselbe über R hinaus, bis es eine aus P mit NR gezogene Parallele PS in S trifft, lege an MR in R den Winkel MRT = A, mache den Schenkel desselben RT = RS, ziehe MT.

Darauf lege man an MT in T den rechten Winkel MTV, mache den Schenkel TV = PS und ziehe MV.

Endlich beschreibe man aus M einen Kreis mit dem Radius MV, aus N einen Kreis mit dem Radius NP und ziehe nach dem Durchschnittspunkt der Umfänge dieser Kreise Q die Gerade NQ; so ist MNQ die dritte Seite des Raumdreiecks.

Beweis.

Stellt man sich unter A-BCD (übereinstimmend mit Fig. 26.) die dreiseitige Raumecke vor, in welcher Seite BAD = c = MNO, DAC = ONP = b ist, die den Winkel B-AD-C = A hat, und in welcher AB = AC = MO ist; so lege man in derselben durch B eine Ebene, welche die Kante AD in G perpendiculär durchschneidet, und eine durch C mit derselben parallel gezogene Gerade in H trifft. In dieser Ebene liegt das Dreieck BHG, dessen Winkel BGH = A ist (XIX, 16.).

Da nun MN = BA, Winkel MNR = C = BAG, Winkel MRN = R = BGA ist; so ist das Dreieck MNR dem Dreieck BAG congruent und sowohl MR = BG, als auch NR = AG.

Da ferner Winkel SRN = R = HGA, Seite GA = RN, Winkel RNP = b = GAC, Seite NP = AC, Winkel NPS = ACH (V, 6.) ist; so ist auch das Viereck RNPS dem Viereck AGHC congruent, daher sowohl RS = GH, als auch PS = CH.

Weil nun MR = BG, RT = RS = GH und Winkel MRT = A = BGH; so ist Dreieck MRT ≅ BGH (SWS) und MT = BH.

Weil ferner, wenn BC gezogen ist, MT = BH, TV = PS = CH und Winkel MTV = R = BHC; so ist Dreieck MVT ≅ BCH (SWS) und MV = BC.

Da nun endlich MN = BA, NQ = NP = AC und MQ = MV = BC; so ist Dreieck MQN ≅ BCA (SSS); also auch Winkel MNQ = BAC. W. z. b. w.

9) Wenn die drei Seiten einer körperlichen Ecke gegeben sind, den Winkel derselben zu finden.

Sind c, b, a (Fig. 32.) die Seiten der dreiseitigen körperlichen Ecke, zu welchen A, der Gegenwinkel der Seite a gefunden werden soll; so lege man an die beliebig gewählte Linie NO, zu entgegengesetzten Seiten, die Winkel MNO = c, PNO = b an; mache die Schenkel NM und NP einander gleich, und fälle von M auf NO das Perpendikel MR. Dieses verlängere man über R, bis sie die Parallele mit NO durch P in S trifft. Darauf lege man an MN in N den Winkel MNQ = a, mache den Schenkel NQ = NM und ziehe MQ.

Ueber MQ beschreibe man einen Halbkreis und lege in denselben die Sehne QT = PS; sodann ziehe man TM.

Beschreibt man dann aus M einen Kreis mit dem Radius MT, aus R einen Kreis mit RS und verbindet den Durchschnitt der Peripherieen V durch gerade Linien mit M und R; so ist MRV der gesuchte Winkel A.

Beweis.

Stellt man sich die Ecke durch A-BCD in Fig. 31. vor, und in derselben die bei Nr. 8 angegebenen Constructionen vollzogen; so läßt sich durch Wiederholung der Betrachtungen der vorigen Nr. in entgegengesetzter Ordnung leicht zeigen, daß MQ = BC, TM = MV = BH, also auch Winkel MRV = BGH = A ist.

10) Wenn zwei Winkel einer dreiseitigen Ecke und die zwischen ihnen liegende Seite gegeben sind, den dritten Winkel zu construiren.

Man wird nach Nr. 8 die dritte Seite einer Ecke construiren, welche die Supplemente der hier gegebenen Winkel zu Seiten hat und das Supplement der gegebenen Seite zum Winkel zwischen jenen Seiten. Der Nebenwinkel der so gefundenen dritten Seite wird der gesuchte Winkel sein. Der Beweis der Richtigkeit dieser Construction ergiebt sich aus den Eigenschaften der Supplementarecke (XX, 6.).

11) Wenn alle drei Winkel einer dreiseitigen Ecke gegeben sind, die Seiten derselben zu construiren.

Man wird nach Nr. 9 die Winkel einer Ecke construiren, deren Seiten die Supplemente der Winkel der gegebenen Ecke sind; die Nebenwinkel der so gefundenen Winkel werden die Seiten der gesuchten Ecke sein.

Auch hier folgt der Beweis für die Richtigkeit dieser Construction aus der Supplementarecke.

Einundzwanzigster Abschnitt.

Von den Körpern überhaupt.

(Dritter Abschnitt der Stereometrie.)

§. 1. Erklärung.

Ein von allen Seiten her vollständig begrenzter Raum wird ein geometrischer Körper genannt. Sind die Flächen, welche ihn begrenzen, eben; so ist es ein ebenflächig begrenzter Körper, sind die Flächen krumm, so ist es ein krummflächig begrenzter (auch wohl runder) Körper. Sind die Begrenzungen theils ebene Flächen, theils krumme; so ist der Körper ein gemischtflächig begrenzter. Ein ebenflächig begrenzter Körper wird entweder von vier, oder fünf, oder sechs oder beliebig vielen ebenen Figuren begrenzt, die entweder Dreiecke, oder Vierecke, oder Fünfecke, oder beliebige Vielecke sind, und die Seiten (Seitenflächen) des Körpers genannt werden. Die Durchschnittslinien anstoßender Seiten sind die Kanten des Körpers. Die Punkte, in denen die Kanten zusammenstoßen, heißen Ecken desselben. Man pflegt die ebenflächigen Körper nach der Zahl ihrer Seiten zu benennen, vierseitige (Tetraëder), fünfseitige (Pentaëder), sechsseitige (Hexaëder) u. s. w. Sind alle Seitenflächen regelmäßige congruente Figuren und alle Ecken übereinstimmend; so heißt der Körper ein regelmäßiger. So unterscheidet man regelmäßige Tetraëder (Vierflache), Hexaëder (Sechsflache), Oktaëder (Achtflache), Dodekaëder (Zwölfflache), Ikosaëder (Zwanzigflache).

Ein ebenflächiger Körper wird ein voller genannt, wenn die Erweiterung keiner Seitenfläche eine andere Seitenfläche durchschneidet.

Die Vorstellung eines geometrischen Körpers ist schon im ersten Abschnitte unter den mathematischen Grundvorstellungen aufgeführt (I, 5.), und von derselben durch Verminderung der Dimensionen die Vorstellung der Fläche, der Linie, des Punktes abgeleitet (§. 6.).

Was von Flächenwinkeln und Ecken in den vorigen Abschnitten gesagt ist, gewinnt erst durch die Betrachtung der Körper, an denen sich dieselben vorfinden, größere Anschaulichkeit. Namentlich kann die innere und die äußere Seite der Flächenwinkel und der Ecken erst klar unterschieden werden, wenn dieselben an einem Körper vorkommen, dessen Inneres das durch die Seitenflächen vollständig Begrenzte ist.

Wir werden es im Folgenden vorzugsweise mit vollen Körpern zu thun haben. Da zerstückelte (mit einspringenden Ecken) und hohle (die auch im Innern Grenzflächen haben) sich als Summe oder Unterschied voller Körper auffassen lassen.

Anm. Es ist eine leicht zu erlangende, für die Fortschritte in der Geometrie aber auch unerläßliche Uebung des Auffassungsvermögens, körperliche Gestalten sich ohne Figur im Raum vorzustellen. Der vorliegende Abschnitt nimmt diese Vorstellungsübung besonders in Anspruch.

§. 2. Lehrsatz

An jedem vollen ebenflächig begrenzten Körper ist die Anzahl der Seiten und Ecken um zwei größer als die Anzahl der Kanten.

Beweis.

Man stelle sich einen beliebigen ebenflächigen Körper vor, schreite von Fläche zu Fläche in der Betrachtung weiter, und halte die Beziehungen fest, welche zwischen den schon betrachteten Ecken, Flächen (d. i. Seiten) und Kanten statt finden.

Die zuerst betrachtete Fläche sei ein n Eck. Man hat mit derselben zugleich betrachtet n Ecken des Körpers, n Kanten und 1 Fläche.

Nennt man die Zahl der Ecken e, die der Flächen f, und die der Kanten k; so ist $e + f - k = 1$.

Die zweite betrachtete Fläche sei ein n' Eck, das sich mit einer Kante an die schon betrachtete Figur anschließt.

Es kommen daher aufs Neue zur Betrachtung:

$$n' - 2 \text{ Ecken}, \quad n' - 1 \text{ Kanten}, \quad 1 \text{ Fläche}.$$

Führt man die entsprechenden Bezeichnungen ε, k, ζ, für das neu Betrachtete ein; so erhält man die Beziehung

$$\varepsilon + \zeta - \varkappa = 0.$$

Man hat also jetzt betrachtet

$$e' = e + \varepsilon \text{ Ecken}, \quad f' = f + \zeta \text{ Flächen}, \quad k' = k + \varkappa \text{ Kanten}.$$

Zwischen diesen findet die Beziehung statt

$$e' + f' - k' = 1.$$

Zieht man noch eine Fläche in Betrachtung, deren Seitenzahl n'' ist, die aber zwei der schon betrachteten Kanten zur Seite hat; so richtet sich die neue Betrachtung nun auf

$$\varepsilon' = n'' - 3 \text{ Ecken}, \quad \varkappa' = n'' - 2 \text{ Kanten}, \quad 1 \text{ Fläche},$$

und es ist wieder

$$(a) \quad \varepsilon' + \zeta' - \varkappa' = 0.$$

Man hat jetzt betrachtet

$$e'' = e' + \varepsilon' \text{ Ecken}, \quad f'' = f' + \zeta' \text{ Flächen}, \quad k'' = k' + \varkappa' \text{ Kanten}.$$

Zwischen diesen findet wieder dieselbe Beziehung statt, wie vorher. Es ist

$$(b) \quad e'' + f'' - k'' = 1.$$

So oft nun eine Fläche hinzugedacht wird, welche zwei der schon betrachteten Kanten zu Seiten hat; findet immer dieselbe Beziehung (a) für das Neubetrachtete, also auch dieselbe Beziehung (b) für alles bis dahin Betrachtete statt.

Wird aber eine Fläche von n''' Seiten hinzugedacht, welche drei der schon betrachteten Kanten zu Seiten hat, so ist für die neu betrachtete Anzahl der Ecken, Seiten und Kanten

$$\varepsilon'' + \zeta'' - \varkappa'' = 0$$

und für die bisher überhaupt betrachteten Ecken, Seiten und Kanten

$$e''' + f''' - k''' = 1.$$

Nun überzeugt man sich leicht, daß immer dieselben Beziehungen (a) und (b) wiederkehren; so oft man eine Figur, welche noch nicht die letzte Seite ist, in Betrachtung zieht. Die Figur möge drei, vier, fünf oder noch mehr der schon betrachteten Kanten zu ihren Seiten haben. Nennt man daher vor der Betrachtung der letzten Seitenfigur die Anzahl der betrachteten Ecken E', die der Seitenflächen F', die der Kanten K'; so ist bis dahin immer noch die Beziehung vorhanden.

$$E' + F' - K' = 1.$$

Indem man aber die letzte Fläche betrachtet, kommt keine neu in Betracht zu ziehende Kante, auch keine neu in Betracht zu ziehende Ecke vor, die Flächenzahl vermehrt sich aber um eins; so daß, wenn $E = E'$ die Zahl aller betrachteten Ecken, $K = K'$ die Zahl aller betrachteten Kanten und $F = F' + 1$ die Zahl sämmtlicher Seitenflächen ist, für den Körper überhaupt die Beziehung stattfindet

$$E + F - K = 2.$$

Dies ist aber die im Satze ausgesprochene Beziehung.

Anm. Der hier geführte Beweis setzt voraus, daß in den jedesmal neu in Betrachtung gezogenen Figuren, die schon früher betrachteten Kanten zusammenhangende Seiten bilden. Man wird daher in jedem gegebenen Falle die Aufeinanderfolge der in Betracht gezogenen Seiten demgemäß zu bestimmen haben. Wenn aber eine neu in Betrachtung gezogene Seitenfläche an Kanten läge, die schon betrachtet sind, ohne einen zusammenhangenden Theil des Umfangs zu bilden; so würde die Zahl der betrachteten Ecken E, E', E'' u. s. w. um eins größer sein. Man erhielte dann

$$\varepsilon + \zeta - k = -1$$

Es würden aber zugleich auf der gesammten Oberfläche der Figur zwei getrennte Gebiete noch unbetrachteter Seitenflächen entstehen, deren jede zuletzt mit einer Fläche abschlösse, die keine unbetrachteten Kanten und Ecken enthielte. Durch den Abschluß der Betrachtung auf einem Gebiete käme man dann auf die Form $E + F - K = 1$ und diese Form bliebe bis zum Schlusse der Betrachtung des zweiten Gebietes, wo sie überginge in

$$E + F - K = 2.$$

Aehnliches würde statt finden; wenn die Flächen in einer solchen Reihenfolge betrachtet würden, daß dadurch die Gesammt-Oberfläche des Körpers in mehrere abgesonderte Gebiete unbetrachteter Flächen zerfiele. Durch diese Erwägung wird die Richtigkeit des Satzes vollständig bewiesen.

§. 3. Lehrsatz.

Ein regelmäßiger Körper kann nur entweder a) von vier, oder b) von acht, oder c) von 20 gleichseitigen Dreiecken, oder d) von sechs Quadraten, oder e) von zwölf regelmäßigen Fünfecken eingeschlossen sein. Daher sind nur fünf regelmäßige Körper möglich.

Beweis.

Wenn ein Körper regelmäßig ist; so sind alle seine Ecken übereinstimmend. Es finden sich also an demselben nur Ecken von gleicher Seitenzahl.

Sind also die Seitenflächen gleichseitige Dreiecke, deren Anzahl n ist; so sind die Kanten $\frac{3n}{2}$; da jede Kante zweien Dreiecken als Seite angehört.

Sind nun die Ecken dreiseitig; so ist auch die Anzahl der Ecken $\frac{3n}{3} = n$. Es ist demnach nach der Bezeichnung des vorigen §.

$$E = n,\ F = n,\ K = \frac{3n}{2};\ \text{also}$$

$$n + n - \frac{3n}{2} = 2,\ \text{d. h. } n = 4.$$

Der Körper ist also ein Tetraëder.

Sind ferner die Ecken vierseitig; so ist die Anzahl der Ecken $\frac{3n}{4}$.

Es ist also:

$$E = \frac{3n}{4},\ F = n,\ K = \frac{3n}{2};\ \text{also}$$

$$\frac{3n}{4} + n - \frac{3n}{2} = 2,\ \text{d. h. } n = 8.$$

Sind endlich die Ecken fünfseitig; so ist die Anzahl der Ecken $\frac{3n}{5}$.

Es ist also:

$$E = \frac{3n}{5},\ F = n,\ K = \frac{3n}{2};\ \text{also}$$

$$\frac{3n}{5} + n - \frac{3n}{2} = 2,\ \text{d. h. } n = 20.$$

Wollte man sechsseitige Ecken annehmen; so wäre $E = \frac{3n}{6} = \frac{n}{2}$; dies ergäbe $n = \infty$. Die Anzahl der Seiten eines solchen von regelmäßigen sechsseitigen Ecken eingeschlossenen Körpers ist also nicht zu bestimmen. Noch Widersprechenderes ergeben die Annahmen von mehr als sechsseitigen Ecken.

Stellt man sich den regelmäßigen Körper von n Quadraten umgeben vor, so ist bei dreiseitigen Ecken

$$E = \frac{4n}{3},\ F = n,\ K = \frac{4n}{2};\ \text{also}$$

$$\frac{4n}{3} + n - \frac{4n}{2} = 2;\ \text{also } n = 6.$$

Bei vierseitigen Ecken ist dann

$$E = \frac{4n}{4},\ F = n,\ K = \frac{4n}{2};\ \text{also}$$

$$\frac{4n}{4} + n - \frac{4n}{2} = 2,\ \text{oder } n = \infty.$$

Die Anzahl der Flächen eines solchen regulären Polyëders ist also auch nicht zu bestimmen. Auf entschiedene Widersprüche führt aber die Annahme von mehr als vierseitigen Ecken.

Nimmt man ferner an, der regelmäßige Körper sei von n regelmäßigen Fünfecken eingeschlossen, deren immer drei in eine Ecke zusammenstoßen, so ist

$$E = \frac{5n}{3},\ F = n,\ K = \frac{5n}{2},\ \text{also}$$

$$\frac{5n}{3} + n - \frac{5n}{2} = 2,\ \text{d. i. } n = 12.$$

Auf einen Widerspruch würde die Annahme vierseitiger Ecken führen.

Wird endlich vorausgesetzt, daß der regelmäßige Körper von n regelmäßigen Sechsecken eingeschlossen ist und dreiseitige Ecken hat so ist

$$E = \frac{6n}{3},\ F = n,\ K = \frac{6n}{2};\ \text{also}$$

$$\frac{6n}{3} + n - \frac{6n}{2} = 0,\ \text{d. i. } E = \infty.$$

Es ist also die Seitenzahl solcher Polyëder unbestimmbar Auf Widersprüche führt die Annahme mehr als dreiseitiger Ecken.

Auf Widersprüche führt es auch, wenn man sieben- oder mehrseitige regelmäßige Figuren als Seiten eines regelmäßigen Polyëders annimmt, mag man an ihnen dreiseitige oder mehrseitige Ecken voraussetzen.

Demnach sind nur die schon mehrmals erwähnten fünf regelmäßigen Polyëder möglich.

Anm. 1. Sechs Winkel eines regulären Dreiecks, vier Winkel eines Quadrats und drei Winkel eines regulären Sechsecks ergänzen sich zu vier Rechten. Die so zusammengelegten Figuren schließen also keine Ecke ein; sondern fallen in eine Ebene zusammen. Es sind dies die Fälle, für welche sich die Seitenzahl $n = \infty$ ergiebt. Da ein sehr kleiner Theil der Kugelfläche als eben betrachtet werden kann, so ist es in diesem Sinne gestattet, eine Kugel als reguläres Polyeder von unendlich vielen Seiten zu betrachten. Die Seitenflächen sind dann unendlich kleine gleichseitige Dreiecke, oder Quadrate, oder reguläre Sechsecke.

Anm. 2. Sieben Winkel eines gleichschenkligen Dreiecks, fünf Winkel eines Quadrats, vier Winkel eines regelmäßigen Fünfecks oder eines regelmäßigen Sechsecks, so wie drei Winkel eines regelmäßigen Siebenecks, Achtecks u. s w. können gar nicht mit den Kanten zusammen gefügt werden, weder zu einer Ecke, noch zu einer Ebene. Es lassen sich daher so bestimmte regelmäßige Körper gar nicht denken. Die Berechnung nach den obigen Beziehungen führt daher auch auf eine negative und gebrochene Seitenzahl.

Anm. 3. Die zur Erforschung der regulären Körper benutzte Beziehung zwischen Ecken, Seiten und Kanten eines Polyeders dient auch zu manchen andern Untersuchungen. Wollte man z. B. prüfen, ob es Körper mit fünf Ecken geben könne, deren Seiten Dreiecke sind; so erhielte man für diese Annahme die Beziehung

$$5 + n - \frac{3}{2} n = 2, \text{ d. i. } n = \frac{3}{2}.$$

Die Zahl der Flächen ist also ein Bruch. Es ist also ein solcher Körper nicht möglich.

Hingegen führt die Annahme eines fünfeckigen Körpers mit einem Viereck und sonst lauter Dreiecken auf die Beziehung

$$5 + n - \frac{3(n-1)}{2} - \frac{4}{2} = 2; \text{ d. i. } n = 5.$$

Wir werden später die vierseitige Pyramide als einen solchen Körper kennen lernen. (Mehreres hierüber in den Uebungsaufgaben des Anhangs.)

§. 4. Lehrsatz.

Zwei-, vier- oder mehrseitige volle Körper, deren einzelne Seitenflächen der Reihe nach congruent sind und eine übereinstimmende Aneinanderreihung haben, sind entweder congruent oder symmetrisch.

Beweis.

Ist die Aneinanderreihung so übereinstimmend, daß die congruenten Figuren mit homologen Kanten zusammentreffen und daß die gleichen Winkelblätter an jeder Ecke so aufeinanderfolgen, wie sie bei congruenten Ecken auf einander folgen; so läßt sich die Congruenz darthun. Diesen Fall wollen wir hier besonders berücksichtigen, da sich aus diesem der andere Fall, welcher die Symmetrie betrifft, leicht ableiten läßt.

Der Beweis wird zunächst

a) für Körper mit lauter dreiseitigen Ecken sehr leicht.

In diesem Falle sind nämlich in beiden Körpern alle Ecken congruent (XX, 11.); woraus sich ergiebt, daß auch die Winkel an jeder Kante übereinstimmen; so daß, wenn nur eine Ecke eines Korpers mit der ihr congruenten des anderen zur Deckung gebracht ist; auch alle anderen Ecken, mithin die Umgrenzungen beider Körper vollständig in einander fallen.

Schwieriger ist der Beweis für den Fall, daß

b) alle Ecken mehr als dreiseitig sind.

Man beweist dann zunächst, daß nicht jede zwei gleichliegenden Ecken verschiedene Winkel haben.

Hätte nämlich die Figur zu Seiten a Dreiecke, b Vierecke, c Fünfecke, d Sechsecke u. s. w. p n-Ecke, so wäre die Anzahl ihrer Flächen

$$F = a + b + c + d \ldots + p.$$

Die Anzahl ihrer Kanten

$$K = \frac{3a}{2} + \frac{4b}{2} + \frac{5c}{2} + \frac{6d}{2} \ldots + \frac{np}{2}.$$

Daraus ergiebt sich die Anzahl der Ecken nach §. 2.

$$E = 2 + K - F \text{ oder}$$

$$E = 2 + \frac{a}{2} + \frac{2b}{2} + \frac{3c}{2} + \frac{4d}{2} \ldots + \frac{(n-2)p}{2}.$$

Sind nun alle Ecken nicht congruent; so kann man von Kante zu Kante übergehend an jeder Ecke untersuchen, wie oft ein Wechsel in der Größe des Winkels für beide Körper entsteht, d. h. wie oft man an den Ecken in welchen die gleichen Winkelblätter der congruenten Figuren zusammentreffen, in dem einen Körper erst einen größeren Flächenwinkel als in dem andern, und darauf einen kleineren als in dem anderen vorfindet. Die kleinste Anzahl der Wechsel, auf welche man bei dieser Untersuchung durchaus kommen muß, ist 4 E; weil an jeder Ecke mindestens 4 solcher Wechsel eintreten müssen (XX, 11.).

Man zieht bei dieser Zählung jede Kante zweimal in Betrachtung, da jede zweien Ecken des Körpers angehört, und die Wechsel an jeder Ecke gezählt werden. Man erhält also als kleinstmögliche Doppelzahl solcher Wechsel bei dieser Vergleichung nach den Ecken

$$2w = 8 + 2a + 4b + 6c + 8d \ldots + 2(n-2)p.$$

Zwei Kanten die unmittelbar an einer Ecke auf einander folgen, sind auch immer zwei angrenzende Kanten einer Seitenfigur. Nimmt man daher an, daß an jeder Ecke so viel Wechsel statt finden als möglich ist; so wird man diese größeste Anzahl der Wechsel auch dadurch bestimmen können, daß man in jeder Seitenfigur so viel Wechsel annimmt, wie möglich, daß man also voraussetzt, wenn die eine Seite einer Figur als Kante einem Flächenwinkel zugehört, der in dem zuerst betrachteten Körper größer ist, als der gleichliegende in dem anderen, so gehöre die nächstfolgende Seite einem Flächenwinkel an, der kleiner ist in dem zuerst betrachtetrn Körper als in dem anderen.

Sieht man nun auf die Seitenzahlen der einzelnen Flächen; so sind

1) in einem Dreieck zwei Wechsel möglich, in einem Viereck auch nur zwei,

2) in einem Fünfeck, aber auch in einem Sechseck drei Wechsel,

3) in einem Siebeneck, so wie auch in einem Achteck vier u. s. w.

Zählt man zusammen, welches die größeste Zahl der Wechsel sein könnte, wenn überhaupt so viel Wechsel einträten, als in jeder Figur möglich sind; so rechnet man auch dabei jede Kante zweimal, da sie zwei Figuren als Seite angehört. Man findet durch diese Vergleichung nach den Seitenflächen als größeste Doppelzahl der möglichen Wechsel

$$2W = 2a + 4b + 4c + 5d + 5e + 6f + 6g + \ldots + pn.$$

Nun war aber die möglichst kleinste Doppelzahl

$$2w = 8 + 2a + 4b + 6c + 8d + 10e + 12f. \quad + 2(n-2)p.$$

Es ist also $W < w$.

Wenn also keine Ecke congruent wäre, so würde die denkbar größeste Zahl der Wechsel kleiner sein als die möglichst kleinste Zahl derselben. Dies ist widersprechend, also ist es auch nicht möglich, daß alle Ecken nicht congruent sind.

Es muß daher wenigstens eine congruent sein. Ist aber eine congruent, so finden an dieser Ecke keine Wechsel statt Die kleinste Zahl der Wechsel vermindert sich also um 4 Es ist also, wenn alle Ecken bis auf eine in beiden Figuren nicht congruent sind jetzt

$$w' = w - 4.$$

Die größeste Zahl der Wechsel muß auch wenigstens um 4 kleiner werden, kann aber auch noch mehr vermindert werden. Sie ist also höchstens

$$W' = W - 4.$$

Da aber $w > W$, so ist auch $w' > W'$. Es ist daher nicht möglich, daß nur eine Ecke congruent sei Es müssen wenigstens zwei Ecken congruent sein.

Nimmt man aber ferner an, daß nicht mehr als zwei Ecken congruent sind; so ist, da bei der kleinsten Zahl der Wechsel wieder vier Wechsel wegfallen, und auch bei der größesten Zahl mindestens 4 wegfallen, jetzt die kleinste und größeste Zahl der möglichen Wechsel

$$w'' = w' - 4, \quad W'' = W' - 4;$$

also wieder $w'' > W'$

Auf diesen Widerspruch kommt man, wenn man annimmt, daß nur zwei congruente Ecken vorhanden sind.

Auf denselben führt die Annahme, daß nur drei Ecken, nur vier Ecken u. s w. congruent sind, daß also außer den congruenten Ecken auch nicht congruente vorhanden sind.

Es müssen daher alle Ecken beider Körper congruent sein, wenn dieselben mehr als dreiseitig sind, und die Körper congruente und gleichgeordnete Seitenflächen haben.

Nunmehr ist es leicht zu zeigen,

c) daß Körper mit congruenten und gleichgeordneten Seitenflächen auch congruent sind, wenn drei- und mehrseitige Ecken an ihnen vorhanden sind.

Man lege durch die drei Ecken, welche an den Endpunkten der Kanten einer dreiseitigen Ecke in dem einen Körper liegen, eine Ebene; so schneidet man ein Tetraëder ab. Von dem andern Körper kann man an der entsprechenden Stelle ebenfalls ein Tetraëder abschneiden. Es läßt sich leicht zeigen, daß die auf diese Weise von beiden Korpern abgeschnittenen Tetraëder congruent sind, und daß die zurückbleibenden Korper wieder lauter congruente Figuren in gleicher Ordnung zu Seitenflächen haben.

Diese zurückbleibenden Körper haben eine Ecke weniger als die ursprünglich gegebenen. Finden sich an ihnen noch dreiseitige Ecken; so können von beiden wieder congruente Tetraëder abgeschnitten werden, und die dann zurückbleibenden Körper haben wieder congruente Seitenflächen in gleicher Ordnung, und eine Ecke weniger.

Hat man dies Verfahren so lange fortgesetzt, bis die zurückbleibenden Körper lauter mehr als dreiseitige Ecken und congruente gleichgeordnete Seitenflächen haben; so hat man beide Körper in congruente und ganz gleichartig zusammengefügte Theile zerlegt. Es ist dann nicht schwer, durch Deckung der Grenzen allein zu zeigen; daß beide Körper congruent sind.

Es ist also auch für diesen Fall die Richtigkeit des Lehrsatzes erwiesen.

Anm. 1. Die hier benutzten Congruenzen lassen sich jederzeit durch Aufeinanderlegen der congruenten Bestandtheile, d. h. durch unmittelbare Deckung erkennen.

Anm. 2. Das Zeichnen der sogenannten Körpernetze beruht auf diesem Satz. Wenn man nämlich in einer ebenen Fläche die Seitenflächen eines Körpers richtig aufzeichnet, und alles so einrichtet, daß dieselben mit gleichen Seiten, welche die Kanten des Körpers werden sollen, an einander gefügt werden können; so hat man das Körpernetz gebildet, aus dem sich, diesem Satze gemäß, immer nur ein bestimmter Körper zusammenstellen läßt. Die Flächenwinkel und die Ecken des Körpers sind also durch die Seitenflächen vollständig bestimmt.

Hat man zwei genau übereinstimmende Körpernetze auf der weißen Fläche eines ebenen Blattes gezeichnet, das auf der Rückseite schwarz ist, und setzt jeden Körper so zusammen, daß in beiden Weiß oder in beiden Schwarz nach Außen kommt; so hat man congruente Körper. Setzt man sie aber so zusammen, daß der eine Körper außen schwarz, der andere außen weiß erscheint; so hat man symmetrische Körper.

Zweiundzwanzigster Abschnitt.

Von den prismatischen Körpern.

(Vierter Abschnitt der Stereometrie.)

§. 1. Erkärungen.

Ein von lauter Parallelstreifen umschlossener, nur nach zwei Seiten hin offener Raum, heißt eine prismatische Röhre. Nach der Anzahl der Parallelstreifen unterscheidet man drei-, vier-, fünf- und mehrseitige prismatische Röhren. Die Parallellinien in denen je zwei aneinanderstoßende Parallelstreifen zusammentreffen, heißen Kantenlinien der prismatischen Röhre.

Der Raum, welcher innerhalb einer prismatischen Röhre durch zwei alle Kanten durchschneidende Parallelebenen vollständig begrenzt wird, heißt Prisma. Die ebenen und congruenten Figuren, welche auf diesen Parallelebenen durch die Seitenflächen der prismatischen Röhre begrenzt werden, heißen Grundflächen und die Kanten, welche sie begrenzen, Grundkanten, zum Unterschiede von den Seitenkanten, welche Theile der Kantenlinien der Röhre sind, deren je zwei mit den Grundkanten der Grundflächen eine Seitenfläche des Prisma begrenzen, welche jederzeit ein Parallelogramm ist.

Nach der Anzahl dieser Seitenflächen werden auch die Prismen als drei-, vier-, fünf- oder mehrseitige unterschieden.

Höhe eines Prisma ist das Perpendikel zwischen beiden Grundflächen.

Ein Prisma, dessen Kanten (also auch dessen Seitenflächen) perpendiculär auf den Grundflächen stehen, heißt ein gerades Prisma.

Jedes andere ist ein schiefes Prisma.

Wenn die Grundflächen eines Prisma Parallelogramme sind, also jede der sechs Begränzungsflächen ein Parallelogramm ist; so heißt der Körper ein Parallelepipedum.

In einem Parallelepipedum kann jede Seitenfläche als Grundfläche angesehen werden.

Ist ein Parallelepipedum für jede Grundfläche ein gerades Prisma, so heißt es ein rechtwinkliges Parallelepipedum, weil jede zwei Kanten eines solchen, die in einer Ecke zusammenstoßen, einen rechten Winkel einschließen.

Sind die Kanten eines rechtwinkligen Parallelepipedums alle einander gleich, mithin alle Seitenflächen Quadrate; so heißt der Körper Würfel oder Kubus; sind alle Seitenflächen Rhomben; so wird derselbe Rhomboëder genannt.

Gerade Linien zwischen zwei Ecken eines Körpers, die nicht Kanten sind, werden Diagonalen desselben genannt.

Daß die Seitenflächen eines Prisma Parallelogramme, also auch alle Seitenkanten einander gleich sind, folgt leicht aus XIX, 22. verbunden mit XIX, 22. 4.

Daß die Grundfläche eines Prisma ihrer Gegenfläche congruent ist, ergiebt sich leicht. Denn alle Seiten beider Figuren sind der Reihe nach gleich (V, 11.) und auch alle Winkel (XIX, 15.). Hieraus ergiebt sich der

Zusatz

Alle ebenen Paralleldurchschnitte einer prismatischen Röhre sind congruente Figuren.

Daß ferner zu perpendiculären Seitenkanten eines Prisma auch perpendiculäre Seitenflächen gehören, folgt leicht aus XIX, 17.

Daß, wenn für jede Grundfläche eines Parallelepipedums die Seitenflächen perpendiculär sind, auch je zwei in einer Ecke zusammentreffende Kanten rechte Winkel einschließen, ergiebt sich aus XIX, 7.

§. 2. Lehrsatz.

Würfel sind congruent, wenn die Kante des einen der Kante des andern congruent ist, rechtwinklige Parallelepipeda sind congruent, wenn die drei Seitenkanten in einer Ecke des einen, einzeln verglichen, den drei Seitenkanten in einer Ecke des andern gleich sind. Schiefwinklige Parallelepipeda sind congruent, wenn eine Ecke des einen einer Ecke des andern congruent ist und die in diesen Ecken gleichliegenden Kanten einander gleich sind.

Beweis.

Sind die Kanten zweier Würfel gleich; so sind die Seitenflächen beider Körper der Reihe nach congruent (VI, 6.), und auch in gleicher Weise zusammengefügt; also sind die Körper congruent (XXI, 4.).

Sind die Kanten zweier rechtwinkligen Parallelepipeda, die in einer Ecke zusammenstoßen, einzeln verglichen, gleich; so sind auch die Rechtecke, welche die Seitenflächen bilden, der Reihe nach congruent, aber auch in gleicher Weise zusammenfügt, also sind auch die Körper congruent (VI, 6. und XXI, 4.).

Sind endlich die Ecken zweier Parallelepipeda congruent; so sind auch die Seiten dieser Ecken, d. h. die Winkel in den Parallelogrammen, welche die Seitenflächen des Parallelepipedums bilden, gleich; wenn dann auch noch die gleichliegenden Kanten dieses Körpers, d. h. die Seiten der einschließenden Parallelogramme, welche an gleichen Winkeln anliegen, der Reihe nach gleich sind; so sind die einzelnen Parallelogramme der Reihe nach congruent, aber auch in gleicher Ordnung an einander gefügt, daher sind die Körper congruent.

Man wird diese Beweise leicht an einzelnen Figuren durchführen und auch zeigen können, daß zwei schiefwinklige Parallelepipeda symmetrische Körper sind; wenn eine Ecke des einen einer Ecke des andern symmetrisch ist, und die übereinstimmenden Kanten der Reihe nach, einzeln verglichen, einander gleich sind.

Auch wird die genaue Betrachtung einer solchen Figur folgende Sätze ergeben.

In einem jeden Parallelepipedum kann es nur drei Kanten verschiedener Länge geben.

In jedem schiefwinkligen Parallelepipedum sind die Ecken, deren Scheitelpunkte die Endpunkte derselben Diagonale sind, symmetrisch; in jedem rechtwinkligen sind sie congruent.

§. 3. Aufgabe.

Ein Parallelepipedum zu construiren; wenn eine Ecke desselben und die Längen der drei Kanten gegeben sind.

Auflösung.

Wenn die Ecke an irgend einer Stelle des Raumes gegeben ist, oder mit der Vorstellung an eine solche versetzt wird; so gebe man den einzelnen Kanten die vorgeschriebene Länge, und lege durch jeden Endpunkt einer Kante eine Ebene parallel mit der Gegenseite der Ecke (XIX, 24.). Die so gefundenen drei Ebenen werden mit den drei Ebenen der Ecke den verlangten Körper begrenzen.

Der Beweis ergiebt sich leicht: wie auch die Construction an einer Figur ohne Schwierigkeit klar gemacht werden kann.

§. 4. Lehrsatz.

Prismen in derselben prismatischen Röhre sind gleich; wenn ihre Kantenlängen gleich sind.

Beweis.

Es sei (Fig. 33.) eine prismatische Röhre zwischen den fünf Kanten Af, Bk, Ci, Dh, Eg gegeben, der Abschnitt Aa sei der Kante Ff gleich, durch A und a seien parallele Ebenen gelegt, welche die congruenten Figuren ABCDE und abcde bilden, und mit den Seitenstreifen der Röhre das Prisma Ac einschließen. Eben so seien durch F und f Parallelebenen gelegt, welche die congruenten Figuren FGHIK und fghik bilden und als Grundflächen zu dem Prisma Fi in derselben prismatischen Röhre gehören. Es soll Prisma fi gleich Ac sein.

Vergleicht man den Körper, der innerhalb der prismatischen Röhre von den Fünfecken ABCDE und FGHIK begrenzt ist, mit dem von den Flächen abcde und fghik begrenzten, so sind beide congruent; weil ihre Seitenflächen der Reihe nach congruent und auf gleiche Weise an einander gefügt sind.

Es ist nämlich ABCDE $\cong$ abcde (VII, 4.) eben so FGHIK $\cong$ fghik. Ferner ist AFGE $\cong$ afge, als Vierecke, in denen der Reihe nach alle Winkel und Seiten übereinstimmen, nämlich FAE = fae, AFG = afg, etc. (als Gegenwinkel nach (V, 6.) und Aa = Ff nach der Annahme, also auch Aa + aF = aF + Ff, d. h. AF = af u. s. w.

Nimmt man von jedem dieser beiden congruenten Körper in der prismatischen Röhre denjenigen hinweg, der innerhalb derselben durch die Ebenen abcde und FGHIK abgegrenzt ist; so ist auch Ac = Fi (I, 8.).

Es wird nicht schwer sein mit Anwendung dieses Lehrsatzes und der Beweisführung, welche im zweiten Cursus XII, 8. S. 29 befolgt ist, zu zeigen den

Zusatz.

Prismen in derselben prismatischen Röhre verhalten sich in Beziehung auf die Raumgröße wie ihre Kantenlängen.

§. 5. Lehrsatz.

Jedes Parallelepipedum wird durch eine Diagonalebene in zwei raumgleiche dreiseitige Prismen zerlegt.

Beweis.

1) Es sei (Fig. 34.) zunächst ein Parallelepipedum mit senkrechten Seitenkanten auf der Grundfläche ABCD gegeben, die ein beliebiges Parallelogramm ist und die Gegenfläche EFGH hat. Es sei die Diagonalebene HFBD hindurch gelegt; so ist klar daß HD ‡ FB und HD = FB, also HB ein Parallelogramm, und der Körper AG in zwei dreiseitige Prismen zerlegt ist, ABDHEF und CBDHGF. Diese sind congruent (XIX, 4.). Denn es ist ADB ≅ CBD, AF ≅ CH, BH ≅ DF, DE ≅ BG, EFH ≅ GHF und zugleich sind die congruenten Seitenflächen an jeder Ecke in derselben Ordnung. Es liegen z. B. an der Ecke A, dieselbe von Außen betrachtet, von links nach rechts gewendet, die Seitenfiguren AF, ABD, AH, und eben so an der Ecke C die jenen einzeln congruenten Figuren CH, CDB, CF, eben so geordnet.

2) Ist ferner (Fig. 35.) das Parallelepipedum AG mit den schiefen Kanten AE, BF, CG, DH und der Grundfläche AC von der Diagonalebene HFBD durchschnitten; so läßt sich zwar die Symmetrie der beiden dreiseitigen Prismen ABDHEF und CDBFGH erweisen, aber auch zugleich zeigen, daß sie nicht congruent sind.

Um nun ihre Gleichheit zu beweisen, lege man durch die Endpunkte einer Kante, z. B. durch A und E zwei Ebenen, welche diese Kante, also auch alle übrigen, senkrecht durchschneiden. Dies seien die Ebenen $A\beta\gamma\delta$ und $E\zeta\eta\vartheta$. Diese begrenzen dann in der prismatischen Röhre des gegebenen Parallelepipedums AG ein anderes Parallelepipedum $A\eta$, welches ihm gleich ist, da beide die Kante AE haben.

Von dem Parallelepipedum $A\eta$ ist aber, wie oben bewiesen, das dreiseitige Prisma $A\beta\delta\vartheta\zeta E$ die Hälfte. Dieses ist aber in derselben dreiseitigen prismatischen Röhre mit dem dreiseitigen Prisma ABDHFE, und hat mit ihm dieselbe Kante AE; also ist auch ABDHFE = $A\beta\delta\vartheta\zeta E$. Folglich ist auch ABDHFE die Hälfte von AG. Was zu beweisen war.

Anm. Man hätte im Beweise der Congruenz der dreiseitigen Prismen ABDHEF und CBDHGF (Fig. 34.) auch den leicht zu erweisenden Satz anwenden können: Zwei dreiseitige Prismen sind congruent, wenn eine Ecke des einen einer (A) Ecke des andern (G) congruent ist und die gleichliegenden Kanten beider congruenten Ecken, einzeln verglichen, gleiche Länge haben.

§. 6. Lehrsatz.

Zwei Parallelepipeda auf derselben Grundfläche sind raumgleich, wenn sie gleiche Höhe haben.

Beweis.

Die Parallelepipeda AG und AM (Fig. 36.) haben als gemeinschaftliche Grundfläche das Parallelogramm AC, und die Gegenflächen derselben EG und KM liegen in derselben Ebene. Beide Körper haben daher auch (nach XIX, 22. Z. 5.) dieselbe Höhe. Es soll bewiesen werden, daß sie raumgleich sind.

Man erweitere zwei parallele Seitenflächen des Prisma AG, z. B. AH und BG; so schließen diese mit der erweiterten Grundfläche AC und deren erweiterter Gegenfläche EG eine vierseitige prismatische Röhre ein.

Eben so erweitere man die mit AH und BG nicht parallelen Seitenflächen BK und CN des Prisma AM. Es entsteht dann zwischen diesen Erweiterungen und denen der Grundfläche und Gegenfläche eine zweite prismatische Röhre.

Jede zwei nicht parallele Ebenen schneiden sich in einer geraden Linie. Es schneide sich daher AH mit AL in AO, AH mit FM in DR,

eben so BG mit AL in BP, BG mit FM in CQ.

Nun ist (nach XIX, 22.) AO ‡ BP, eben so BP ‡ CQ, CQ ‡ FR, FR ‡ OA.

Der Raum zwischen den Ebenen, zu welchem diese Durchschnitte als Kanten gehören, ist also eine prismatische Röhre (§. 1.), und in derselben ist durch die Parallelebenen AC und OQ ein Prisma AQ begrenzt.

Dies Prisma AQ liegt mit AG in derselben prismatischen Röhre und hat auch mit ihm gleiche Kantenlänge AD. Es ist also AQ = AG.

Das Prisma AQ liegt aber auch mit AM in derselben prismatischen Röhre, und hat gleiche Kantenlänge AB. Es ist also AQ = AM.

Daher ist auch AG = AM (I, 4.). Was zu beweisen war.

§. 7. Lehrsatz.

Prismen von gleicher Grundfläche und gleicher Höhe sind raumgleich.

Beweis.

Haben zwei dreiseitige Prismen congruente Grundflächen und gleiche Höhen; so werden dadurch, daß man durch zwei Kanten Parallelebenen mit den Gegenseiten legt und die Grundflächen erweitert, Parallelepipeda von congruenter Grundfläche und gleicher Höhe gebildet.

Ueber der Grundfläche eines desselben kann man sodann ein Parallelepipedum construiren, das dem andern congruent ist. Man wird dadurch (nach §. 6.) zwei raumgleiche Parallelepipeda haben, deren Hälften, d. h. die gegebenen dreiseitigen Prismen, gleich sind.

Es sind daher 1) **dreiseitige Prismen congruenter Grundfläche und gleicher Höhe** raumgleich.

Hat man ferner zwei beliebige Prismen von gleicher Höhe und gleicher Grundfläche, so lassen sich beide Grundflächen (VII, 10.) in eine gleiche Anzahl von Dreiecken zerlegen, die einzeln verglichen **congruent** sind. Denkt man sich diese Zerlegung vorgenommen, und aus den Eckpunkten dieser Dreiecke in jedem Prisma Linien parallel mit den Seitenkanten derselben gezogen und Ebenen gelegt durch je zwei dieser Linien, die von den Eckpunkten congruenter Dreiecke ausgehen, so werden offenbar beide Prismen in gleich viel Prismen zerlegt, die einzeln verglichen je eins in dem einen Körper mit je einem aus dem andern congruente Grundfläche und gleiche Höhe haben; also paarweise, wie eben bewiesen ist, raumgleich sind.

Da also zwei Prismen von gleicher Grundfläche und Höhe sich in gleich viele raumgleiche Theile zerlegen lassen, so sind sie selber raumgleich. W. z. b w.

§. 8. Lehrsatz.

Prismen von gleicher Grundfläche verhalten sich wie die Höhen, Prismen von gleicher Höhe, wie die Grundflächen. Ueberhaupt ist das Verhältniß zweier beliebiger Prismen aus dem Verhältniß der Grundflächen und der Höhen zusammengesetzt.

Beweis.

Ein Prisma P habe die Grundfläche f, die Höhe h, ein anderes P′ dieselbe Grundfläche f und die Höhe h′,

so ist $P : P' = h : h'$.

Man construire (Fig. 37.) in einer Ebene ein Rechteck ABCD flächengleich mit f, errichte in A auf der Ebene AC ein Perpendikel AE, dessen Länge h ist, lege durch E eine Ebene parallel mit ABCD, so wird diese auch von den drei in B, C und D auf AC errichteten Perpendikeln Längen abschneiden, deren jede h ist und wenn man durch je zwei dieser parallelen Perpendikel AE und BF, BF und CG, CG und DH, DH und AC Ebenen gelegt denkt, so werden sie mit den Parallelebenen AC und EG ein Prisma einschließen, das mit P raumgleich ist.

Verlängert man dann AE über E hinaus bis K, so daß $EK = h'$ wird, und legt durch E eine zweite Parallelebene mit AC, erweitert außerdem auch die Seitenflächen des Prisma AG, so entsteht ein neues Prisma EM, raumgleich mit P′. Die Prismen AG und EM liegen in derselben prismatischen Röhre. Es ist also:

$AG : EM = AE : EK$ (§. 4. Zus.), d. h. $P : P' = h : h'$.

Hat man außer dem Prisma P mit der Höhe h und der Grundfläche f ein anderes P'' mit der Höhe h und der Grundfläche f', und ist, wie vorhin, AC = f, AE = h, also AG = P; so verlängere man die Kanten der Grundfläche AD und BC bis O und P, und schneide zwischen der zweimal gebrochenen Linie OCDP durch eine Linie die mit OC parallel ist, ein Flächenstück (hier ein Rechteck) ab, das gleich ist mit f'. Es sei dies das Rechteck DPOC (XV, 6.). Errichtet man nun auch in P und O Perpendikel auf der Ebene AO, nämlich OQ und PR, und legt durch dieselbe eine Ebene PQ, so schließt diese mit den bereits vorhandenen Ebenen das Prisma DQ ein, welches flächengleich ist mit P''.

Es liegen nun die Prismen AG und DQ in derselben prismatischen Röhre.

Daher ist AG : DQ = AD : DP = AC : DO (§. 4 und XII, 8. S. 29.),

folglich ist auch P : P'' = f : f'. Was zu beweisen war.

Sind demnach zwei beliebige Prismen P' und P'' mit den Grundflächen f und f' und den Höhen h' und h'' gegeben; so läßt sich jederzeit dieselbe Construction ausführen; und aus derselben folgern:

$$EM : AG = KE : AE, \text{ d. i. } P' : P = h : h'$$

$$AG : DQ = AC : DO, \text{ d. i. } P : P'' = f : f'$$

Daraus folgt die Zusammensetzung:

$$P' : P'' = \begin{Bmatrix} h : h' \\ f : f' \end{Bmatrix}. \text{ Was zu beweisen war.}$$

§. 9. Lehrsatz.

Die seitliche Oberfläche eines geraden Prisma ist einem Rechtecke gleich, dessen Grundlinie der Umfang der Grundfläche und dessen Höhe die Höhe des Prisma ist.

Beweis.

Da die Seitenflächen eines geraden Prisma Rechtecke sind, deren Grundlinien einzeln mit den Seiten der Grundfigur, deren Höhen mit der Kantenlänge des Prisma übereinstimmen, so wird man die Vereinigung aller dieser Rechtecke, d. h. die seitliche Oberfläche des Prisma, erhalten; wenn man ein Rechteck construirt, dessen Grundlinie aus allen Seiten der Grundfigur zusammengesetzt ist und dessen Höhe mit der Kantenlänge, d. h. mit der Höhe des Prisma übereinstimmt (VI, 11.). Hieraus ergiebt sich die Richtigkeit des Satzes.

Anm. 1. Es ergiebt sich hieraus für ein gerades Prisma, dessen Grundfigur den Umfang u und die Grundfläche g hat, und dessen Höhe h ist, die Größe der seitlichen Oberfläche 0 und der Gesammtoberfläche s

$$o = uh, \quad s = uh + 2g.$$

Anm. 2. Die seitliche Oberfläche schiefer Prismen läßt sich in dieser Art nicht bestimmen, weil die Höhen der einzelnen Parallelogramme, welche die Seitenflächen bilden, verschieden sind.

Legt man aber durch die Endpunkte einer Kante des Prisma zwei Ebenen, welche alle Kanten senkrecht durchschneiden, so bestimmen diese in der prismatischen Röhre ein gerades Prisma, das dem gegebenen schiefen nicht nur raumgleich ist, sondern auch dieselbe seitliche Oberfläche hat.

Es sind nämlich die einzelnen Seitenfiguren der Reihe nach einander gleich, weil sie gleiche Grundlinie (jedesmal die Kantenlänge) haben und zwischen denselben Parallellinien liegen.

Die seitliche Oberfläche des so bestimmten geraden Prisma läßt sich in ein Rechteck verwandeln und auch berechnen. Die Grundlinie dieses Rechtecks erhält man offenbar, wenn man alle Perpendikelabstände je zweier auf einander folgender Kanten in eine gerade Linie zusammenreiht. Die Höhe ist dann der Kantenlänge des gegebenen Prisma gleich.

§. 10. Schlußbemerkungen zum vierten Abschnitt der Stereometrie.

1) Der letzte Satz dieses Abschnittes führt auf die Ausmessung der prismatischen Körper, indem durch ihn das Verhältniß erkannt wird, in welchem der Rauminhalt eines solchen Körpers zu einem Würfel steht, dessen Kante eine bestimmte Länge hat.

Man nennt einen solchen Würfel ein Kubikmaaß und zwar Kubikfuß, wenn die Kante die Länge eines Fußes, Kubikmeter, wenn sie die Länge eines Meters hat. Es ist also auch leicht zu verstehen, was die Ausdrücke Kubikmeile, Kubikruthe, Kubikdecimalfuß, Kubikduodecimalfuß ꝛc. bedeuten. (Vergl. X, 1)

Ist nun (Fig. 38.) ein Würfel AE gegeben, dessen Kante AB als Längeneinheit angenommen ist, so ist die Grundfläche desselben, das Quadrat BC, die Flächeneinheit und der Würfel selbst die Raumeinheit. Soll mit dieser ein beliebiges Prisma P mit der Grundfläche FGHIK = f und der Höhe LM = h verglichen werden; so dient dazu die Proportion

$$AE : P = \left\{\begin{matrix} AD : LM \\ CB : FGHIK \end{matrix}\right\} = \left\{\begin{matrix} 1 : h \\ 1 : f \end{matrix}\right\}.$$

Da nun die Zusammensetzung der Proportionen durch Multiplication der Verhältnißzahlen erfolgt; so ist, wenn man für Längen- und Flächen- und Raum-Maaß AB = 1, BC = 1, AD = 1 setzt, auch

$$AE : P = 1 : h.f.$$

Es ist also der Würfel AE so oft in dem Prisma enthalten, als die Einheit in der Zahl, welche durch Multiplication der beiden Zahlen entsteht, deren eine die Höhe im übereinstimmenden Längenmaaße, die andre die Grundfläche im übereinstimmenden Flächenmaaße ausdrückt.

Wie aber das Verhältniß der Maaß-Fläche BC zu der zu messenden Grundfläche FGHIK nach der jedesmaligen Beschaffenheit dieser Figur gefunden werden kann, ist im zehnten Abschnitt (auch XII, 8. S. 26.) gelehrt.

Hat der zu messende Körper die Gestalt eines rechtwinkligen Parallelepipedums QU; (Fig.39.) dessen in einer Ecke Q rechtwinklig zusammentreffende Kanten $QR = a$, $QS = b$, $QT = c$ sind; so ist

$$AE : QU = \begin{Bmatrix} BC : RS \\ AD : QT \end{Bmatrix} = \begin{Bmatrix} AB : QR \\ AC : QS \\ AD : QT \end{Bmatrix} = \begin{Bmatrix} 1 : a \\ 1 : b \\ 1 : c \end{Bmatrix}.$$

Es wird daher der Rauminhalt eines solchen Körpers durch Multiplication der drei Zahlen gefunden, welche seine drei Kantenlängen in dem übereinstimmenden Maaße angeben.

2. Wie in der Geometrie die Bestandtheile des Quadrates einer zweitheiligen Größe aus diesen Theilen selbst construirt werden können, ist im sechsten Abschnitte gelehrt (VI, 19.). Es läßt sich eben so in der Stereometrie nachweisen aus welchen Bestandtheilen der Cubus einer zweitheiligen Linie zusammengesetzt ist.

Ist nämlich (Fig. 40.) Ad ein Würfel, dessen Kante AC aus AB und BC besteht. Hat man in der Grundfläche AD, von der Quadratseite AE ein Stück $AF = AB$ abgeschnitten und FH parallel mit AC und ED, BG parallel mit AE und CD gezogen; durchschneiden sich die Linien BG und FH in K; so besteht die Grundfläche des Würfels $AD = AC^2$ aus vier Theilen

$$AK = AB^2,\ BH = AB.BC,\ DG = AB.BC,\ KD = BC^2.$$

Legt man nun durch FH eine Ebene winkelrecht zu AD, so ist diese auch parallel mit Ac und Ed. Legt man eine Ebene winkelrecht zu AD durch BG; so ist diese parallel mit Ae und Cd.

Beide senkrechte Ebenen durchschneiden sich in dem Perpendikel Kk und theilen den Würfel in vier Parallelepipede, welche die oben genannten Theile der Grundfläche zu ihren Grundflächen und die Höhe, (d. h.) die Kante des Würfels zur Höhe haben. Schneidet man nun auch von der Höhenkante Aa ein Stück Aα ab, welches AB gleich ist, und legt durch A eine Ebene parallel mit AD und ad, so wird dadurch jedes der vier Parallelepipeda über AD in zwei rechtwinklige Parallelepipeda zerlegt; so daß im Ganzen acht Körper entstehen. Diese sind, wie man leicht erkennt:

1) $A\varkappa = AB.A\alpha.AF = AB^3$
2) $B\vartheta = B\beta.Bk.BC = AB^2.BC$
3) $\alpha k = \alpha\beta.\alpha\zeta.\alpha a = AB^2.BC$
4) $F\eta = Fk.F\zeta.FE = AB^2.BC$
5) $K\delta = K\varkappa.KG.KH = AB.BC^2$
6) $\beta h = \beta\varkappa.\beta\gamma.\beta b = AB.BC^2$
7) $\zeta g = \zeta\varkappa.\zeta\iota.\zeta\varepsilon = AB.BC^2$
8) $\varkappa d = \varkappa k.\varkappa\vartheta.\varkappa\eta = BC^3$.

Es enthält also der Würfel einer zweitheiligen Kante:

1) den Würfel des ersten Theils;
2) drei rechtwinklige Parallelepipeda, deren jedes das Quadrat des ersten Theils zur Grundfläche und den zweiten Theil zur Höhe hat;
3) drei rechtwinklige Parallelepipeda, deren jedes den ersten Theil zur Höhe und das Quadrat des zweiten zur Grundfläche hat;
4) den Würfel des zweiten Theiles.

Anm. Setzt man $AB = a$, $BC = b$; so entspricht diese stereometrische Betrachtung dem algebraischen Satze

$$(a + b)^3 = a^3 + 3a^2b + 3ab^2 + b^3.$$

3) Da die Construction der Parallelepipeda (§. 3.) und auch der Prismen überhaupt (§. 5 Anm.) auf der Construction einer dreiseitigen Ecke im Raum beruht; diese aber im §. 3. als schon gegeben vorausgesetzt wird; so möge hier noch gezeigt werden, wie sich an jeder Stelle im Raume eine genau bestimmte dreiseitige Ecke construiren läßt.

Es ist in den Schlußbemerkungen des vorigen Abschnitts nachgewiesen, wie aus den zur Congruenz dreiseitiger Ecken erforderlichen Bestimmungsstücken sich die übrigen mittelst geometrischer Construction finden lassen.

Welche Bestimmungsstücke der dreiseitigen Ecke also auch immer gegeben sind; so lassen sich jederzeit zwei Seiten und der eingeschlossene Winkel zwischen ihnen durch Construction darstellen.

Es sei nun (Fig. 41.) die Ebene MN gegeben, in derselben die Linie AB. Es soll an diese Ebene eine dreiseitige Ecke gelegt werden, so daß A der Scheitel, AB die Kante wird, an welcher die gegebenen Seiten α und β (eine davon, α, in der Ebene nach M hin) und der gegebene Winkel c liegen sollen.

Man errichte in MN auf AB in einem beliebigen Punkte B das Perpendikel CB, und auf MN zugleich in B das Perpendikel BD (XIX, 9.); lege dann durch CB und BD eine Ebene (XIX, 3.), trage in dieser Ebene an CB den gegebenen Winkel der Ecke c an, EBC = c, und lege eine Ebene durch AB und BE.

In dieser Ebene lege man an AB den Winkel BAE $= \beta$, und in der gegebenen Ebene MN an AB den Winkel FAB $= \alpha$. Dann sind AE und AF die beiden anderen Kanten der Ecke und die durch AF und AE gelegte Ebene bildet die dritte Seite derselben.

Der Beweis für die Richtigkeit dieser Construction ergiebt sich leicht, wenn man erwägt, daß CBE der Neigungswinkel von F-AB-E $=$ c ist, und die diesen Winkel einschließenden Seiten FAB $= \alpha$, EAB $= \beta$ sind.

4) Da auch mehrseitige Ecken bestimmt sind, wenn sie sich in bestimmte dreiseitige Ecken zerlegen lassen; so folgt, daß auch alle Bestimmungsstücke einer mehrseitigen Ecke in der Ebene construirt werden können. Was also auch für Bestimmungsstücke einer mehrseitigen Ecke angegeben werden; so lassen sich jederzeit durch geometrische Construction alle Seiten und Winkel derselben der Reihe nach finden.

Demnach kann auch an einen Punkt im Raum, wenn eine Ebene und eine Kantenlinie durch denselben gegeben sind, eine genau bestimmte mehrseitige Ecke angelegt werden, indem man in der Ebene die erste Seite bestimmt, an dieselbe in der angenommenen Kante den anliegenden Winkel (nach der Construktion in Nr. 2), in der entstandenen Schenkelebene dieses Winkels, die nächste Seite aufträgt, an diese und die dadurch gewonnene Kante wieder den nächsten Winkel u. s. f., wie leicht zu übersehen ist.

Dreiundzwanzigster Abschnitt.

Von den Pyramiden.

(Fünfter Abschnitt der Stereometrie.)

§. 1. Erklärung.

Eine Pyramide ist ein durch die Seiten einer körperlichen Ecke und eine alle Kanten derselben durchschneidende Ebene vollständig begrenzter Raum. Nach der Anzahl der Seiten der durchschnittenen Ecke nennt man die Pyramide eine drei-, vier-, fünf-, sechsseitige u. s. w. Pyramiden mit mehr als drei Seiten werden auch mehrseitige genannt. Die Figur, welche in der durchschneidenden Ebene durch die Seitenflächen der Ecke begrenzt wird, heißt Grundfläche der Pyramide, der Scheitel der Ecke ist die Spitze der Pyramide. Ein Perpendikel, von der Spitze auf die Grundfläche oder deren Erweiterung gefällt, ist die Höhe der Pyramide. Die zwischen der Grundfläche und der Spitze in jeder Seite der Ecke liegenden Dreiecke heißen Seitenflächen der Pyramide. Die Kanten an der Grundfläche heißen Grundkanten, die übrigen Seitenkanten.

Anm. In einer dreiseitigen Pyramide kann jede Fläche als Grundfläche betrachtet werden.

Die reguläre dreiseitige Pyramide in der jede der vier Seitenflächen ein gleichseitiges Dreieck ist, wird vorzugsweise Tetraëder genannt.

§. 2. Lehrsatz.

Zwei Pyramiden sind congruent (oder symmetrisch) wenn die Ecken an der Spitze congruent (oder symmetrisch) sind und drei gleichliegende Seitenkanten gleiche Länge haben.

Wenn die Ecken an der Spitze congruent sind, so können sie so in einander gelegt werden, daß alle gleichliegenden Kanten zusammenfallen. Wenn dann drei gleichliegende Seitenkanten gleiche Länge haben, so fallen auch die in den Grundflächen beider Pyramiden liegenden Endpunkte dieser Seitenkanten zusammen. Die Grundflächen fallen daher auch zusammen (XIX, 3.); d. h. beide Körper sind congruent.

Sind die Ecken symmetrisch, so bilde man die Scheitelecke der einen, mache diejenigen Seitenkanten derselben, welche Verlängerungen der drei als gleich mit dreien in der andern Ecke gegebenen Kanten sind, diesen Kanten gleich, und lege eine Ebene durch die drei so bestimmten Endpunkte dieser Kanten. Diese Ebene wird der Grundfläche der gegebenen Pyramide parallel sein, und mit der Scheitelecke einen Körper einschließen, welcher mit dieser Pyramide symmetrisch ist. Von dieser symmetrischen Pyramide läßt sich dann wie vorhin beweisen, daß sie der zweiten gegebenen Pyramide congruent ist.

Anm. 1. Da hier die wörtliche Andeutung des Beweises alles erschöpft, wird es nicht schwierig sein, passende Figuren für denselben anzugeben.

Anm. 2. Die Congruenzsätze für die Pyramiden lassen sich sehr vermehren. In den meisten Fällen läßt sich jedoch der allgemeine Satz (XXI, 4.) für die Congruenz der Körper anwenden. Daher es unzweckmäßig wäre, sie sämmtlich auszuführen. Zu den leicht zu erweisenden gehören:

1) Wenn in zwei Pyramiden die Grundflächen congruent sind, und eine gleichliegende congruente dreiseitige Ecke mit gleicher Seitenkante an der Grundfläche haben; so sind die Pyramiden congruent.

2) Pyramiden sind congruent, wenn die Grundflächen congruent sind und mit dreien an gleichliegenden Kanten anliegenden Seitenflächen Winkel bilden, die, einzeln verglichen, einander gleich sind.

§. 3. Lehrsatz.

Jede dreiseitige Pyramide läßt sich in zwei raumgleiche Prismen und in zwei congruente Pyramiden zerlegen, welche die halbe Höhe und den vierten Theil der Grundfläche der ganzen Pyramide haben.

Beweis.

Es sei (Fig. 42.) die dreiseitige Pyramide ABCD mit der Grundfläche BCD und der Höhe AE gegeben. Man halbire die Kante AB in F, und lege durch F eine Ebene parallel mit der Grundfläche BCD. Diese wird durch die Mitten der Seitenkanten gehen, also durch G auf AC und durch H auf AD, so daß AG=GC, AH=HD ist, sie wird auch die Höhe AE in dem Punkte K halbiren (XIX, 23.), überhaupt von der gegebenen Pyramide eine andere abschneiden, AFGH, deren

Höhe AK die **halbe** Höhe der gegebenen Höhe HE ist, und deren Grundfläche FGH der **vierte** Theil der Grundfläche BCD ist.

Es ist nämlich das Dreieck FGH dem Dreieck BCD ähnlich; weil

$$FG : BC = GH : CD = FH : BD = AF : AB,$$

d. h. $= 1 : 2$ ist (XII, 1.); daher ist auch:

$$FGH : BCD = FG^2 : BC^2 = 1 : 4 \text{ (XIII, 7.)}.$$

Legt man ferner durch H eine Ebene HLM parallel mit ABC; so ist durch diese eine zweite Pyramide abgeschnitten, HLMD, welche der Pyramide AFGH congruent ist. Es ist nämlich:

$$AF = FB = HL,\ AH = HD$$

und Winkel $FAH = LHD$ (V, 6.),

also Dreieck $FAH \cong LHD$.

In gleicher Weise ergiebt sich

Dreieck $AFG \cong HLM$, $AGH \cong HMD$, $FGH \cong LMD$;

woraus die Congruenz der Körper hervorgeht.

Halbirt man nun noch die Linie BC in N, zieht NL; so ist NL ‡ CD (XII, 1. Zus.).

Aber es ist auch GH ‡ CD, also auch GH ‡ NL (XIX, 14.).

Es ist ferner $GH = \frac{1}{2}CD$ und $NL = \frac{1}{2}CD$; also auch $GH = NL$.

Daher ist GHLN ein Parallelogramm.

Diese ebene Figur theilt aber das Reststück der ganzen Pyramide, nämlich FGHMLBC, welches nach Abnahme der beiden kleineren Pyramiden übrig geblieben ist, in zwei dreiseitige Prismen, deren eins FGHLBN auf der Grundfläche BNL steht und die Höhe KE hat; das andere LHMCNG liegt auf seiner Seitenfläche NCLM.

Offenbar ist aber das stehende Prisma die Hälfte eines Parallelepipedums, dessen Höhe KE und dessen Grundfläche doppelt so groß als das Dreieck BNL ist (XXII, 8.).

Eben so ist das liegende Prisma die Hälfte eines Parallelepipedums, dessen Grundfläche das Parallelogramm NCML, d. h. das Doppelte des Dreiecks BNL, und dessen Höhe KE ist. Beide Prismen sind also als Hälften gleicher Körper raumgleich.

Da nun auch die Pyramiden als congruente raumgleich sind, und jedes Prisma größer ist als die Pyramide von gleicher Grundfläche und Höhe; so sind auch die Prismen zusammen größer als die Pyramide.

§. 4. Lehrsatz.

Dreiseitige Pyramiden von gleicher Grundfläche und gleicher Höhe sind raumgleich.

Beweis.

Es seien zwei dreiseitige Pyramiden P und p gegeben, die Grundfläche jeder sei f und die Höhe jeder sei h. Man theile beide nach dem vorigen §. in zwei raumgleiche Prismen und zwei congruente Pyramiden. Eins der Prismen in P sei P'. Eins der Prismen in p sei p'. Dann ist P' = p' (XXII, 7.), weil die Grundfläche jedes dieser Körper $\frac{1}{4}$ f und die Höhe eines jeden $\frac{1}{2}$ h ist.

Da nun ein Prisma in jedem dieser Körper größer ist als eine Pyramide; so können beide Prismen in jedem als exhaurirende Bestandtheile der ganzen Pyramide betrachtet werden (XI, 2.). Es sind also die ersten exhaurirenden Bestandtheile von P und p einander gleich.

Betrachtet man die Reste, welche übrig bleiben; wenn diese exhaurirenden Bestandtheile herausgenommen sind, so hat man sowohl bei P zwei congruente dreiseitige Pyramiden als auch bei p, und zwar haben diese wieder einzeln verglichen in beiden Körpern gleiche Grundfläche und gleiche Höhe. Werden sie also gleichfalls nach dem vorigen §. zerlegt; so entstehen sowohl in P, als auch in p vier Prismen und vier Pyramiden.

Die Prisman sind wiederum in beiden Körpern gleich; weil jedes die Grundfläche $\frac{1}{16}$ f und die Höhe $\frac{1}{4}$ h hat. Sie sind zugleich exhaurirende Bestandtheile. Man kann also aufs Neue exhaurirende und gleiche Bestandtheile aus beiden Körpern herausnehmen.

Es bleiben dann vier Pyramiden bei P und vier Pyramiden bei p übrig, die wieder alle gleiche Grundfläche $\frac{1}{16}$ f und gleiche Höhe $\frac{1}{4}$ h haben.

Mit diesen kann dieselbe Zerlegung vorgenommen werden und die dadurch sowohl in P, als auch in p erhaltenen dreiseitigen Prismen sind wieder raumgleich; so daß man aufs Neue gleiche und exhaurirende Bestandtheile aus P und p herausnehmen kann. Man sieht nun leicht ein, daß diese Construction bis ins Unendliche fortgesetzt werden kann.

Es lassen sich also aus P und p fortdauernd gleiche und für beide Körper exhaurirende Bestandtheile herausnehmen. Es ist also P = p (XI, 4.). Was zu beweisen war.

Da sich raumgleiche ebene Figuren in Dreiecke zerlegen lassen, die einzeln verglichen congruent sind (VII, 10.), so kann man mehrseitige Pyramiden von gleicher Grundfläche sich in dreiseitige zerlegt denken, deren Grundflächen einzeln verglichen gleich sind. Haben dann die Pyramiden gleiche Höhe; so sind sie einzeln verglichen einander gleich, also auch die Aggregate derselben. Daraus ergiebt sich leicht

1. Zusatz.

Mehrseitige Pyramiden von gleicher Grundfläche und Höhe sind raumgleich.

Auch folgt leicht der

2. Zusatz.

Zwei oder mehrere Pyramiden von gleicher Höhe (Grundfläche) sind zusammen einer Pyramide gleich, welche dieselbe Höhe (Grundfläche) und eine Grundfläche (Höhe) hat, die so groß ist als jene Grundflächen (Höhen) zusammengenommen.

§. 5. Lehrsatz.

Jedes dreiseitige Prisma läßt sich in drei raumgleiche dreiseitige Pyramiden zerlegen, von denen zwei die Höhe und die Grundfläche des Prisma's haben.

Beweis.

Es sei (Fig. 43.) das dreiseitige Prisma ABCFED gegeben. Man ziehe in einer Seitenfläche desselben, in AF, eine Diagonale DC und von demselben Eckpunkt D aus in der anliegenden Seitenfläche, in AE, die Diagonale DB, so bilden beide mit einer Kante der Grundfläche ABC, mit BC, ein Dreieck. Die Ebene dieses Dreiecks zerlegt das Prisma in die dreiseitige Pyramide DABC und in die vierseitige DFEBC. Erstere hat zur Grundfläche das Dreieck ABC, welches auch Grundfläche des gegebenen Prisma ist, und zur Höhe ein Perpendikel von D auf ABC, welches auch die Höhe des gegebenen Prisma ist.

Zieht man nun in der dritten Seitenebene, in CE die Diagonale FB, welche mit der Kante FD und der Seitendiagonale DB das Dreieck DFB einschließt; so theilt man durch die Ebene dieses Dreiecks die vierseitige Pyramide DFEBC in die beiden dreiseitigen DEFB und DFCB.

Diese beiden Pyramiden sind raumgleich, weil ihre Grundflächen FEB und FCB gleich sind (VI, 2.) und weil sie dieselbe Höhe haben, nämlich das Perpendikel, welches von D auf EFCB gefällt werden kann.

Für die erstere derselben, nämlich für DEFB kann auch das Dreieck DFE als Grundfläche und B als Spitze betrachtet werden.

Da aber Dreieck DFE = ACB (XIX, 1. Zus.), und ein Perpendikel von B auf DFE dem Perpendikel von D auf ABC gleich ist (XIX, 22. 5.), so ist auch die Pyramide BDFE der Pyramide DABC gleich.

Es war aber auch die Pyramide DEFB raumgleich mit DFCB; also ist auch DFCB raumgleich mit DACB, und das Prisma ABCFED ist durch die beiden

Dreiecksebenen DCB und DFB, welche durch den Eckpunkt D gelegt sind, in drei raumgleiche dreiseitige Pyramiden zerlegt, von denen zwei DABC und BDFE Grundfläche (ABC = DEF) und Höhe (den Abstand beider Parallelebenen) mit dem Prisma gemein haben.

§. 6. Lehrsatz.

Ein Prisma hat den dreifachen Rauminhalt einer Pyramide von gleicher Grundfläche und Höhe.

Beweis.

a) Sind beide Figuren (Fig. 44.) dreiseitig, das Prisma ABCEFD und die Pyramide LGHK; so lege man durch das Prisma die Dreiecksebene ACF, welche die Pyramide FABC abschneidet. Diese ist (nach §. 5.) der dritte Theil des Prisma. Sie ist aber zugleich (nach §. 4.) der Pyramide LGHK raumgleich: also ist auch LGHK der dritte Theil des Prisma ABCEFD. W. z. b. w.

b) Sind nicht beide Figuren dreiseitig oder beide mehrseitig; so denke man die gleichen Grundflächen in congruente Dreiecke zerlegt, in dem Prisma von den Eckpunkten der Theildreiecke gerade Linien parallel mit den Kanten gezogen, in der Pyramide gerade Linien nach der Spitze und durch je zwei dieser Linien, die mit einer Dreiecksseite zusammenstoßen, eine Ebene gelegt; so wird dadurch das Prisma in mehrere Prismen getheilt und die Pyramide in eben so viel Pyramiden; jedes einzelne Prisma ist dann dreimal so groß wie jede einzelne Pyramide, die mit ihr gleiche Grundfläche hat; weil die Höhen nach der Annahme gleich sind. Also sind auch alle Prismen zusammen, d. h. das gegebene Prisma dreimal so groß als alle Pyramiden zusammen, d. h. als die gegebene Pyramide. W. z. b. w.

Da jede Pyramide der dritte Theil eines Prisma von gleicher Grundfläche und Höhe ist und die gleichvielten Theile das Verhältniß der Ganzen haben; so folgt (aus XXII, 8.) sehr leicht folgender

Zusatz.

Pyramiden gleicher Grundfläche verhalten sich wie die Höhen, Pyramiden gleicher Höhe verhalten sich wie die Grundflächen. Ueberhaupt ist das Verhältniß zweier beliebiger Pyramiden aus den Verhältnissen der Grundflächen und Höhen zusammengesetzt.

Anm. Den Rauminhalt einer Pyramide findet man demnach sehr leicht; wenn man den dritten Theil des Rauminhalts eines Prisma aufsucht, das mit der Pyramide gleiche Grundfläche und gleiche Höhe hat. Ist also f die Grundfläche, h die Höhe, r der Rauminhalt einer Pyramide, so ist (XXII, 9.): $r = \frac{1}{3} f h$.

§ 7. Aufgabe.

Die seitliche Oberfläche einer Pyramide zu bestimmen.

Auflösung.

Es sei zuerst eine Pyramide A-BCD (Fig. 45.) gegeben, in welcher eine Kante AB, auf der Grundfläche senkrecht steht; so daß die Kante AB auch die Höhe der Pyramide ist. In dieser lassen sich zwei Seitenflächen sehr leicht bestimmen. Es ist nämlich:

$$ABD = AB\frac{BD}{2} \text{ und } ABC = AB.\frac{BC}{2}$$

also beide zusammen $\frac{1}{2}AB(CB + BD)$.

Um auch die dritte Seitenfläche zu bestimmen ziehe man von A ein Perpendikel auf CD, so wird auch die Linie BE auf CD perpendiculär stehen (XIX, 11).

Nun ist

$$CD^2.AB^2 = CD^2.(AE^2 - BE^2),$$
$$CD^2.AB^2 = CD^2.AE^2 - CD^2.BE^2.$$

Es ist aber

$$CD.BE = 2\triangle CBD, \text{ und}$$
$$CD.AE = 2\triangle ACD.$$

Also ist $\quad 4(\triangle ACD)^2 = 4(\triangle CBD)^2 + CD^2.AB^2.$

Folglich auch $\quad (\triangle ACD)^2 = (\triangle CBD)^2 + \frac{1}{4}CD^2.AB^2.$

Daher $\quad \triangle ACD = \sqrt{(\triangle CBD)^2 + \frac{1}{4}CD^2.AB^2}.$

Setzt man also die Grundfläche dieser dreiseitigen Pyramide CBD = f, die Höhe derselben AB = h; die Grundkanten derselben CB = a, BD = b, CD = c; so ist die seitliche Oberfläche F durch folgenden Ausdruck bestimmt

$$F = \frac{1}{2}(a + b)h + \sqrt{f^2 + \frac{1}{4}h^2c^2}.$$

Ist ferner eine mehrseitige Pyramide A-BCDEGH (Fig. 46.) gegeben, mit der Höhe AK = h, so ziehe man von dem Fußpunkt des Höhenperpendikels K Geraden nach den Eckpunkten der Grundfigur. Setzt man die Seiten der letzteren BC = α, CD = β, DE = γ, EG = δ, GH = ε, HB = ζ und die Dreiecke an diesen Grundlinien, welche K zur Spitze haben; KBC = a, KCD = b, KDE = c, KEG = d, KGH = e, KHB = f; so ist die seitliche Oberfläche der Pyramide

$$F = \sqrt{a^2 + \frac{1}{4}\alpha^2h^2} + \sqrt{b^2 + \frac{1}{4}\beta^2h^2} + \sqrt{c^2 + \frac{1}{4}\gamma^2h^2} + \sqrt{d^2 + \frac{1}{4}\delta^2h^2}$$
$$+ \sqrt{e^2 + \frac{1}{4}\varepsilon^2h^2} + \sqrt{f^2 + \zeta^2h^2}.$$

Anm. 1. Wenn die seitliche Oberfläche einer regulären Pyramide, in welcher alle einzelnen Seitenflächen einander gleich sind, und in welcher jeder einzelne dreiseitige Bestandtheil der Grundfläche ein genauer Theil (der nte Theil) derselben ist, nach dieser Methode bestimmt wird; so ist

$$F = n\sqrt{\frac{1}{nn}f^2 + \frac{1}{4}s^2h^2} = \frac{1}{2}\sqrt{4f^2 + s^2h^2n^2} = \frac{1}{2}\sqrt{4f^2 + u^2h^2}.$$

In diesem Ausdruck ist n die Seitenzahl, s die Grundkante, h die Höhe, f die Grundfläche, und u der Umfang der Grundfläche bei der regulären Pyramide. In denjenigen Fällen, wo sich s aus n bestimmen läßt, vereinfacht sich der Ausdruck. Ist z. B. f ein Quadrat, also $n = 4$ und $f = s^2$; so wird

$$F = s\sqrt{s^2 + 4h^2}.$$

§. 8. Schlußbemerkungen zum dreiundzwanzigsten Abschnitt.

In dem Beweise des dritten §. ist der besondere Fall eines Satzes angewendet, der sich in seiner Allgemeinheit folgendermaaßen ausdrücken läßt.

1) Die Durchschnittsfigur, welche die Seitenflächen einer Pyramide in einer Parallelebene der Grundfläche bilden, ist der Grundfläche ähnlich, und im doppelten Verhältniß ihres Abstandes von der Spitze zur Höhe der Pyramide.

Der Beweis dieses Satzes, welcher sich aus den Sätzen früherer Abschnitte (XII, 1. XIII, 8. und XIX, 23. Zus.) ergiebt, ist leicht aufzufinden. Es zeigt sich zugleich daß dieser Satz eine einfache Folgerung eines andern Satzes ist, der also lautet:

2) In allen Parallelebenen, welche alle Kanten einer körperlichen Ecke oder zweier Scheitelecken durchschneiden, entstehen ähnliche Figuren, deren Flächen sich wie die Quadrate ihrer Perpendikelabstände von dem Scheitel der Ecke verhalten.

3) Daß jede Pyramide der dritte Theil eines Prisma von gleicher Grundfläche und Höhe ist, kann auch folgendermaaßen gezeigt werden.

Man denke sich die Höhe der Pyramide h in n gleiche Theile getheilt und durch jeden Theilpunkt eine Ebene parallel mit der Grundfläche f gelegt; so entstehen (n—1) Durchschnittsflächen, die von der Spitze aus der Reihe nach die Größe haben

$$\frac{1f}{n^2}, \quad \frac{2^2f}{n^2}, \quad \frac{3^2f}{n^2}, \quad \frac{4^2f}{n^2}, \ldots \frac{(n-1)^2f}{n^2}.$$

Errichtet man über und unter jeder dieser Flächen ein Prisma, das den nten Theil der Pyramidenhöhe zu seiner Höhe hat, und auch über der Grundfläche selbst ein solches Prisma; so erhält man bei zweckmäßiger Lage der Seitenflächen dieser Prismen:

1) n — 1 übereinandergesetzte in die Pyramide hineintretende Prismen, die also zusammen kleiner sind als die Pyramide.

2) n übereinandergethürmte aus der Pyramide hervortretende Prismen, die also zusammen größer sind als die Pyramide.

Darunter ist jedes höher liegende hervortretende Prisma raumgleich dem nächsten tiefer liegenden hineintretenden Prisma; so daß der Unterschied des hervortretenden Prismensatzes von dem hineintretenden Prismensatz genau dem untersten hervortretenden Prisma gleich ist, also $\frac{hf}{n}$.

Dieser Raumunterschied beider Prismensätze wird daher immer kleiner, je größer die Theilungszahl n ist. Je größer also n angenommen wird, desto weniger wird man fehlen, wenn man den Raum des inneren oder äußeren Prismensatzes dem Raum der Pyramide gleich setzt.

Setzt man den hervortretenden Prismensatz zusammen aus seinen n Bestandtheilen; so erhält man

$$\frac{h^2}{n^2}f + \frac{2^2h^2}{n^2}f + \frac{3^2h^2}{n^2}f + \frac{4^2h^2}{n^2}f \,.\,. + \frac{n^2h^2}{n^2}f.$$

Dafür läßt sich setzen

$$\frac{h^2f}{n^2}(1 + 2^2 + 3^2 + 4^2 \,.\,. + n^2).$$

Die hier eingeschaltete Reihe der Quadratzahlen ist aber, wie die Algebra lehrt, leicht zu summiren. Es ist

$$1 + 2^2 + 3^2 + 4^2 \ldots + n^2 = \frac{n(n+1)(2n+1)}{6}$$

Man erhält also für den hervortretenden Prismensatz P den Ausdruck

$$P = \frac{hf}{n^3} \cdot \frac{n(n+1)(2n+1)}{6} = \tfrac{1}{6}\,\frac{n+1}{n} \cdot \frac{2n+1}{n}\,hf =$$

$$\tfrac{1}{6}\left(1 + \frac{1}{n}\right)\left(2 + \frac{1}{n}\right)hf.$$

Für den hineintretenden Prismensatz findet man demnach

$$p = \left[\tfrac{1}{6}\left(1 + \frac{1}{n}\right)\left(2 + \frac{1}{n}\right) - \frac{1}{n}\right]hf.$$

Je größer nun n wird, desto mehr wird $\frac{1}{n} = 0$, und wenn man $n = \infty$ annimmt, ist

$$P = p = \frac{1 \,.\, 1 \,.\, 2}{6}hf = \tfrac{1}{3}hf. \quad \text{W. z. b. w.}$$

Anm. 1. Daß die Summe der ganzen Quadratzahlen von 1^2 bis n^2 den oben angegebenen Ausdruck hat, beweist man leicht aus dem am Schlusse des vorigen Abschnitts angedeuteten Bildungsgesetz für die Kubikzahlen.

Weil nämlich $(a+b)^3 = a^3 + 3a^2b + 3ab^2 + b^3$, so ist

$$\begin{array}{lllll}
1^3 = 1 & & 1 & & \\
2^3 = (1+1)^3 & = 1 + 3.1 & + 3.1 & + 1 \\
3^3 = (1+2)^3 & = 1 + 3.2 & + 3.2^2 & + 2^3 \\
4^3 = (1+3)^3 & = 1 + 3.3 & + 3.3^2 & + 3^3 \\
5^3 = (1+4)^3 & = 1 + 3.4 & + 3.4^2 & + 4^3 \\
\vdots \quad \vdots & \vdots & & \\
(n-1)^3 = (1+n-2)^3 & = 1 + 3(n-2) & + 3(n-2)^2 & + (n-2)^3 \\
n^3 = (1+n-1)^3 & = 1 + 3(n-1) & + 3(n-1)^2 & + (n-1)^3 \\
(n+1)^3 = (1+n)^3 & = 1 + 3n & + 3n^2 & + n^3.
\end{array}$$

Vereinigt man diese Größen mit Weglassung derer, die zu beiden Seiten gleich sind; so erhält man

$$(n+1)^3 = n+1 + 3(1+2+3+\ldots+n) + 3(1+2^2+3^2+\ldots+n^2)$$

und daraus

$$\begin{aligned}
1+2^2+3^2+\ldots+n^2 &= \tfrac{1}{3}(n+1)^3 - \tfrac{1}{3}(n+1) - \frac{n(n+1)}{2} \\
&= \tfrac{1}{3}(n+1)\left[(n+1)^2 - 1 - \frac{3n}{2}\right] \\
&= \tfrac{1}{3}(n+1)\left[n^2+2n - \frac{3n}{2}\right] \\
&= \tfrac{1}{3}n(n+1)(n+\tfrac{1}{2}) \\
&= \tfrac{1}{6}n(n+1)(2n+1).
\end{aligned}$$

Anm. 2. Die obige Entwicklung ist ein Beispiel einer algebraischen Behandlung geometrischer Gegenstände. Die Beweisführung hat nur Gültigkeit, so lange man die gemachten Voraussetzungen scharf festhält.

In dem vorliegenden Falle darf man nur sagen.

> Die Pyramide ist, dem *Rauminhalte* nach, dem aus unendlich vielen Theilen gleicher Höhe bestehenden eintretenden (oder austretenden) Prismensatze gleich.

Man ist nicht berechtigt zu sagen, daß die Pyramide *in jeder Beziehung* einem solchen Prismensatze gleich sei.

Das Irrige des letzten Ausspruchs würde sich zeigen, wenn man die Oberfläche der Pyramide in derselben Weise berechnen wollte.

Vierundzwanzigster Abschnitt.

Von den Trapezoidalkörpern oder Körperstumpfen.

(Sechster Abschnitt der Stereometrie.)

§. 1. Erklärung.

Ein ebenflächiger Körper zwischen zwei parallelen Gegenflächen, die sämmtliche Eckpunkte desselben aufnehmen, heißt ein Trapezoidalkörper oder ein Körperstumpf. Die Figuren in den parallelen Gegenflächen heißen Grundflächen derselben, der Perpendikelabstand der Grundflächen heißt Höhe, die Kantenlinien, welche die Eckpunkte der oberen Grundfläche mit den Eckpunkten der unteren verbinden, heißen Seitenkanten, und die Flächen zwischen den Seitenkanten heißen Seitenflächen der Figur Diese sind entweder Dreiecke, Trapeze oder Parallelogramme. Eine in gleichem Abstande von beiden Grundflächen, also durch die Mitte der Höhe, parallel mit den Grundflächen gelegte Ebene heißt der Mittelschnitt des Körperstumpfes, und die in ihr durch die Seitenflächen begrenzte Figur heißt die Mittelfigur. Wenn die Seitenflächen über eine Grundfläche hinaus erweitert mit der andern eine Pyramide einschließen; so heißt der Körperstumpf eine abgestumpfte Pyramide oder Pyramidenstumpf. Wenn alle Seitenkanten, über eine Grundfläche hinaus verlängert, convergiren ohne in einen Punkt zusammenzutreffen; so heißt der Körper ein Obelisk.

Anm. 1. Die Erklärung schließt auch diejenigen Körper ein, von denen nur zwei Eckpunkte in einer der parallelen Gegenflächen liegen. Ein auf einer

Seitenfläche liegendes dreiseitiges Prisma kann daher als Trapezoidalkörper betrachtet werden; indem die Kante, welche dieser angenommenen Grundfläche gegenüberliegt, derselben parallel ist, also in einer Ebene liegt, welche dieser Fläche parallel ist.

Aber auch solche Körper, die nur einen Eckpunkt in einer der beiden Parallelebenen haben, können als Trapezoidalkörper angesehen werden. Dies sind dann Pyramiden.

Daß auch Prismen als Trapezoidalkörper zu betrachten sind, bedarf keiner Erläuterung.

Anm. 2. Der Name Körperstumpf wird dadurch bezeichnend, weil jeder Körper in lauter Trapezoidalkörper durch Parallelebenen zerlegt werden kann, deren Lage beliebig ist, deren Anzahl aber mindestens so groß sein muß, daß sich jeder Eckpunkt des Körpers in einer dieser Ebenen befindet.

§. 2. Lehrsatz.

Wenn man eine dreiseitige Pyramide in der Weise als Trapezoidalkörper betrachtet, daß eine der Parallelebenen, zwischen denen sie liegt, mit der Grundfläche zusammenfällt, die andere durch die Spitze geht; so zeigt sich dieselbe raumgleich mit vier Pyramiden auf dem Mittelschnitt und einer Pyramide auf der Grundfläche, deren jede die halbe Höhe der gegebenen dreiseitigen hat.

Beweis.

Nimmt man (Fig. 47.) die dreiseitige Pyramide ABCD (getheilt nach XXIII, 3.) zwischen zwei Parallelebenen an, deren eine mit der Grundfläche BCD zusammenfällt, während die andere durch A geht, so ist der Mittelschnitt das Dreieck FGH, auf diesem steht die Pyramide AFGH und das Prisma FGHLBN, welches dreimal so groß als jene Pyramide ist. Beide Bestandtheile bilden also vier Pyramiden auf dem Mittelschnitt mit halber Höhe. Die beiden anderen Theile sind das liegende Prisma HMLNCG und die Pyramide HLMD. Da jenes Prisma drei solchen Pyramiden raumgleich ist; so sind beide Körper so groß wie eine Pyramide, welche auf der Grundfläche BCD steht und die halbe Höhe der gegebenen hat.

Es ist also jede dreiseitige Pyramide anzusehen als ein Aggregat von vier Pyramiden auf der Mittelfigur und einer Pyramide auf der Grundfläche, jede mit der halben Höhe. Was zu beweisen war.

§. 3. Lehrsatz.

Wenn man eine dreiseitige Pyramide so als Trapezoidalkörper betrachtet, daß eine Kante derselben in einer Parallelebene liegt, die andere Kante, welche keine Ecke mit der erstern gemein hat, in der andern; so ist die Mittelfläche ein Parallelogramm, und die Pyramide so groß wie vier Pyramiden auf diesem Mittelschnitt mit der halben Höhe des Trapezoidalkörpers.

Beweis.

Betrachten wir die dreiseitige Pyramide ABCD (Fig. 48.), welche ebenfalls nach XXIII, 3. getheilt ist; so ist die Theilungsfläche NGHL, welche vier Kanten halbirt, ein Parallelogramm, und da BA ‡ LH ist, so ist auch BA parallel mit NH; eben so ist CD ‡ GH also auch CD ‡ NH. Durch die Linien AB und CD lassen sich also Ebenen legen, welche mit NH parallel sind. Es ist also die dreiseitige Pyramide ein Trapezoidalkörper, zwischen diesen Ebenen und NH der Mittelschnitt.

Die beiden Prismen FGHLBN und LHMCGN, welche einander gleich sind, enthalten offenbar den Raum eines Parallelepipedums auf der Grundfläche NH mit der halben Höhe des Trapezoidalkörpers, sie sind also drei Pyramiden auf der Mittelfläche mit der halben Höhe des Körpers gleich. Jede der congruenten Pyramiden AFGH und HLMN ist der dritte Theil eines dieser Prismen, also beide zusammen auch der dritte Theil jenes Parallelepipedums, d. h. so groß wie eine Pyramide auf der Mittelfläche mit der halben Höhe des Körpers.

Die ganze dreiseitige Pyramide ist also, in dieser Weise als Trapezoidalkörper betrachtet, vier Pyramiden auf der Mittelfläche mit halber Höhe des Körpers gleich. Was zu beweisen war.

§. 4. Lehrsatz.

Jeder Körperstumpf mit ebenen Seitenflächen ist raumgleich mit vier Pyramiden auf der Mittelfläche, einer Pyramide auf der oberen und einer Pyramide auf der unteren Grundfläche, welche alle die halbe Höhe des Stumpfes haben.

Beweis.

Zerlegt man einen beliebig gegebenen Körperstumpf mit ebenen Seitenflächen durch Diagonalebenen in lauter dreiseitige Pyramiden; so haben einige derselben ihre Grundfläche in der unteren Grundfläche des Körpers, ihre Spitze in der oberen. Diese mögen als stehende Pyramiden bezeichnet werden. Andere haben ihre Grundflächen in der oberen Grundfläche des Körpers, ihre Spitze in der unteren. Diese mögen hangende Pyramiden heißen. Noch andere haben eine Kante in der oberen Fläche, eine andere Kante in der unteren Grundfläche. Diese mögen hier schwebende Pyramiden genannt werden.

Die untere Grundfläche des Körperstumpfes ist also aus allen Grundflächen der stehenden, die obere Grundfläche desselben aus allen Grundflächen der hangenden, und die Mittelfläche desselben aus allen Mittelflächen der stehenden, hangenden und schwebenden Pyramiden zusammengesetzt.

Alle stehenden Pyramiden bilden einen Raum, der gleich ist dem Vierfachen der Pyramiden auf den Mittelflächen derselben und den Pyramiden auf den unten liegenden Grundflächen derselben mit halber Höhe des Stumpfes.

Alle hangenden Pyramiden bilden einen Raum, der gleich ist dem Vierfachen der Pyramiden auf den Mittelflächen derselben und den Pyramiden auf den oben liegenden Grundflächen derselben mit der halben Höhe des Stumpfes.

Alle schwebenden Pyramiden bilden einen Raum, der gleich ist dem Vierfachen der Pyramiden auf ihren Mittelflächen mit halber Höhe des Stumpfes.

Die Vereinigung dieser Bestandtheile ist gleich einer einzigen Pyramide auf der ganzen untern Grundfläche mit halber Höhe des Stumpfes, einer Pyramide auf der ganzen obern Grundfläche mit halber Höhe des Stumpfes und vier Pyramyden auf der Mittelfläche mit halber Höhe des Stumpfes. W. z. b. w.

Anm. 1. Der Satz ist auch auf die dreiseitige Pyramide in beiden Lagen §. 2 und §. 3 anwendbar, indem im ersten Falle die obere Grundfläche, im letzteren sowohl die obere als auch die untere Grundfläche keine Flächengröße hat.

Anm. 2. Die allgemeine Regel, nach welcher der Rauminhalt eines Stumpfes gefunden werden kann, spricht sich so aus

$$r = \frac{1}{6}h\,(4m + g + k).$$

Hier bedeutet r den Rauminhalt des Stumpfes, h die Höhe desselben, m die Mittelfläche, g die untere, k die obere Grundfläche.

Anm. 3. Die Anwendung obiger Regel für die Berechnung des Rauminhalts würde bei dem Prisma, so wie bei der Pyramide, auch das anderweitig bekannte Ergebniß haben.

Beim Prisma ist $g = k = m$, also

$$r = \frac{1}{6}h\,(4m + g + k) = hm.$$

Bei der Pyramide ist $m = \frac{g}{4}$ und $k = o$, also

$$r = \frac{1}{6}\,(4m + g + k) = \frac{1}{3}hg.$$

Bei der abgestumpften Pyramide ist m auch zu finden; sobald g, k und h gegeben sind.

Denkt man sich nämlich die abgestumpfte Pyramide ergänzt und das Perpendikel von der Spitze bis zum Mittelschnitt habe die Länge x, so ergiebt sich leicht

$$\sqrt{k} : \sqrt{m} = x - \frac{h}{2} : x$$

$$\sqrt{m} : \sqrt{g} = x : x + \frac{h}{2}$$

Aus dieser Proportion folgt

$$\sqrt{m} - \sqrt{k} : \sqrt{m} = \frac{h}{2} : x$$

$$\sqrt{m} : \sqrt{g} - \sqrt{m} = x : \frac{h}{2}$$

und daraus $\sqrt{m} - \sqrt{k} : \sqrt{g} - \sqrt{m} = 1 : 1.$

Es ist also

$$\sqrt{m} - \sqrt{k} = \sqrt{g} - \sqrt{m} \text{ oder } 2\sqrt{m} = \sqrt{g} + \sqrt{k}.$$

Werden alle drei Flächen in Quadrate verwandelt, so ist also die Seite des Quadrates, welches der Mittelfläche gleich ist, das arithmetische Mittel zwischen den Seiten der Quadrate, die einzeln den beiden Grundflachen gleich sind.

Es ist also $m = \frac{1}{4}(\sqrt{g} + \sqrt{k})^2$; also

$$r = \frac{1}{6}h\,[(\sqrt{g} + \sqrt{k})^2 + g + k]$$
$$= \frac{1}{6}h\,(2g + 2k + 2\sqrt{gk})$$
$$= \frac{1}{3}h\,(g + k + \sqrt{gk}).$$

Die Fläche des Pyramidenstumpfes ist also auch drei Pyramiden gleich, welche die Höhe des Stumpfes haben, von denen aber der eine die obere Grundfläche, der andere die untere Grundfläche, der dritte das geometrische Mittel beider zur Grundfläche hat. Was hier aus der Messung des Körperstumpfes überhaupt abgeleitet ist, lehrt fur Pyramidenstumpfe der folgende Lehrsatz unmittelbar.

§. 5. Lehrsatz.

Jeder dreiseitige Pyramidenstumpf läßt sich in drei dreiseitige Pyramiden zerlegen, von denen eine die untere Grundfläche und die Höhe des Stumpfes, die zweite die obere Grundfläche und die Höhe des Stumpfes hat, die dritte die mittlere Proportionale beider ist.

Beweis.

Es sei (Fig. 49.) der dreiseitige Pyramidenstumpf mit der unteren Grundfläche ABC mit der oberen DEF gegeben. Legt man eine Ebene durch DBC, so zerlegt man den Körper in eine dreiseitige Pyramide DABC und in eine vierseitige DEFCB. Die dreiseitige hat offenbar die untere Grundfläche des Stumpfes ABC, und die Höhe desselben, weil D in der oberen Grundfläche liegt.

Die vierseitige Pyramide läßt sich durch die Ebene DFB wieder in zwei dreiseitige Pyramiden zerlegen, in DEFB und DFBC. Die erstere hat offenbar die obere Grundfläche DEF und dazu als Spitze B in der unteren Grundfläche, sie hat also auch die Höhe des Stumpfes.

Betrachtet man nun die erste und die dritte Pyramide, und verlegt ihre gemeinschaftliche Spitze nach B; so verhält sich

$$BDAC : BFDC = \triangle DAC : \triangle DFC \text{ (§. 4. 3. 2.)} = AC : DF \text{ (XII, 9. 3.)}.$$

Vergleicht man die dritte Pyramide mit der zweiten, und verlegt ihre gemeinsame Spitze nach D; so ist

$$DBFC : DEFB = \triangle FCB : \triangle EFB = CB : EF.$$

Es ist aber wegen Aehnlichkeit der Dreiecke ACB und DFE

$$AC : CB = DF : FE, \text{ d. i. } AC . DF = CB : FE \text{ (XI, 20. c)},$$

also auch

$$BDAC : BFDC = DBFC : DEFB \text{ (XI, 11. 1.)}.$$

Daher ist die dritte Pyramide BFDC die mittlere Proportionale zwischen der ersten DABC und der zweiten BDEF. Was zu beweisen war.

Ist ein mehrseitiger Pyramidenstumpf mit der untern Grundfläche f und der obern f' und mit der Höhe h gegeben; so kann er als die Differenz zweier Pyramiden betrachtet werden, deren größere die Höhe a, und deren kleinere die Höhe b hat; so daß $a - b = h$ ist. Dann verhält sich

$a : b = \sqrt{f} . \sqrt{f'}$; daher auch

$a - b : a = \sqrt{f} - \sqrt{f'} \cdot \sqrt{f}$ und $a - b : b = \sqrt{f} - \sqrt{f'} \quad \sqrt{f'}$

oder $\sqrt{f} - \sqrt{f'} . \sqrt{f} = h : a$ und $\sqrt{f} - \sqrt{f'} \cdot \sqrt{f'} = h : b$.

Diese Proportionen, in denen, wie in §. 4. $\sqrt{f}$ die Seite eines der Fläche f flächengleichen Quadrates darstellt, sind unabhängig von der Seitenzahl der Pyramiden, gelten also auch für dreiseitige.

Construirt man also einen dreiseitigen Pyramidenstumpf, dessen untere Grundfläche f, dessen obere Grundfläche f' und dessen Höhe h ist; so ist auch dieser die Differenz zweier dreiseitigen Pyramiden mit der Höhe a und b und mit den Grundflächen f und f' Da nun diese dreiseitigen Pyramiden den mehrseitigen bei gleicher Grundfläche und Höhe einzeln gleich sind, so ist auch die Differenz der dreiseitigen der Differenz der mehrseitigen gleich; woraus sich ergiebt als

1. Zusatz.

Alle Pyramidenstumpfe von gleicher unteren Grundfläche, gleicher oberen Grundfläche und gleicher Höhe sind gleich.

Hat man nun einen mehrseitigen Pyramidenstumpf; so läßt sich dieser auch in drei Körper zerlegen, deren einer eine Pyramide auf der untern Grundfläche von derselben Höhe, der andere eine Pyramide auf der obern Grundfläche von derselben Höhe, der dritte ein Aggregat von schwebenden dreiseitigen Pyramiden ist. Construirt man also einen dreiseitigen Pyramidenstumpf, der mit dem mehrseitigen gleiche Grundflächen und gleiche Höhe hat, und zerlegt diesen in die oben näher bezeichneten Bestandtheile, so ist die in ihnen enthaltene Pyramide auf der unteren Grundfläche der Pyramide auf der unteren Grundfläche in dem mehrseitigen Stumpfe raumgleich, eben so ist auch die Pyramide auf der oberen Grundfläche im dreiseitigen Stumpfe der Pyramide auf der oberen Gruudfläche im mehrseitigen Stumpfe gleich. Da nun auch die ganzen Stumpfe, wie oben gezeigt ist, gleich sind; so sind auch die dritten Bestandtheile gleich. Es ist daher auch der dritte Bestandtheil der mehrseitigen Pyramide die mittlere Proportionalgröße zwischen den beiden Pyramiden auf der unteren und auf der oberen Grundfläche. Daraus ergiebt sich der

2. Zusatz.

Ein mehrseitiger Pyramidenstumpf ist zusammengesetzt aus einer Pyramide auf der unteren Grundfläche mit der Höhe des Stumpfes, aus einer Pyramide auf der oberen Grundfläche mit der Höhe des Stumpfes und aus einem Körper, welcher die mittlere Proportionale jener Räume ist.

Anm. Aus §. 4 ergab sich dieser Zusatz gleichfalls sehr leicht.

§. 6. Lehrsatz.

Zwei ebenflächige Körper sind gleich, wenn sie von den mit einer Ebene parallel gelegten Ebenen immer beide zugleich getroffen werden, und wenn in jeder dieser Ebenen überall flächengleiche Durchschnittsfiguren entstehen.

Beweis.

Wenn zwei ebenflächige Körper und eine Ebene gegeben sind und es ist vorausgesetzt, daß jede Ebene, welche mit der gegebenen parallel durch beide Körper gelegt wird, in dem einen dieselbe Durchschnittsfläche bildet wie in dem anderen;

so müssen beide Körper raumgleich sein. Man lege so viel Ebenen durch beide Körper, daß jeder Eckpunkt derselben in einer dieser Ebenen liegt. Dadurch theilt man jeden derselben in gleichviel Körperstumpfe. Vergleicht man diejenigen Stumpfe, die zwischen zwei aufeinanderfolgenden Parallelebenen liegen; so haben sie, der Annahme entsprechend, gleiche obere Grundfläche, gleiche untere Grundfläche und gleiche Höhe. Legt man dann zwischen beiden Parallelebenen durch die Mitte der Höhe eine neue Parallelebene; so bildet diese in beiden Körperstumpfen die Mittelfläche. Da nun auch dieser nach der Annahme in einem Stumpf so groß ist, wie in dem anderen; so sind beide Stumpfe raumgleich (§. 4.). Dasselbe läßt sich unter der im Lehrsatze ausgesprochenen Voraussetzung von jeden zwei Stumpfen beider Körper beweisen, welche zwischen denselben Parallelebenen liegen. Es sind also auch sämmtliche Stumpfe des einen Körpers zusammen so groß wie sämmtliche Stumpfe des anderen zusammen, d. h. die Körper sind raumgleich.

Anm. 1. Daß es Körper geben könne, die der im Lehrsatze enthaltenen Voraussetzung entsprechen, erkennt man leicht; wenn man sich zwei Körper aus Pyramidenstumpfen und Prismen von gleichen Grundflächen und Höhen zusammengesetzt und ihnen im Raum solche Lage giebt, daß die gleichen Grundflächen in dieselben Ebenen fallen. Es läßt sich dann bei jedem Paare dieser Pyramidenstumpfe einzeln zeigen, daß alle mit den Grundflächen parallelen Ebenen gleiche Durchschnitte hervorbringen.

Ob es auch andere ebenflächig begrenzte Körperpaare gebe, welche die vorausgesetzte Eigenschaft haben, kann dahin gestellt bleiben. Sobald sich ein solches fände, würde sich aus der Schlußfolge des Satzes die Gleichheit beider ergeben.

Anm. 2. Der Satz bleibt richtig bei jeder noch so geringen Ausdehnung der einzelnen Körperfläche und bei jeder noch so großen Anzahl der Ecken beider Korper; so daß auch eine Anwendung desselben auf krummflächig begrenzte Körper zulässig ist, die als ebenflächige betrachtet werden können, in denen die Zahl der Ecken unendlich groß und die Größe der Seitenflächen unendlich klein ist. Es ergiebt sich daraus der allgemeine Satz:

Zwei Körper sind raumgleich; wenn sie von Parallelebenen so durchschnitten werden können, daß in jeder derselben die Durchschnittsfigur des einen Körpers der Durchschnittsfigur des anderen gleich ist.

Dieser Satz ist unter dem Namen des Cavalerischen als Grundsatz in die Stereometrie aufgenommen worden. Ihm entspricht in der ebenen Geometrie der Satz:

Zwei ebene Figuren sind flächengleich; wenn sie von Parallellinien so durchschnitten werden können, daß in jeder derselben die Durchschnittslinien der einen Figur den Durchschnittslinien der anderen gleich sind.

§. 7. Schlußbemerkungen zum vierundzwanzigsten Abschnitt.

Aus den in diesem Abschnitte entwickelten allgemeinen Gesetzen der Körperstumpfe ergeben sich zum Theil auch sehr einfach die Eigenschaften der Obelisken.

Man hat vorzugsweise, wie auch in der Erklärung (§. 1) gesagt ist, solche Körper mit parallelen Grundflächen **Obelisken** genannt, deren Seitenflächen Trapeze sind. Prismen und abgestumpfte Pyramiden lassen sich demnach auch als Obelisken betrachten. Hauptsächlich erfordern aber solche Körper eine eigenthümliche Betrachtung, deren Seitenkanten nicht (wie bei den Prismen) parallel sind oder (wie bei den Pyramidenstumpfen) in **einen** Punkt convergiren; sondern deren Seitenkanten nach einer Seite hin mehrere Convergenzpunkte haben.

Gehen z. B. von den Punkten A, B (Fig. 50.) die Linien AD, BE in einer Ebene aus, eben so die Linien AC, BF in einer anderen Ebene, die sich beide in der von jenen vier Linien verschiedenen **fünften** AB durchschneiden; so schließen die Ebenen von DABE, CABF mit den Winkelblättern DAC, EBF einen vierflächigen unbegrenzten Raum ein, an dessen Begrenzungsseite sich die Ecken A und B befinden. Legt man durch diesen Raum zwei Parallelebenen, die alle vier Kanten durchschneiden; und mit den schon vorhandenen Begrenzungsflächen die Figuren CDEF und cdef bilden; so ist zwischen diesen und den Trapezen cD, dE, eF, fC ein Körper begrenzt, der im engern Sinne des Wortes ein **vierseitiger Obelisk** genannt wird.

Aehnlich verhält es sich mit fünfseitigen Obelisken, deren Kanten drei Convergenzpunkte haben u. s. w.

Es ergiebt sich leicht der Satz:

1) **Dreiseitige Obelisken sind entweder Prismen oder Pyramidenstumpfe.**

Sind nämlich (Fig. 51.) a, b, c die Kantenlinien des Obelisken und convergiren b und c im Punkte α; a und b im Punkte γ; so liegt γ in gleicher Ebene mit b und c, convergiren nun auch a und c in β; so liegt auch β in gleicher Ebene mit b und c. Sind also β, γ, verschiedene Punkte; so liegt die Gerade β, γ, d. h. die Kante a in gleicher Ebene mit b und c (XIX, 1.), kann also mit derselben keinen Raum einschließen. Daher können die Kanten eines dreiseitigen Obelisk nicht in zwei verschiedenen Punkten convergiren, sind also parallel oder convergiren in einem Punkte.

2) **Die Mittelfigur eines Obelisken (welche auch oft Hauptfigur genannt wird), ist gleichwinklig mit beiden Grundfiguren.**

Eine einfache Folge eines Hauptsatzes über die Lage der Ebenen (I, 22.)

3) **Der Umfang der Mittelfigur ist halb so groß wie die Umfänge beider Grundfiguren zusammengenommen.**

Es läßt sich leicht zeigen, daß in jeder Seitenfläche die Parallele zwischen beiden Grundlinien des Trapezes das arithmetische Mittel derselben ist; woraus der Satz unmittelbar folgt:

4) Wenn man durch einen Punkt in der Ebene der Mittelfigur Ebenen legt, die den Seitenflächen des Obelisken parallel sind; so schließen diese mit einer Grundfigur eine Pyramide ein, deren Grundfläche ebenfalls gleichwinklig mit den Grundflächen des Obelisken ist.

Ist (Fig. 51.) der Obelisk zwischen den Grundflächen ABCD und abcd mit dem Mittelschnitt $\alpha\beta\gamma\delta$ gegeben, und von β aus $\beta A'$ parallel mit αA, $\beta C'$ parallel mit γC und $\beta D'$ parallel mit δD gezogen, sind ferner Ebenen durch die Winkel $A'\beta D'$, $C'\beta D'$ gelegt; so ist $A'\beta D'$ parallel mit δA, $C'\beta D'$ parallel mit γD und die vierseitige Pyramide hat die Grundfläche $A'BC'D'$.

Wenn an irgend einer andern Stelle in der Ebene $\alpha\beta\gamma\delta$ der Punkt β angenommen wäre; so würde durch dieselbe Construction eine mit β-$A'BC'D'$ congruente Pyramide entstanden sein, wie sich leicht erweisen läßt.

Die Figur $A'BC'D'$ ist also für jeden Obelisk eben so unveränderlich wie der Mittelschnitt. Wenn man den letztern als Hauptfigur ansieht, hat man jene auch als Nebenfigur (Ergänzungsfigur) bezeichnet.

5) Obelisken, welche eigentlich Prismen sind, haben keine Nebenfigur; in Obelisken, die eigentlich Pyramidenstumpfe sind, ist die Hauptfigur der Mittelfigur ähnlich.

Die Beweise für diesen Satz ergeben sich leicht.

6) In jedem Obelisken ist Hauptfigur und Nebenfigur zusammen halb so groß wie beide Grundflächen zusammen.

Ist zunächst (Fig. 52.) ein dreiseitiger Obelisk mit den Grundflächen ABC, abc und der Hauptfigur $\alpha\beta\gamma$ gegeben; so lege man durch β die Gerade $a'A'$ parallel mit aA und durch γ die Gerade $a''A''$ parallel mit aA und eine Ebene durch $a'A'$ und $a''A''$, die mit den Grundflächen des Obelisken das dreiseitige Prisma $aa'a''A''A'A$ begrenzt. Man lege ferner durch β mit cC parallel die Linie $\beta C'$ und eine Ebene durch $\beta A'$ und $\beta C'$; so daß in der unteren Grundfläche die Nebenfigur $BA'C'$ begrenzt wird, und durch dieselben Ebenen in der oberen Grundfläche die Nebenfigur $b\,a'\,c'$.

Die untere Grundfläche g und die obere k ist durch die Ebenen zerlegt. Man erkennt aber leicht

$$
\begin{aligned}
1)\ g = ACB &= AA'A'' + A'C'CA'' + A'BC' \\
&= \alpha\beta\gamma + c'a'a''c + A'BC' \\
&= \alpha\beta\gamma + ba'a''c + a'bc' + A'BC' \\
&= \alpha\beta\gamma + ba'a''c + 2A'BC',
\end{aligned}
$$

2) $k = abc$. Daher

$$\begin{aligned} 3)\ g+k &= \alpha\beta\gamma + abc + ba'a''c + 2A'BC' \\ &= \alpha\beta\gamma + aa'a'' + 2A'BC' \\ &= \alpha\beta\gamma + \alpha\beta\gamma + 2A'BC' \\ &= 2\alpha\beta\gamma + 2A'B'C'. \end{aligned}$$

Nennt man also die Hauptfigur m, die Nebenfigur n; so ist

$$g+k = 2m+2n \text{ oder } \tfrac{1}{2}(g+k) = m+n. \quad \text{W. z. b. w.}$$

Ist ferner der vierseitige Obelisk (Fig. 53.) mit den Grundflächen $g = ABCD$, $k = abcd$ und der Hauptfigur $m = \alpha\beta\gamma\delta$ gegeben, und darin

Ebene $A'\beta D' \ddagger AadD$, $D'\beta C' \ddagger DdcC$;

so wird durch diese Ebenen und die an der Kante $B\beta$ zusammenstoßenden Seitenflächen des Körpers die Nebenfläche $BA'D'C'$ begrenzt.

Legt man nun durch bB eine Ebene, welche die erweiterten Seitenebenen, die in der Gegenkante dD zusammenstoßen, in den Linien Ee und Ff trifft; so entsteht durch Erweiterung der Grundebenen der dreiseitige Obelisk EFDdfe, mit dem Mittelschnitt $\varepsilon\delta\zeta$, der den gegebenen vierseitigen ganz einschließt.

Erweitert man auch die Ebenen $A'\beta D'$ und $C'\beta D'$ bis sie die neuhinzugefügte Seitenebene in $\beta E'$ und $\beta F'$ treffen; so wird dadurch auch die Nebenfigur des dreiseitigen Obelisken $E'D'F'$ begrenzt.

Nun erhält man den gegebenen vierseitigen Obelisk über ABCD, wenn man von dem dreiseitigen über EDF, die beiden dreiseitigen über EAB und BCF hinwegnimmt, deren Nebenfiguren $E'A'B$ und $BC'F'$ sind.

Betrachtet man die Grundflächen, Haupt- und Nebenfiguren dieser drei dreiseitigen Obelisken; so ist nach dem eben durchgeführten Beweise

$$\begin{aligned} 1)\ & \tfrac{1}{2}EDF + \tfrac{1}{2}edf = \varepsilon\delta\zeta + E'D'F' \\ 2)\ & \tfrac{1}{2}EAB + \tfrac{1}{2}eab = \varepsilon\alpha\beta + E'A'B \\ 3)\ & \tfrac{1}{2}BCF + \tfrac{1}{2}bcf = \beta\gamma\zeta + BC'F'. \end{aligned}$$

Also, wenn man die Vereinigung der zweiten und dritten gleichen Flächen von den ersten hinwegnimmt:

$$\begin{aligned} & \tfrac{1}{2}(EDF - EAB - BCF) + \tfrac{1}{2}(edf - eab - bcf) \\ &= \varepsilon\delta\zeta - \varepsilon\alpha\beta - \beta\gamma\zeta + E'D'F' - E'A'B - BC'F'; \end{aligned}$$

d. h. $\tfrac{1}{2}ABCD + \tfrac{1}{2}abcd = \alpha\beta\gamma\delta + A'BC'D'$,

oder wie oben $\tfrac{1}{2}g + \tfrac{1}{2}k = m + n$.

Ein fünfseitiger Obelisk wird sich durch eine ähnliche Construction als Unterschied eines vierseitigen und zweier dreiseitigen darstellen lassen, ein sechsseitiger als Unterschied eines fünfseitigen und zweier dreiseitigen u. s. w., und bei jeder Construktion wird dieselbe Beweisführung eintreten können; so daß sich hieraus die Richtigkeit des Satzes ergiebt.

7) **Der Rauminhalt eines Obelisken ist so groß wie ein Prisma auf der Hauptfigur und eine Pyramide auf der Nebenfigur, beide von der Höhe des Obelisken, zusammengenommen.**

Nach §. 4. ist der Rauminhalt eines Körperstumpfes überhaupt

$$R = \frac{1}{6}h(4m + g + k).$$

Es ist aber, wie eben bewiesen worden, bei dem Obelisken

$$g + k = 2m + 2n.$$

Daher ist bei dem Obelisken

$$R = \frac{1}{6}h(4m + 2m + 2n) = hm + \frac{1}{3}hn.$$

hm ist der Inhalt eines Prisma mit der Grundfläche m und der Höhe h,

$\frac{1}{3}hn$ ist der Inhalt einer Pyramide mit der Grundfläche n und der Höhe h.

Die Richtigkeit des Satzes ergiebt sich also sehr einfach aus der allgemeinen für alle Körperstumpfe geltenden Regel.

Sie läßt sich aber auch aus der Betrachtung der Figuren 52 und 53 herleiten. Es ist nämlich Figur 52 der Obelisk:

$$\begin{aligned} ABCcab &= ABC\gamma\alpha\beta + \alpha\gamma\beta bca \\ &= AA'A''\gamma\beta\alpha + \beta A'BC' + A'\beta C'C\gamma A'' + \alpha\gamma\beta bca \\ &= AA'A''\gamma\beta\alpha + \beta A'BC' + \beta a'c'ca''\gamma + \alpha\gamma\beta bca \\ &= AA'A''\gamma\beta\alpha + \beta A'BC' + \beta a'bc' + \beta a'bca''\gamma + \alpha\gamma\beta bca \\ &= AA'A''\gamma\beta\alpha + \beta A'BC' + \beta A'BC' + \alpha\beta\gamma a''a'a \\ &= AA'A''a''a'a + 2\beta A'BC'. \end{aligned}$$

Es ist aber $AAA''a''a'a$ das Prisma über der Hauptfigur mit der Höhe des Obelisken, und $\beta A'BC'$ eine Pyramide auf der Nebenfigur mit der halben Höhe des Obelisken. Zwei dieser Pyramiden sind jedoch einer einzigen gleich, welche die Nebenfigur zur Grundfläche und die ganze Höhe des Obelisken hat. Die Richtigkeit ist demnach für dreiseitige Obelisken erwiesen.

Für vierseitige folgt sie leicht aus Figur 53, wenn man den Obelisk als Differenz der dreiseitigen betrachtet und die Prismen und Pyramiden aus denen er besteht, als eben solche Differenzen. In gleicher Weise ergiebt sich der Beweis für fünf- und mehrseitige Obelisken.

Die viel allgemeinere Regel, welche im Abschnitte selbst §. 4. bewiesen worden, ist jedoch in den meisten Fällen dieser Berechnung der Obelisken vorzuziehen.

In dem Abschnitte sind nur diejenigen Stumpfe behandelt, welche zwei **parallele** Gegenflächen haben, die als Grundflächen betrachtet werden können.

Unter denjenigen Stumpfen, deren Abstumpfungsfläche der Grundfläche **nicht parallel** ist, lassen die **prismatischen Stumpfe** noch theilweise einfache Betrachtungen zu.

Wird die gerade prismatische Röhre, deren senkrechter Durchschnitt das Dreieck ABC (Fig. 54.) ist, zugleich von der schrägen Fläche $\alpha\beta\gamma$ durchschnitten; so entsteht ein schräg abgestumpftes dreiseitiges Prisma $ABC\gamma\beta\alpha$, dessen Rauminhalt leicht bestimmt werden kann.

Bedient man sich nämlich der schon mehrmals (XXIII, 5. und XXIV, 5.) angewendeten Zerlegung in die stehende (γABC), schwebende ($\gamma\alpha\beta B$) und hangende ($BA\alpha\gamma$) dreiseitige Pyramide, deren Kanten hier $A\alpha$, $B\beta$, $C\gamma$ werden; so ist

$$\gamma ABC : \alpha AB\gamma = C\gamma : A\alpha \text{ (XXIII, 6. Zus. und XII, 9. Zus.)}$$

$$\gamma AB\alpha : \gamma\alpha B\beta = A\alpha : B\beta.$$

Die Zusammensetzung dieser Proportionen ergiebt:

$$\gamma ABC : \gamma\alpha B\beta = C\gamma : B\beta.$$

Aus der ersten Proportion und aus der dritten folgt:

$$\alpha AB\gamma = \frac{A\alpha}{C\gamma}.\gamma ABC, \qquad \gamma\alpha B\beta = \frac{B\beta}{C\gamma}\gamma ABC,$$

die drei Pyramiden, aus denen der Stumpf besteht, sind also zusammen

$$\gamma ABC + \frac{A\alpha}{C\gamma}.\gamma ABC + \frac{B\beta}{C\gamma}\gamma ABC,$$

$$\text{oder} \quad \frac{C\gamma + A\alpha + B\beta}{C\gamma}\gamma ABC.$$

Es ist aber $\gamma ABC = \frac{1}{3} f . C\gamma$; wenn f die Grundfläche ABC bedeutet. Demnach ist der Rauminhalt des Stumpfes R

$$R = \tfrac{1}{3}(C\gamma + A\alpha + B\beta) f.$$

8) **Ein gerader dreiseitiger Prismenstumpf ist also einem Prisma gleich, das dieselbe Grundfläche hat, zur Höhe aber das arithmetische Mittel aus den drei Seitenkanten.**

Zieht man durch die Grundfläche eines geraden dreiseitigen Prismenstumpfes ABC die Transversalen aus den Winkelspitzen, welche die Gegenseiten halbiren, die sich in dem Punkte D schneiden (XVI, 8. 2.); und legt zugleich Ebenen durch die Kanten an den Eckpunkten des Dreiecks und diese Transversalen, so werden sich diese Ebenen in einer geraden Linie $D\delta$ schneiden, von welcher sich leicht erweisen läßt, daß sie jeden Dreiecksschnitt der prismatischen Röhre in dem Punkte trifft, in welchem die drei Halbirungstransversalen der Seiten zusammenstoßen.

Nennt man nun in einem solchen Prismenstumpf die Seitenkanten a, b, c und die Linie $D\delta$, welche durch den Punkt D parallel mit den Kanten bis zur schrägen Abstumpfungsfläche gezogen ist, d; so hat man drei Prismenstumpfe mit gleicher Grundfläche; da die Dreiecke ADB, CDB, CDA flächengleich sind, wie sich leicht erweisen läßt. Ist also die Grundfläche des ganzen dreiseitigen Stumpfes f; so ist der Rauminhalt

$$R = \tfrac{1}{3}(a+b+d)\frac{f}{3} + \tfrac{1}{3}(a+c+d)\frac{f}{3} + \tfrac{1}{3}(b+c+d)\frac{f}{3}$$

$$\text{oder } R = \tfrac{2}{3}(a+b+c)\frac{f}{3} + \tfrac{1}{3}df.$$

Nun ist aber auch

$$R = (a+b+c)\frac{f}{3} = \tfrac{2}{3}(a+b+c)\frac{f}{3} + \tfrac{1}{3}(a+b+c)\frac{f}{3}.$$

Es ist also $\tfrac{1}{3}(a+b+c) = d.$

9) Diejenige Linie, welche die Durchschnittspunkte der Seitenhalbirungstransversalen beider Dreiecke verbindet, ist also das arithmetische Mittel der drei Seitenkanten, und der Körperstumpf ist einem Prisma gleich, das mit ihm dieselbe Grundfläche und diese Linie zur Höhe hat.

Ist die Grundfläche eines solchen Prismenstumpfes ein Parallelogramm ABCD, und benennt man die Längen der senkrechten Kanten mit a, b, c, d; so läßt sich die Grundfläche sowohl durch die Diagonale AC, als auch durch die Diagonale BD in zwei gleiche Theile zerlegen. Nennt man also den Rauminhalt des Stumpfes R und die Grundfläche f; so ist

$$R = \tfrac{1}{3}(a+b+c)\frac{f}{2} + \tfrac{1}{3}(c+d+a)\frac{f}{2},$$

$$R = \tfrac{1}{3}(b+c+d)\frac{f}{2} + \tfrac{1}{3}(d+a+c)\frac{f}{2},$$

$$\text{d. h. } 2R = (a+b+c+d)\frac{f}{2}$$

$$\text{oder } R = \tfrac{1}{4}(a+b+c+d)f.$$

10) Es ist also ein gerader Prismenstumpf, dessen Grundfläche ein Parallelogramm ist, einem Prisma auf derselben Grundfläche gleich, welches zur Höhe das arithmetische Mittel der vier Seitenkanten hat.

Es läßt sich leicht erkennen, daß die schräge Abstumpfungsfläche auch ein Parallelogramm ist und daß die Mittelpunkte (Diagonalendurchschnitte) aller Parallelogramme, welche Durchschnittsfiguren derselben prismatischen Röhre sind, in einer den Kanten parallelen geraden Linie liegen.

Nennt man nun in dem der Betrachtung zu Grunde gelegten Stumpfe die gerade Linie, welche die Diagonalendurchschnittspunkte der Grundfläche und der Abstumpfungsfläche verbindet, e; so kann man den Rauminhalt des abgestumpften

Prisma auch als Aggregat der vier dreiseitigen Prismen auf gleicher Grundfläche betrachten, welche die Kante e gemein haben. Ist also die Grundfläche f und der Raum R, so hat man

$$R = \tfrac{1}{3}(a+b+e)\frac{f}{4} + \tfrac{1}{3}(b+c+e)\frac{f}{4} + \tfrac{1}{3}(c+d+e)\frac{f}{4} + \tfrac{1}{3}(d+a+e)\frac{f}{4},$$

d. i. $R = \tfrac{2}{3}(a+b+c+d)\frac{f}{4} + \tfrac{1}{3}ef.$

Es ist aber auch:

$$R = \tfrac{1}{4}(a+b+c+d)f = \tfrac{2}{3}(a+b+c+d)\frac{f}{4} + \tfrac{1}{3}(a+b+c+d)\frac{f}{4}.$$

Daraus folgt, daß $e = \tfrac{1}{4}(a+b+c+d)$ ist. e ist also das arithmetische Mittel der vier Kanten und läßt der Satz sich auch so aussprechen.

11) Ein gerader Prismenstumpf über einem Parallelogramm ist einem Prisma von derselben Grundfläche gleich, dessen Höhe diejenige Gerade ist, welche die Mittelpunkte der Gegenflächen verbindet.

Ist über dem regulären Fünfeck ABCDE ein gerader Prismenstumpf errichtet, dessen Seitenkanten a, b, c, d, e sind; so läßt sich das Fünfeck durch die Diagonalen AC, AD in drei Dreiecke zerlegen, von diesen sei ABC = ADE = α und ACD = β.

Nennt man nun die Grundfläche f und den Rauminhalt R; so ist

$$f = \alpha + \beta + \alpha.$$

$$R = \tfrac{1}{3}(a+b+c)\alpha + \tfrac{1}{3}(a+c+d)\beta + \tfrac{1}{3}(a+d+e)\alpha.$$

Da dieselben Beziehungen entstehen; wenn man die Diagonalen von B, oder von C oder von D oder von E aus zieht; so hat man auch:

$$R = \tfrac{1}{3}(b+c+d)\alpha + \tfrac{1}{3}(b+d+e)\beta + \tfrac{1}{3}(b+e+a)\alpha$$

$$R = \tfrac{1}{3}(c+d+e)\alpha + \tfrac{1}{3}(c+e+a)\beta + \tfrac{1}{3}(c+a+b)\alpha$$

$$R = \tfrac{1}{3}(d+e+a)\alpha + \tfrac{1}{3}(d+a+b)\beta + \tfrac{1}{3}(d+b+c)\alpha$$

$$R = \tfrac{1}{3}(e+a+b)\alpha + \tfrac{1}{3}(e+b+c)\beta + \tfrac{1}{3}(e+c+d)\alpha$$

Die Vereinigung dieser Größen giebt:

$$5R = (a+b+c+d+e)(\alpha+\beta+\alpha) = (a+b+c+d+e)f.$$

Also $R = \tfrac{1}{5}(a+b+c+d+e)f.$

Da sich ähnliche Zerlegungen der Grundfläche in jedem regulären Polygon so oft vornehmen lassen, als die Figur Seiten hat, und auf die dadurch bestimmten dreiseitigen Prismenstumpfe dieselben Schlüsse anwendbar sind; so ergiebt sich der Satz:

12) **Ein gerader Prismenstumpf, dessen Grundfläche eine reguläre Figur ist, hat gleichen Rauminhalt mit einem Prisma von derselben Grundfläche, dessen Höhe das arithmetische Mittel aus den Kanten des Prismenstumpfes ist.**

Errichtet man im Mittelpunkte der Grundfläche eines solchen Stumpfes M ein Perpendikel, welches die Abstumpfungsfläche im Punkte μ trifft, und bezeichnet die Länge der Linie $M\mu$ mit m; legt dann durch diese Linie $M\mu$ und jede Seitenkante des Stumpfes eine Ebene, so erhält man so viel dreiseitige Stumpfe mit gleicher Grundfläche als Seitenflächen vorhanden sind.

Es ist also dann im Fünfeck der Rauminhalt:

$$R = \tfrac{1}{3}(a + b + m)\frac{f}{5} + \tfrac{1}{3}(b + c + m)\frac{f}{5} + \tfrac{1}{3}(c + d + m)\frac{f}{5}$$
$$+ \tfrac{1}{3}(d + e + m)\frac{f}{5} + \tfrac{1}{3}(e + a + m)\frac{f}{5}$$

oder $\tfrac{2}{3}(a + b + c + d + e)\dfrac{f}{5} + \tfrac{1}{3}mf$.

Nun ist aber auch

$$R = \tfrac{1}{5}(a + b + c + d + e) f.$$

$$R = \tfrac{2}{3}(a + b + c + d + e)\frac{f}{5} + \tfrac{1}{3}(a + b + c + d + e)\frac{f}{5}.$$

Folglich ist $\quad m = \tfrac{1}{5}(a + b + c + d + e)$.

Das Perpendikel im Mittelpunkte der Grundfläche ist also das arithmetische Mittel aus den Kanten des Stumpfes.

Derselbe Beweis läßt sich für jeden Prismenstumpf mit regulärer Grundfläche führen. Daher gilt der allgemeine Satz.

13) **Jeder gerade Prismenstumpf mit regulärer Grundfläche ist einem Prisma gleich, das dieselbe Grundfläche hat und dessen Höhe das Perpendikel ist, welches vom Mittelpunkte der Grundfläche bis zur Abstumpfungsfläche reicht.**

Was hier von geraden Prismenstumpfen bewiesen ist, läßt sich auch auf schiefe anwenden; wenn man überall statt der Seitenkanten und der Parallelen mit denselben die Perpendikel von den in der Abstumpfungsfläche liegenden Endpunkten der Kanten und ihrer Parallelen einführt.

Da Prismen in derselben prismatischen Röhre bei gleicher Kantenlänge gleich sind, so ergiebt sich auch leicht die Größe der Abstumpfungsfläche eines geraden Prismenstumpfes. Legt man nämlich ein Prisma, dessen Grundflächen der Abstumpfungsfläche parallel sind, und ein anderes, dessen Grundflächen die Röhre senkrecht durchschneiden, von gleicher Kantenlänge in die Röhre; so sind beide raumgleich. Ihre Grundflächen verhalten sich also umgekehrt wie ihre Höhen. Die Höhe des geraden Prisma ist aber eine beliebige Kantenlinie, die Höhe des schiefen Prisma ein Perpendikel von dem Endpunkte der geraden Kante auf die schiefe Fläche gefällt. Daraus folgt der Satz:

14) Die Abstumpfungsfläche verhält sich zur geraden Durchschnittsfläche, wie eine beliebige Seitenkante zu einem Perpendikel, welches von ihrem Endpunkte in der Grundfläche auf die Abstumpfungsfläche gefällt ist.

Die Punkte, deren Verbindungslinie die Höhe des Prisma bestimmt, das bei gleicher Grundfläche dem geraden Stumpfe raumgleich ist, werden in der angewandten Mathematik sowohl beim Dreieck als auch beim Parallelogramm und beim regulären Polygon die Schwerpunkte genannt. Die hier durchgeführten Fälle gehören zu dem allgemeinen Satze:

15) Jeder Prismenstumpf ist einem Prisma gleich, das dieselbe Grundfläche hat, und dessen Kanten Richtung und Länge derjenigen geraden Linie haben, die den Schwerpunkt der Grundfläche mit dem Schwerpunkt der Abstumpfungsfläche verbindet.

16) Wird eine dreiseitige Pyramide schräg abgestumpft, d. h. so, daß die Abstumpfungsfläche der Grundfläche nicht parallel ist; so läßt sich der Stumpf in drei Pyramiden zerlegen, die in einer an den Seitenflächen erkennbaren Beziehung zu einander stehen.

Ist nämlich ABCDEF (Fig. 55.) ein solcher Korper, dessen Seitenkanten AD, CF, BE nach einem Punkt hin convergiren, dessen Gegenflächen ACB und DEF aber nicht parallel sind; so entstehen bei der Zerlegung die drei Pyramiden, wenn zugleich sämmtliche Diagonalen der Seitenflächen gezogen werden, die sich in G, H und K schneiden.

$$\alpha = D\text{-}ABC, \quad \beta = D\text{-}FCB, \quad \gamma = D\text{-}FBE,$$

und es ist

$$\alpha : \beta = \triangle DAC : \triangle DCF = AG : GF$$
$$\beta : \gamma = \triangle FBC : \triangle FBE = CH : HE;$$

daher $\alpha : \gamma = AG.CH : GF.HE.$

Demgemäß ist $\beta = \frac{GF}{AG}\alpha, \qquad \gamma = \frac{GF.HE}{AG.CH}\alpha,$

und der Rauminhalt des ganzen Körpers

$$R = \alpha + \beta + \gamma = \frac{AG.CH + CH.GF + GF.HE}{AG.CH}\alpha.$$

Man erkennt hieran, wie der Raum des ganzen Körpers sich zu dem einer

Pyramide in demselben verhält und, wenn diese bekannt ist, aus den Diagonalen zweier Seitenflächen bestimmt werden kann.

Es läßt sich aus dieser Betrachtung noch ein Satz folgern, der sich auf die viereckigen Seitenflächen beliebig abgestumpfter Pyramiden bezieht.

Es ist (Fig. 55.)

$$R = \alpha\left(1 + \frac{FG}{AG} + \frac{FG.EH}{AG.CH}\right).$$

Durch eine andere Zerlegung wird

$$R = \alpha\left(1 + \frac{EK}{AK} + \frac{EK}{AK}\cdot\frac{FH}{BH}\right).$$

Daher ist

$$\frac{FG}{AG} + \frac{FG}{AG}\cdot\frac{EH}{CH} = \frac{EK}{AK} + \frac{EK}{AK}\cdot\frac{FH}{BH}$$

$$\frac{FG}{AG}\left(1 + \frac{EH}{CH}\right) = \frac{EK}{AK}\left(1 + \frac{FH}{BH}\right)$$

$$\text{oder}\quad \frac{FG.CE}{AG.CH} = \frac{EK.BF}{KA.BH}.$$

Aehnlich findet man auch

$$\frac{CG.BF}{DG.FH} = \frac{BK.EC}{DK.EH}.$$

Setzt man dies zusammen; so ergiebt sich

$$AK.KD \times BH.HE \times CG.GF = AG.GD \times CH.HF \times BK.KE.$$

Demnach ist

$$\left\{\begin{matrix} AK.KD : BK.KE \\ BH.HE : CH.HF \\ CG.GF : AG.GD \end{matrix}\right\} = 1 : 1.$$

Daraus folgt (XII, 9.)

$$\left\{\begin{matrix} \triangle AKD : \triangle BKE \\ \triangle BHE : \triangle CHF \\ \triangle CGF : \triangle AGD \end{matrix}\right\} = 1 : 1.$$

17) Zieht man also sämmtliche Diagonalen in den drei Seitenflächen, so daß in jeder Seitenfläche vier Dreiecke entstehen, und nennt diejenigen dieser Dreiecke, welche an den Kanten der abgestumpften Pyramide anliegen, Kantendreiecke, so ist das Produkt der drei abwechselnden Kantendreiecke nach einer Seite hin gezählt, gleich dem Produkte der drei andern Kantendreiecke nach der entgegengesetzten Seite hin gezählt.

Dieser Satz gilt auch für die Seitenflächen abgestumpfter mehrseitiger Pyramiden.

Liegen z. B. bei einer vierseitigen abgestumpften Pyramide

an der Kante A die Dreiecke a, a', an der Kante B die Dreiecke b, b',
an C die Dreiecke c, c', an D die Dreiecke d, d';

so lege man eine Diagonalebene durch die Kanten B und D, in dieser ziehe man auch Diagonalen, welche an B das Kantendreieck b'', an D das Kantendreieck d'' bilden.

Es ist dann nach dem bewiesenen Satze:

$$ab''d = a'b'd'' \text{ und } bcd'' = b''c'd'.$$

Daraus folgt durch Zusammensetzung:

$$abcd = a'b'c'd'.$$

In ähnlicher Weise wird der Beweis bei fünf- und mehrseitigen abgestumpften Pyramiden geführt.

Es gilt also ganz allgemein der Satz.

18) An jeder beliebig abgestumpften Pyramide haben die abwechselnden Kantendreiecke in ihrer Zusammensetzung das Verhältniß der Gleichheit.

Da der Satz unabhängig von der Höhe der unabgestumpften Pyramide ist; so gilt derselbe auch, wenn die Spitze derselben in der Grundebene liegt und läßt sich als geometrischer Lehrsatz in folgender Weise aussprechen.

19) Wenn auf jedem unter beliebig vielen von einem Punkt in einer Ebene ausgehenden Strahlen zwei Punkte angenommen und überquer durch gerade Linien so verbunden werden, daß an jedem Strahl zwei Dreiecke entstehen; so ist das Produkt der abwechselnden Dreiecke nach einer Seite hin gerechnet gleich dem Produkte der anderen Dreiecke nach der andern Seite hin gerechnet.

So ist (Fig. 56.), wenn von M aus Strahlen nach A, B, C, D, E gehen, und an A die Dreiecke a, a', an B die Dreiecke b, b' entstehen u. s. w.,

$$abcde = a'b'c'd'e'.$$

Der Beweis dieses geometrischen Satzes ist leicht 1) wenn die Strahlen A, B, C, D etc. parallel sind, 2) wenn je zwei aufeinanderfolgende Seitenlinien von Paralleltrapezen sind.

In den Fällen, wo dies nicht der Fall ist, genügt die Ableitung aus dem hier bewiesenen stereometrischen Satze; indem man jederzeit die Dreiecke in der Ebene als Projectionen der Dreiecke in den Seitenflächen der Pyramide betrachten kann.

Anm. Es ist schon in der Geometrie des Begriffs der Projection gedacht (VI, 23.). In der Stereometrie nennt man eine ebene Figur auf eine andere projicirt; wenn von allen Grenzpunkten derselben parallele Linien (Projectionsstrahlen) gezogen und dadurch ein Umfang einer Figur in dieser Ebene bestimmt wird. Die auf diese Weise in der Projektionsebene bestimmte Figur heißt die Projektionsfigur der ursprünglichen. Wird die Projectionsebene von den Projectionsstrahlen winkelrecht durchschnitten; so entsteht in ihr die normale Projection.

Die Beziehung der normalen Projection zur ursprünglichen ergiebt sich aus dem oben Nr. 14 Entwickelten sehr leicht. Da man die Projectionsfigur als Grundfigur, die ursprüngliche als Abstumpfungsfigur in einem geraden Prisma betrachten kann.

Ist z. B. (Fig. 57.) ABCDE die normale Projection der Figur abcde, und schneiden sich die Ebenen beider Figuren in der Linie FG; so daß aHA der Neigungswinkel beider Ebenen ist: ist in der Ebene dieses Neigungswinkels auch kA ein Perpendikel auf der Ebene abcde; so verhält sich nach Nr. 14

$$ABCDE : abcde = Ak : Aa$$

$$\text{und} \quad Ak : Aa = AH : aH.$$

Daraus folgt der Satz:

20) Die normale Projectionsfigur verhält sich zur projicirten Figur wie der Perpendikelabstand eines Projectionspunktes von der Durchschnittskante der Projectionsebene mit der Ebene der gegebenen Figur zu dem Abstande des projicirten Punktes von derselben Kante.

In der Trigonometrie hat die Verhältnißzahl $\frac{AH}{aH}$ den Namen Cosinus. Man erhält also die Fläche der Projectionsfigur, wenn man die Fläche der projicirten Figur mit dem Cosinus des Neigungswinkel beider Ebenen multiplicirt.

Fünfundzwanzigster Abschnitt.

Von den Cylindern.

(Siebenter Abschnitt der Stereometrie.)

§. 1. Erklärungen.

Eine krumme Fläche, die alle geraden Linien aufnimmt, welche durch die Peripherie eines Kreises so gelegt werden können, daß sie einer die Ebene des Kreises im Mittelpunkte durchschneidenden geraden Linie parallel sind, heißt Cylinderfläche. Der Kreis durch dessen Umfangspunkte die Geraden in der Cylinderfläche bestimmt sind, ist der Bestimmungskreis der Cylinderfläche. Die Gerade, welche durch den Mittelpunkt des Bestimmungskreises geht, mit welcher alle Geraden in der Cylinderfläche parallel sind, ist die Axenlinie der Cylinderfläche.

Die Vorstellung einer Cylinderfläche entsteht; wenn man sich eine gerade Linie parallel mit sich selbst an der Peripherie eines Kreises so herumgeführt denkt, daß sie alle Punkte derselben berührt und in ihre ursprüngliche Lage zurückkehrt.

So wie man den Kreis als ein Polygon von unendlicher Seitenzahl betrachten kann; so läßt sich auch die Cylinderfläche als prismatische Röhre mit unendlich vielen Parallelstreifen ansehen.

Anm. Man kann jede andere krummlinige Figur als Bestimmungsfläche betrachten und sich eine krumme Fläche vorstellen, welche alle Linien aufnimmt, die unter sich parallel durch den Umfang der Figur, die Ebene derselben durchschneidend, gelegt werden können. Eine solche krumme Fläche erhält den Namen einer cylindrischen Fläche.

§. 2. Lehrsatz.

In jeder Ebene, welche eine Cylinderfläche parallel mit dem Bestimmungskreise durchschneidet, wird durch die Cylin=

derfläche ein Kreis begrenzt, welcher dem Bestimmungskreise gleich ist.

Beweis.

Ist (Fig. 58.) der Bestimmungskreis um C für eine Cylinderfläche gegeben, welche alle geraden Linien aufnimmt, die, wie AB, mit der Axenlinie CD parallel sind: ist ferner diese Cylinderfläche von einer Ebene EK durchschnitten, die der Ebene des Grundkreises AL parallel ist; so soll in EK durch die Cylinderfläche ein Kreis abgegrenzt sein.

Der Punkt, in welchem die Axenlinie CD durch die Ebene EK geht, sei F. Man lege durch die Axenlinie FC und einen Punkt E im Umfange der Durchschnittsfigur eine Ebene, welche den Grundkreis in AC und die Parallelebene desselben in FE durchschneidet; dann ist AC ‡ EF (XIX, 22.). Da aber eine gerade Linie, welche aus A in der Ebene EFCA parallel mit CF gezogen worden, ganz von der Cylinderfläche aufgenommen wird; so ist AE eine Gerade, die ganz in der Cylinderfläche liegt und parallel mit CF ist; die Figur ist also ein Parallelogramm und FE = AC (VI, 4.).

Legt man durch FC und einen andern Punkt der Durchschnittsfigur, z. B. durch H eine Ebene, so entsteht auch in dieser, wie eben so gezeigt wird, das Parallelogramm FG, in welchem FH = CG ist. Nun ist CG = CA (II, 22.), CA = FE, also FH = FE.

Die beiden Punkte E und H haben also gleichen Abstand von F. Von jedem andern Punkte der Durchschnittsfigur läßt sich zeigen, daß sein Abstand von F der Linie EF gleich ist. Es liegen also alle Punkte der Durchschnittsfigur in einem Kreise, dessen Radius FE ist. Es ist aber FE = CA. Also ist der Durchschnittskreis dem Bestimmungskreise congruent.

Da die Cylinderfläche offenbar auch alle Parallelen mit CF aufnimmt, welche durch die Peripherie des Kreises um F gehen; so ergiebt sich leicht der

1. Zusatz.

Jeder Durchschnittskreis einer Cylinderfläche, welcher mit dem Bestimmungskreise parallel ist, kann als Bestimmungskreis derselben betrachtet werden.

Zugleich ergiebt sich aus der Beweisführung des Lehrsatzes leicht der

2. Zusatz.

Jede Ebene, welche durch die Axenlinie einer Cylinderfläche gelegt wird, durchschneidet dieselbe in parallelen Linien.

§. 3. Erklärung.

Der körperliche Raum, welcher von einer Cylinderfläche und den Flächen zweier Bestimmungskreise eingeschlossen ist, heißt Cylinder. Die den Cylinder begrenzenden congruenten Bestimmungskreise heißen Grundkreise des Cylinders, der Theil der Cylinderfläche zwischen beiden Grundkreisen heißt Cylindermantel, der Theil der Axenlinie zwischen den Mittelpunkten beider Grundkreise heißt Axe des Cylinders. Steht die Axe senkrecht auf den Grundkreisen; so wird der Cylinder ein gerader genannt, in allen andern Fällen ist es ein schiefer Cylinder. Der Perpendikelabstand beider Grundkreisflächen ist die Höhe des Cylinders. Der Theil einer geraden Linie, welcher mit der Axe parallel zwischen den Grundkreisen ganz in der Cylinderfläche liegt, heißt Seitenlinie des Cylinders.

Es ist leicht einzusehen

1) daß jede Seitenlinie der Axe des Cylinders gleich ist,

2) daß im geraden Cylinder die Axe zugleich die Höhe ist.

§. 4. Lehrsatz.

Durch jede zwei Seitenlinien eines Cylinders läßt sich eine Ebene legen: die Durchschnittsfigur, welche eine solche Ebene mit der Umgrenzung des Cylinders bildet, ist ein Parallelogramm. Jeder Punkt der Ebene zwischen den Seitenlinien liegt innerhalb der Cylinderfläche, jeder Punkt der Ebene außerhalb der Seitenlinien liegt auch außerhalb der Cylinderfläche.

Beweis.

In einem Cylinder mit der Axe MN (Fig. 59.) seien die beiden Seitenlinien AB und CD gegeben; so ist AB‡MN und CD‡MN; also auch AB‡CD (XIX, 14). Es läßt sich also durch AB und CD eine Ebene legen. Diese hat mit den Grundkreisen des Cylinders die Durchschnitte AC und BD. Da auch AC‡BD ist (XIX, 22.); so ist die Figur ABDC, welche von der Umgrenzung des Cylinders in der Ebene AC gebildet wird, ein Parallelogramm. Nimmt man nun einen Punkt E in dieser Ebene zwischen AB und CD an; so wird eine durch E mit AB parallel gezogene Linie GH auch mit MN parallel sein (XIX, 14.) und die Sehnen der Grundkreise in F und G treffen. Zieht man die Linien MF und NG, so ist FG‡MN, also auch = MN (VI, 4.); also die Figur GM ein Parallelogramm; folglich auch GN = FM.

Verlängert man MF und NG bis zu den Peripherien der Grundkreise; so ist also auch NK‡MH und NK = MH. Zieht man daher die Gerade HK; so ist NMHK ein Parallelogramm; also HK‡MN. Es liegt also HK in der Cylinderfläche.

Die Linie FG, welche zwischen der Axe NM und der Seitenlinie HK liegt und beiden parallel ist, liegt daher in ihrer ganzen Ausdehnung innerhalb der Cylinderfläche; folglich auch der Punkt E auf dieser Linie.

Ist aber L ein Punkt der Ebene AD außerhalb der Seitenlinien AB und CD; so ist eine durch L mit CD parallel gelegte Linie auch parallel mit NM, und trifft die Verlängerungen der Sehnen BD und AC in O und P. Es liegen also die Punkte O und P außerhalb dieser Kreise. Zieht man daher die Linie NO und MP; so müssen diese die Peripherieen der Grundkreise durchschneiden. Dies geschehe in Q und R. Zieht man dann die Gerade QR; so ist NQ = MR, NQ‡MR, also auch QR‡NM, QR ist daher Seitenlinie des Cylinders, und da OP‡QR ist und die Seitenlinie QR zwischen der Axe NM und der Linie QR liegt; so ist die Linie QR in ihrer ganzen Ausdehnnng außerhalb der Cylinderfläche; also auch der Punkt L auf derselben.

Zieht man die gerade Linie AD, welche ganz in der Ebene des Parallelogramms liegt, so befindet sich ein Theil derselben auf dieser Ebene zwischen den Parallelen AB und CD; die Verlängerung von AD liegt aber ganz außerhalb dieser Parallelen. Die gerade Linie AD kann also nur die beiden Punkte A und D mit der Cylinderfläche gemein haben. Daraus folgt der

1. Zusatz.

Eine gerade Linie zwischen zwei Punkten einer Cylinderfläche, welche nicht auf derselben Seitenlinie des Cylinders liegen, durchschneidet die Cylinderfläche und hat nur diese beiden Punkte mit derselben gemein.

Wenn eine Ebene durch den Cylinder gelegt wird, die der Axe nicht parallel ist; so wird sie von allen Seitenlinien des Cylinders durchschnitten (XIX, 22. 3.). Es kann also kein Theil des Durchschnitts der Ebene und der Cylinderfläche gerade sein. Dies begründet den

2. Zusatz.

Jeder Durchschnitt einer Cylinderfläche mit einer Ebene, die der Axenlinie nicht parallel ist, bildet eine in sich zurücklaufende krumme Linie (Curve).

§. 5. Lehrsatz.

Eine Ebene durch eine Seitenlinie des Cylinders und durch eine Tangente gelegt, welche einen Grundkreis des Cylinders in einem Punkte dieser Seitenlinie berührt, ist eine Berührungsebene der Cylinderfläche, d. h. sie hat mit derselben nur die Punkte dieser Seitenlinie gemein und liegt sonst ganz außerhalb derselben.

Beweis.

Es sei (Fig. 60) ein Cylinder mit der Axe MN gegeben, und an demselben die Seitenlinie AB. Durch A geht die Ebene des Grundkreises um M, den die Linie CD berührt. Wird nun durch AB und CD die Ebene PQ gelegt; so ist diese Tangirungsebene des Cylinders.

Daß die Punkte der Linie AB ganz in der Cylinderfläche liegen, ergiebt sich aus der Erklärung §. 1.

Daß jeder andere Punkt der Ebene PQ außerhalb der Cylinderfläche liegt, folgt sehr leicht. Man nehme irgend einen Punkt E in der Ebene PQ an und lege durch denselben eine Ebene parallel mit den Grundkreisen, welche die Axe MN in F durchschneidet, und in der Cylinderflache einen Kreis bildet, der den Kreisen um M und N congruent ist. Dieser Kreis habe den Punkt G mit der Seitenlinie AB, also auch mit der Ebene PQ gemein. Man ziehe GE, GF, FE; so ist die Ebene des Dreiecks GFE nach der Construktion parallel mit der Fläche des Kreises um M, also GE ‡ AD, MA ‡ FG; also Winkel FGE = MAD. Es ist aber MAD = R, also auch FGE = R. Folglich ist die Linie GE eine Tangente des Kreises um F. Es liegt also jeder Punkt der Linie GE (außer G) also auch der Punkt E außerhalb des Kreises um F. Mithin liegt auch E außerhalb der Cyderfläche.

Hieraus ergiebt sich die Auflosung der

Aufgabe.

Durch einen Punkt in der Cylinderfläche oder außerhalb derselben eine Ebene zu legen, welche dieselbe berührt.

Man wird durch diesen Punkt eine Ebene parallel mit dem Grundkreise legen, und in dieser Ebene eine Tangente an den Durchschnittskreis der Ebene und der Cylinderfläche ziehen. Eine durch diese Tangente und eine den Berührungspunkt treffende Seitenlinie des Cylinders gelegte Ebene wird die verlangte Berührungsebene sein.

Anm. 1. Durch einen Punkt in der Cylinderfläche wird sich nur eine Berührungsebene legen lassen (VIII, 21. Anm.). Durch einen Punkt außerhalb sind deren zwei möglich.

Anm. 2. Wenn man in dem Grundkreise eines Cylinders eine geradlinige Figur einschreibt, durch die Seiten derselben und die Cylinderseiten an den Eckpunkten Ebenen legt; so erhält man ein dem Cylinder eingeschriebenes Prisma. Beschreibt man um den Grundkreis eine geradlinige Figur und legt durch die Seiten derselben und durch die Cylinderseiten der Berührungspunkte Ebenen; so erhält man ein dem Cylinder umschriebenes Prisma.

§. 6. Lehrsatz.

Der Rauminhalt eines Cylinders ist gleich dem eines Prisma von gleicher Grundfläche und Höhe.

Beweis.

Wenn man den Grundkreis eines Cylinders als ein reguläres Polygon von unendlich vielen Seiten betrachtet (IX, 16. Anm.); so ist dieser Lehrsatz eine unmittelbare Folge des Satzes über die Gleichheit der Prismen (XXII, 7.).

Außerdem läßt sich derselbe auch noch in anderer Weise darthun.

Es ist leicht zu zeigen, daß das gleichschenklige Dreieck in einem kleineren Kreisabschnitt, über der Sehne desselben größer ist als der halbe Abschnitt. Es läßt sich eben so zeigen, daß ein dreiseitiges Prisma über einem solchen Dreieck größer ist als der Cylinderabschnitt zwischen der Cylinderfläche und derjenigen Ebene, welche parallel mit der Axe durch die Grundlinien des Dreiecks geht. Ist nämlich ein Kreis mit dem Mittelpunkt M (Fig. 61.) der Grundkreis eines Cylinders und AB eine Sehne desselben, über welcher als Grundlinie das gleichschenklige Dreieck ACB in dem kleineren Abschnitt errichtet ist, dessen Spitze C in der Peripherie liegt; so errichte man in A und B zwei Perpendikel auf AB, welche die Tangente an C in den Punkten D und E treffen; dann ist Dreieck ACB $=$ $\frac{1}{2}$ ADEB. Denkt man sich nun durch AB, AD, DE, EB Ebenen parallel mit der Axe des Cylinders; so schließen diese mit den beiden Grundkreisen desselben ein Prisma ein, das gleiche Höhe mit dem Cylinder und die Grundfläche ADEB hat. Denkt man sich auch solche Ebenen durch AC und CB gelegt; so schließen diese mit der Ebene durch AB ein dreiseitiges Prisma ein, das mit dem Cylinder gleiche Höhe und die Grundfläche ACB hat. Die Prismen über ADEB und ACB haben also gleiche Höhen, folglich ist das Prisma über ACB die Hälfte des Prisma über BDEB (XXIII, 6. 3.), also ist auch das dreiseitige Prisma über ACB größer als die Hälfte des Cylinderabschnitts zwischen der Cylinderfläche, deren Seitenlinien in dem Bogen ACB liegen, und der Ebene, die durch AB parallel mit der Axe gelegt ist. Denn dieser Cylinderabschnitt liegt ganz innerhalb des Prisma über ADEB, ist also kleiner als dieses Prisma. Dasselbe läßt sich von jedem dreiseitigen Prisma innerhalb eines Cylinderabschnitts beweisen, dessen Grundfläche nicht größer als der Halbkreis des Grundkreises ist.

Ist nun ein Cylinder mit dem Grundkreise um M gegeben und ein Prisma mit der rechtwinkligen Grundfläche HKML, welche dem Kreise um M flächengleich ist, haben Cylinder und Prisma gleiche Höhe; so beschreibe man in dem Grundkreise des Cylinders das Quadrat ABFG (IX, 11.), und schneide von dem Rechteck MHKL ein Rechteck HKON ab, das diesem Quadrate flächengleich ist, und lege auch durch NO eine Ebene parallel mit der Seitenebene des Prisma durch HK. Man erhält dadurch in dem Prisma über MK ein Prisma mit der Grundfläche KHNO, das dem Prisma im Cylinder über der Grundfläche FBAG raumgleich ist.

Das Prisma über ABFG ist aber größer als die Hälfte des Cylinders, also ein erster exhaurirender Bestandtheil desselben. Das Prisma über NHKO verhält sich zum Prisma über HKLM wie die Grundflächen; also auch wie die Quadratfläche FABG zur Fläche des Kreises. Daher ist auch das Prisma über HKON größer als die Hälfte des Prismas über KHML; also gleichfalls ein erster exhaurirender Theil desselben.

Aus dem Cylinder und dem Prisma über MK können also zunächst zwei exhaurirende Bestandtheile herausgenommen werden, die einander gleich sind.

Im Cylinder bleiben dann vier Cylinderabschnitte, deren jeder einen Abschnitt wie ACB zur Grundfläche hat. Schneidet man aus jedem dieser Cylinderabschnitte dreiseitige Prismen heraus, deren Grundflächen gleichschenklige Dreiecke über den Sehnen der Abschnitte des Grundkreises sind, deren Spitzen in der Peripherie desselben liegen; so hat man wieder exhaurirende Bestandtheile aus dem Reste herausgenommen. Schneidet man ebenfalls aus dem Rechtecke NOLM das Rechteck NOQP heraus, dessen Fläche so groß wie jene vier gleichschenklige Dreiecke ist, und legt durch PQ eine Ebene parallel mit der Prismafläche durch HK; so entsteht ein Prisma über der Grundfläche PO, das den vier dreiseitigen Prismen im Reststücke des Cylinders gleich ist. Man kann also wieder gleiche Bestandtheile aus dem Cylinder und aus dem vierseitigen Prisma von gleicher Grundfläche herausschneiden.

Da PNOQ = 4 ACB und diese 4 ACB größer sind als die übrigbleibende Kreisfläche, welche aus acht Abschnitten besteht; so ist auch PNOQ größer als die Hälfte von MNOL; also auch das Prisma über PNOQ größer als die Hälfte des Prisma über MNOL. Das Prisma über PNOQ ist also auch ein zweiter exhaurirender Bestandtheil des Prisma über MHKL. Man kann also aus dem Cylinder und dem Prisma über MHKL aufs Neue exhaurirende unter sich gleiche Bestandtheile herausnehmen.

Das Reststück im Cylinder besteht dann aus acht Abschnitten, das Reststück in dem Prisma hat die Grundfläche MPQL. Es läßt sich nun auf dieselbe Weise zeigen, daß auch aus diesen gleiche und exhaurirende Bestandtheile herausgenommen werden können, und zwar wird man in jedem der acht Abschnitte des Cylindergrundkreises die gleichschenkligen Dreiecke und die Prismen über denselben construiren, dann von dem Rechteck PQLM ein neues Rechteck abschneiden, das den acht Dreiecksflächen gleich ist und das Prisma über diesem Rechteck construiren.

Dies Prisma wird dann den acht dreiseitigen Prismen im Cylinder gleich sein, und zugleich ein exhaurirender Bestandtheil im Prisma über HKLM; so wie jene zusammen ein exhaurirender Bestandtheil im Cylinder sind.

Die Fortsetzung dieser Schlüsse zeigt, daß sich aus dem Cylinder und aus dem Prisma fortdauernd gleiche und exhaurirende Bestandtheile herausnehmen lassen; daß also das Prisma dem Cylinder raumgleich ist (XI, 3).

Anm. 1. Es giebt noch einen Beweis für diesen Satz, bei welchem man Prismen von gleicher Seitenzahl mit regelmäßiger Grundfläche, sowohl in dem Cylinder als auch um denselben beschreibt, deren Seitenzahlen n, 2n, 4n, 8n etc. sind und darthut, daß der Raumunterschied der um- und eingeschriebenen Prismen kleiner werden muß als jede noch so kleine Raumgröße. Dies folgt leicht aus dem Satze über das Verhältniß der Prismen (XXIII, 6.) und über die Flächen der ein- und umschriebenen Polygone.

Nennt man nun P den Rauminhalt des Prisma mit der Grundfläche F, und C den Rauminhalt des Cylinders mit der Grundfläche f; so soll $P = C$ sein. Wäre P kleiner als C, also $P + D = C$; so könnte man um den Cylinder und in den Cylinder zwei Prismen construiren, deren Unterschied kleiner als D ist. Dann wäre auch der Unterschied des eingeschriebenen Prisma und des Cylinders kleiner als D, also der eingeschriebene Cylinder größer als P, und doch wäre seine Grundfläche kleiner als die des Kreises. Es müßte also auch F kleiner als f sein, gegen die Annahme.

Wäre aber P größer als C und zwar $P = C + D$; so hätte bei derselben Construction das dem Cylinder umschriebene Prisma von dem Kreise einen geringeren Unterschied als D. Es wäre also kleiner als P, und doch müßte seine Grundfläche größer sein als f, also müßte auch F größer als f sein, gegen die Annahme.

Wenn aber C nicht größer und nicht kleiner als P ist; so ist $C = P$.

Anm. 2. Die erste Beweisführung, in welcher der Kreis als Polygon betrachtet wird, beruht auf der Vergleichung des Krummen und Geraden. Die zweite gründet sich auf die Exhaustion, die dritte auf der Begrenzung zwischen Größerem und Kleinerem.

Anm. 3. Aus der Vergleichung des Krummen und Geraden ergiebt sich auch der Satz: daß eine krumme Fläche als aus unzählig vielen kleinen geraden zusammengesetzt betrachtet werden kann. Ein von krummen Flächen eingeschlossener Körper kann also als Polyëder (vielseitige Körper) von unendlich vielen Seiten betrachtet werden. Diese Vergleichung gestattet den Cylinder unmittelbar als Trapezoidalkörper anzusehn und seine Gleichheit mit einem Prisma von gleicher Grundfläche und Höhe auch aus den dahin gehörigen Sätzen abzuleiten.

§. 7. Lehrsatz

Cylinder verhalten sich bei gleichen Höhen wie die Grundflächen, bei gleichen Grundflächen wie die Höhen, und haben überhaupt ein Verhältniß, das aus dem der Höhen und dem der Grundflächen zusammengesetzt ist.

Beweis.

Da jeder Cylinder einem Prisma von gleicher Grundfläche und Höhe gleich ist; so ergiebt sich dieser Satz aus dem über das Verhältniß der Prismen (XXII, 8.).

Anm. 1. Da die Flächen zweier Kreise sich wie die Quadrate ihrer Radien verhalten; so läßt sich der Satz auch so aussprechen:

Zwei Cylinder haben ein Verhältniß, das zusammengesetzt ist aus dem einfachen Verhältniß ihrer Höhen und dem doppelten der Radien ihrer Grundkreise.

Anm. 2. Vergleicht man den Cylinder mit einem Würfel, dessen Kante die Längeneinheit ist, dessen Inhalt als Einheit des Raummaaßes betrachtet wird; so ist, wenn h die Höhe und r den Radius der Grundfläche, C aber den Rauminhalt des Cylinders bezeichnet: $C = hr^2\pi$.

§. 8. Lehrsatz.

Die krumme Oberfläche eines geraden Cylinders ist einem Rechtecke flächengleich, das die Peripherie des Grundkreises zu einer Seite, die Axe des Cylinders zur anderen Seite hat.

Beweis.

Stellt man sich einen geraden Cylinder als ein Prisma, von unendlich vielen gleichen Seitenflächen eingeschlossen, vor; so ist zugleich der Grundkreis ein Polygon von unendlich vielen Seiten. Die einzelnen unendlich kleinen Seiten dieses Polygons bilden die Grundlinien der Rechtecke, aus denen der Cylindermantel zusammengesetzt ist. Jedes dieser Rechtecke hat aber eine Höhe, welche der Axe gleich ist. Man wird daher den Flächeninhalt aller dieser Rechtecke erhalten; wenn man ein Rechteck construirt, dessen Grundlinie die Summe jener unendlich vielen Grundlinien, d. h. der Umfang des Grundkreises, ist und dessen Höhe die Axe des Cylinders ist.

Anm. 1. Die Oberfläche schiefer Cylinder läßt sich nicht so einfach bestimmen. Wenn man aber die Axe derselben durch eine Ebene senkrecht schneidet, und die daraus entstandene krummlinig begrenzte Durchschnittsfigur als ein geradliniges Vieleck von unendlich vielen und unendlich kleinen Seiten betrachtet; so erkennt man in Uebereinstimmung mit dem über die seitliche Oberfläche schiefer Prismen entwickelten Satze (XXII, 9. Anm. 2.), daß die Oberfläche eines schiefen Cylinders einem Rechteck flächengleich ist, das den Umfang der senkrechten Durchschnittsfigur zur Grundlinie, und die Axe des Cylinders zur Höhe hat.

Anm. 2. Ist bei einem geraden Cylinder r der Radius der Grundfläche, a die Axenlänge, o die krumme Oberfläche; so ist $o = 2ar\pi$.

§. 9. Schlußbemerkungen zum fünfundzwanzigsten Abschnitt.

1) Ein schräg abgestumpfter Cylinder ist einem Cylinder in derselben Röhre gleich, der zur Axe den Abschnitt der Axenlinie hat, welcher zwischen der Grundfläche und der Abstumpfungsfläche liegt.

Dieser Satz folgt leicht, wenn man den abgestumpften Cylinder als einen Prismenstumpf betrachtet, dessen Grundfläche ein reguläres Polygon von unendlich vielen Seiten ist. (XIV, 7. 13.)

2) Jede durch die Mitte der Axe eines Cylinders gelegte Ebene halbirt denselben.

Die Ausführung und genauere Betrachtung der Construction ergiebt in jedem Falle zwei Körper, welche zwischen die Ebenen beider Grundkreise des Cylinders so aufgestellt werden können, daß in jedem Parallelschnitte mit diesen Ebenen gleiche Durchschnittsfiguren entstehen. Man läßt zu dem Ende die eine Figur ungeändert und stellt die andere so auf, daß ihre obere Grundfläche in die Ebene der unteren des Cylinders fällt, und umgekehrt.

3) Jedes Cylinderstück zwischen zwei Ebenen und einer Cylinderfläche ist einem Cylinder in derselben Röhre gleich, dessen Axe dem zwischen beiden Ebenen begrenzten Abschnitt der Axenlinie gleich ist.

Schneidet die Durchschnittslinie beider Ebenen die Cylinderfläche nicht; so ist das Cylinderstück nur ein Körper; schneidet sie diese Fläche, so besteht das Cylinderstück aus zwei Theilen, die zusammengenommen die angegebene Größe haben.

4) Die krumme Linie, welche entsteht, wenn ein Cylinder durch eine dem Bestimmungskreise nicht parallele Ebene geschnitten wird, ist bei einem schiefen Cylinder gleichfalls ein Kreis, wenn die eine Seitenlinie des senkrechten Axenschnitts denselben Winkel mit der Ebene des Schnittes bildet, welchen die andere Seitenlinie mit der Ebene des Erzeugungskreises bildet.

Zum Beweise dieses Satzes ist die Umkehrung des zweiten Zusatzes zum ersten Paragraphen des vierzehnten Abschnitts erforderlich, welche zeigt, daß eine krumme Linie in einer Ebene ein Kreis ist; wenn alle Perpendikel von den Punkten derselben auf eine begrenzte gerade Linie gefällt, mittlere Proportionalen zwischen den durch sie getrennten Abschnitten jener Linie sind, und daß zugleich diese Linie der Durchmesser des Kreises ist. Der Beweis dieser Umkehrung wird indirekt geführt, indem man zeigt, daß die Punkte einer so bestimmten Curve nicht anderswo liegen können, als auf der Peripherie des Kreises, der die gegebene begrenzte Linie zum Durchmesser hat.

Ist nun ein schiefer Cylinder AD (Fig. 62.) gegeben, in welchem die Geraden AB und CD die Durchmesser der Grundkreise und zugleich die Durchschnittslinien desjenigen Axenschnitts sind, der die Grundkreisflächen senkrecht durchschneidet und deshalb senkrechter Axenschnitt genannt wird, so bildet das Parallelogramm ACDB diesen senkrechten Axenschnitt. Steht nun auf diesem auch die Ebene des Schnittes ELFM senkrecht und ist Winkel CEF = DBA, also auch DFE = CAB; so ist die krumme Linie ELFM ein Kreis.

Man nehme einen Punkt L auf derselben an, lege durch diesen eine Ebene parallel mit den Grundkreisen, welche ebenfalls einen Kreisschnitt mit dem Durchmesser GH bildet. Diese Ebene durchschneidet sich mit der Ebene der Curve ELFM in der geraden Linie LKM, welche also auch senkrecht auf dem Axenschnitte CDBA steht (XIX, 17. 4.). Es ist also auch sowohl LKG, als auch LKE ein rechter Winkel. Daher ist

$$GK : KL = KL : KH, \text{ d. h. } KL^2 = GK.KH.$$

Wegen der Aehnlichkeit der Dreiecke GKE und HKF ist aber auch

$$GK : KH = EK : KF,$$

$$\text{also auch } GK : GH = EK : EF \text{ (XI, 21.)}$$

$$\text{und } KH : GH = KF : EF \text{ (XI, 21.)}.$$

Daraus folgt durch Zusammensetzung:

$$KL^2 : GH^2 = EK.KF : EF^2$$

$$\text{oder } KL^2 : EK.KF = GH^2 : EF^2.$$

Es ist aber GH = EF; sobald Winkel CEF = FBA ist. Denn in diesem Falle läßt sich um das Viereck ABFE ein Kreis beschreiben (VIII, 28. 2.). In diesem sind EA und FB parallele Sehnen, also auch die zwischen ihnen liegenden Bogen, mithin auch die Sehnen EF und AB gleich. Es ist also in dem angenommenen Falle

$$KL^2 = EK.KF.$$

Da dies für jede Annahme des Punktes L gilt; so ist die Curve ELFM ein Kreis und EF, der Durchmesser desselben, dem Durchmesser AB des Grundkreises gleich. Ein Schnitt dieser Art wird ein Wechselschnitt oder ein antiparalleler Schnitt genannt. Letzteres, weil die Linie EF der Linie AB antiparallel ist, d. h. mit zwei Durchschnittslinien AC und BD zwar dieselben Winkel bildet wie AB, aber nicht so, daß die gleichen Winkel sich als Gegenwinkel zeigen.

5) Bei geraden Cylindern fällt der Wechselschnitt mit dem Parallelschnitt zusammen.

Es giebt also in solchen eigentlich keinen Wechselschnitt.

6) Jeder andere normale Schnitt des Cylinders, der nicht ein Parallelschnitt oder ein Wechselschnitt ist, bildet eine krumme Linie, deren Perpendikel auf dem Durchmesser überall zu der mittleren Proportionale der entstandenen Abschnitte desselben ein gleiches Verhältniß haben.

Da für den Schnitt ELFM, welcher normal genannt wird, weil er senkrecht auf dem senkrechten Axenschnitte steht, eben gezeigt worden

$$KL^2 : EK.KF = GH^2 : EF^2,$$

so ist, wenn GH nicht gleich EF ist, auch KL^2 nicht die mittlere Proportionale von EK und KF. Sei diese P; so ist

$$KL : P = GH : EF.$$

Es steht also überall das Perpendikel KL zur mittleren Proportionale der Abschnitte, P, in dem unveränderlichen Verhältniß der Linien GH und EF.

Eine solche Curve wird Ellipse genannt.

7) Die Fläche des normalen Ellipsenschnitts verhält sich zur Fläche des Grundkreises, wie der in dem senkrechten Axenschnitte liegende Durchmesser der Ellipse zum Durchmesser des Grundkreises.

Legt man noch einen Parallelschnitt durch F (Fig. 62.) und einen Ellipsenschnitt parallel mit dem schon vorhandenen durch B, dessen Fläche offenbar der des Schnitts FLEM congruent ist; so ist der Raum zwischen den Ellipsenschnitten offenbar dem Raum zwischen den Kreisschnitten in der Cylinderröhre gleich. Nennt man einen solchen Kreisschnitt k, und ist FQ das Perpendikel zwischen beiden; so ist FQ.k der Rauminhalt des Cylinders mit der Kreisgrundfläche. Ist

BR das Perpendikel zwischen beiden Ellipsenflächen; deren jede durch e bezeichnet werden kann, so ist BR.e der Rauminhalt des elliptischen Cylinders. Es ist demnach

$$FQ.k = BR.e \text{ oder}$$

$$k : e = BR : FQ.$$

Treffen die Linien EF und AB, welche nicht parallel sind, in S; so ist

$$BR : FQ = SB : SF = BA : FE,$$

also auch $k : e = BA : FE$. W. z. b. w.

Ist ferner K (Fig. 62.) die Mitte der Linie EF; so ist es auch die Mitte von GH, weil dann die Dreiecke EKG und FKH congruent sind. Dann ist KL = KG, also GH = LM. Die beiden Linien EF und LM in dem normalen Ellipsenschnitt ELFM durchschneiden sich halbirend senkrecht in K. Man nennt sie die Axen der Ellipse. Eine dieser Axen LM ist also dem Durchmesser des Grundkreises gleich, die andere davon verschieden, und bei schiefen Cylindern je nach der Lage des Schnittes bald größer bald kleiner; kleiner nämlich, wenn der Winkel der Schnittebene und der Parallelebene EKG kleiner ist als der Winkel des Wechselschnitts. Bei geraden Cylindern ist die Axe des schrägen Schnittes innerhalb des senkrechten Axenschnitts daher immer die größere Axe und der Durchmesser des Grundkreises die kleinere.

Da nun für die Fläche des Ellipsenschnitts e und für die des Grundkreises k die Proportion besteht

$$e : k = EF : AB \text{ oder}$$

$$e : k = EF : LM;$$

so ist, wenn EK die halbe größere Axe ist und durch a bezeichnet wird, während LK als halbe kleinere b heißt,

$$e : k = a : b.$$

Es ist aber $k = b^2\pi$, also ist $e = ab\pi$.

Daraus ergiebt sich der Satz.

8) Die Fläche einer Ellipse verhält sich zum Rechteck der beiden Halbaxen wie die Einheit zur Ludolph'schen Zahl.

Sind beide Halbaxen einander gleich; so ist die Ellipse ein Kreis.

Anm. 1. Es ist demnach nicht schwer, auch den Rauminhalt eines cylindrischen Körpers mit elliptischer Grundfläche zu bestimmen.

Ist a die große, b die kleine Halbaxe dieser Ellipse und h die Höhe; so ist der Rauminhalt $r = abh\pi$.

Anm. 2. Die Sätze in Nr. 5 begründen die Auflösung der Aufgabe: Punkte einer Ellipse zu finden, deren beide Halbaxen gegeben sind.

Ist nämlich a die größere Halbaxe einer Ellipse und b die kleinere; soll AB = 2a (Fig. 63.) als große Axe der Ellipse angesehen werden, deren Umfangspunkte zu bestimmen sind; so halbire man AB in C und beschreibe um C mit dem Radius AC = a einen Kreis, errichte darauf in C ein Perpendikel auf AB, dies sei CD, schneide von CD ein Stück CE = b ab; so ist zunächst E ein Ellipsenpunkt. Nimmt man nun auf CB einen beliebigen Punkt F an, und errichtet in demselben auf AB das Perpendikel FG; so läßt sich auch auf diesem Perpendikel der zum Ellipsenumfange gehörige Punkt leicht finden. Man ziehe nämlich die Gerade durch D und G, welche den verlängerten Kreisdurchmesser AB in H durchschneidet, ziehe sodann die Gerade HE; welche das Perpendikel GF in K trifft; so ist K ein Ellipsenpunkt.

Es ist nämlich DC ‡ GF, also

$$DC : GF = DH : GH = DE : GK$$
$$= EH : KH = EC : KF.$$

Es ist also $EC^2 : DC^2 = KF^2 : GF^2$.

Also auch $DC^2 : AC.CB = GF^2 : AF.FB$.

Die letzte Proportion enthält die in Nr. 5 enthaltene Eigenschaft der Ellipse.

Sieht man den Mittelpunkt C als Anfangspunkt der Abscissen an, die auf der Abscissenlinie CB abgeschnitten werden können, deren eine CF ist, und soll zu jedem Abscissenpunkte F die Ordinate FK gefunden werden; so ist die geometrische Construction für die Auffindung dieser Ordinaten in Obigem enthalten. Auch ergiebt sich, wenn x die Abscisse eines beliebigen Punktes, y die zugehörige Ordinate bezeichnet, aus dem Obigen sehr leicht die Gleichung

$$y^2 = \frac{b^2}{a^2}(a^2 - x^2)$$

nach welcher die Länge der Ordinate y bestimmt werden kann, wenn die Länge der Abscisse x bekannt ist.

Sechsundzwanzigster Abschnitt.

Von den Kegeln.

(Achter Abschnitt der Stereometrie.)

§. 1. Erklärung.

Eine krumme Fläche, welche jede gerade Linie ganz aufnimmt, die durch einen Umfangspunkt eines gegebenen Kreises und durch einen Punkt außerhalb der Ebene desselben gelegt ist, heißt Kegelfläche. Der gegebene Kreis ist der Bestimmungskreis derselben, der außerhalb des Bestimmungskreises gegebene Punkt ist der Scheitel der Kegelfläche. Die gerade Linie, welche durch den Mittelpunkt des Bestimmungskreises und durch den Scheitel geht, ist die Axenlinie der Kegelfläche.

Wenn (Fig. 64.) eine gerade Linie im Raum dergestalt an der Peripherie eines Kreises AB umhergeführt wird, daß sie zugleich immer einen bestimmten außerhalb der Ebene des Kreises gegebenen Punkt C trifft; so ist die Spur derselben im Raum eine Kegelfläche, AB ist der Bestimmungskreis, C der Scheitel und die Gerade CM, durch C und den Mittelpunkt des Bestimmungskreises M gelegt, ist die Axenlinie dieser Kegelfläche.

Eine solche Kegelfläche besteht aus zwei Theilen, die nur den Scheitelpunkt C gemein haben. Diese Theile können als Hauptfläche und Gegenfläche bezeichnet werden.

§. 2. Lehrsatz

Jeder ebene dem Bestimmungskreise parallele Durchschnitt einer Kegelfläche ist ein Kreis. Die Halbmesser zweier solcher Kreise verhalten sich wie die Abstände ihrer Mittelpunkte vom Scheitel der Kegelfläche.

Beweis.

Es sei (Fig. 65.) eine Kegelfläche mit dem Scheitel C und dem Grundkreise AB gegeben, und eine Ebene parallel mit dem Grundkreise, welche die Axenlinie MC in m durchschneidet, und mit der Kegelfläche den durch ab bezeichneten Durchschnitt bildet. Es ist zu zeigen, daß dieser ein Kreis ist.

Man nehme auf dem Durchschnitt ab einen beliebigen Punkt d an, und lege durch d und CM eine Ebene; so schneidet diese die Kegelfläche. Dies geschehe auf dem Kreise um M in D. Die Gerade DC liegt ganz in der Ebene (XIX, 1.) und ganz in der Kegelfläche (XXVI, 1.); also ist der Punkt d auf der Geraden CD. Es ist ferner dm ‡ DM. Demnach ist auch

$$CM : Cm = MD : md.$$

Nimmt man irgend einen anderen Punkt e auf dem Umfange des Durchschnitts ab an und macht dieselbe Construktion, so ist auch

$$CM : Cm = ME : me.$$

In diesen beiden Proportionen sind die ersten drei Glieder der Reihe nach genau übereinstimmend. Es müssen also auch die vierten Glieder gleich sein. Also ist $md = me$.

Wo nun aber auch der Punkt e im Umfange des Durchschnitts angenommen wird: uberall ist sein Abstand von m der Linie md gleich. Es ist also dieser Umfang ein Kreis. Was zu beweisen war.

Da dieselbe Beweisführung auch für den Kreis a'b' und $\alpha\beta$ gilt, wenn die Flächen derselben mit dem Kreise ab parallel gelegt sind; so sind d'm' und $\delta\mu$ die Radien der Kreise, welche von diesen Durchschnitten gebildet werden. Nun ist aber

$$dm : d'm' = Cm : Cm' \text{ und } \delta\mu : dm = C\mu : Cm.$$

Die Radien verhalten sich also wie die Mittelpunktsabstände der zugehörigen Kreise vom Kegelscheitel. Was zu beweisen war

Anm. 1. Wenn man vom Scheitel C aus ein Perpendikel auf die Ebenen des Bestimmungskreises fällt; so ist dies ein Perpendikel zu allen ebenen Durchschnitten, die dem Bestimmungskreise parallel sind (XIX, 22. 2.). Da Perpendikel die Abstände der Ebenen von Punkten bestimmen; so läßt sich der Satz auch so aussprechen. Die Radien der Durchschnittskreise einer Kegelfläche, welche dem Bestimmungskreise derselben parallel sind, verhalten sich wie die Abstände der Durchschnittsflächen vom Scheitel der Kegelfläche.

Anm. 2. Daß die Umfänge dieser Kreise in demselben Verhältnisse (der Abstände ihrer Mittelpunkte oder ihrer Flächen vom Scheitel) stehen und daß die Flächen derselben das doppelte (quadratische) Verhältniß haben, ist leicht einzusehen.

Anm. 3. Aus den so eben angestellten Betrachtungen geht zugleich hervor, daß jeder durch eine mit dem Bestimmungskreise parallel gelegte Ebene an der Kegelfläche begrenzter Kreis als Bestimmungskreis der Kegelfläche betrachtet werden kann.

Anm. 4. Daß eine Ebene, durch den Scheitel dem Grundkreise parallel gelegt, die Kegelfläche in keinem anderen Punkte treffen kann, ergiebt sich leicht aus der Erklärung der Kegelfläche und der Eigenschaft der Parallellinien und Parallelebenen.

§. 3. Lehrsatz

Eine Ebene, welche durch den Scheitelpunkt der Kegelfläche und einen Punkt in der Oberfläche derselben gelegt ist, berührt die Kegelfläche, wenn in ihr zugleich die Tangente des Bestimmungskreises liegt, in einer geraden Linie, sie durchschneidet die Kegelfläche in zwei geraden, wenn sie zugleich durch eine Sehne des Bestimmungskreises geht.

Beweis

Es sei (Fig. 66.) eine Kegelfläche mit dem Scheitel A und der Axe AM gegeben: durch eine Seitenlinie AB und die Tangente des Grundkreises in B, durch DE, sei eine Ebene EF gelegt. Diese Ebene hat nur die Seitenlinie AB mit der Kegelfläche gemein und liegt sonst in allen ihren Punkten außerhalb derselben.

Da nämlich die Gerade AB ganz in der Kegelfläche (§. 1.) und ganz in der Ebene liegt; so haben die Ebene EF und die Kegelfläche diese Linie gemein.

Daß jeder nicht auf dieser Linie befindliche Punkt der Ebene, z. B. G, außerhalb der Kegelfläche liegt, ergiebt sich folgendermaßen.

Man ziehe von G in der Ebene EF eine Parallele mit BE, welche AB in N trifft, und von N eine Parallele mit BM, welche die Axenlinie AM in K trifft, und ziehe die Gerade KG.

Es ist dann GN ‡ HB, KN ‡ BM, also auch die Ebene des Dreiecks KNG der Ebene des Bestimmungskreises BC parallel (XIX, 21. Zusatz.) und auch Winkel GNK = HBM (XIX, 15.), also GNK = R. Die Ebene des Dreiecks GNK bildet also einen Kreis in der Kegelfläche, (§. 2.), für welchen KN ein Radius, also GN eine Tangente ist. G liegt also in der Ebene dieses Kreises außerhalb des Umfanges, also auch außerhalb der Kegelfläche, die mit der Ebene, in welcher G liegt, nur den Umfang des Kreises um K gemein hat.

Was von dem Punkte G erwiesen ist, gilt von allen Punkten der Ebene EF, die nicht auf der Linie AB liegen. Es ist also diese Ebene eine Berührungsebene der Kegelfläche.

Ist ferner (Fig. 67.) die Kegelfläche mit der Axenlinie AM gegeben, zu welcher der Bestimmungskreis CB gehört, wird eine Ebene durch den Scheitel A und die Sehne des Bestimmungskreises BC gelegt: so liegt zunächst die Gerade AB sowohl in der Kegelfläche als auch in der Ebene. Dasselbe gilt von der Geraden AC (§. 1.). Die Ebene durchschneidet also den Kegel in den geraden Linien AB und AC.

Befindet sich nun der Punkt G zwischen den Schenkeln des Winkels BAC; so lege man durch G eine Parallelebene mit dem Grundkreise BC, welche die Axenlinie in K durchschneidet, die Linie AB in N, die Linie AC in L. Es geht also in dieser Parallelebene, durch die Kegelfläche begrenzt, ein Kreis durch N und L, der seinen Mittelpunkt in K hat. Die Linie NL ist also eine Sehne dieses Kreises. Daher liegt der Punkt G auf dieser Sehne innerhalb desselben, also liegt er auch innerhalb der Kegelfläche.

Ist aber ein Punkt G′ außerhalb des Winkelblattes BAC auf der durch A, B und C gelegten Ebene gegeben; so lege man gleichfalls durch diesen eine Ebene dem Grundkreise parallel, der die Axe in K, die Gerade AB in N und AC in L schneiden muß. Es ist dann NL Sehne eines Kreises in der Kegelfläche, und der Punkt G′ auf der Verlängerung derselben liegt außerhalb desselben, also auch außerhalb der Kegelfläche.

Dieselben Betrachtungen lassen sich auch auf denjenigen Theil der Kegelfläche anwenden, der auf der anderen Seite des Scheitels liegt, wie durch die Figur hinreichend angedeutet ist.

Anm. Es folgt hieraus, daß jeder ebene Durchschnitt der Kegelfläche, der durch den Scheitel desselben geführt ist, entweder nur eine gerade Linie oder die Schenkel zweier Vertikalwinkel bildet.

§. 4. Lehrsatz.

Jede Ebene, die durch zwei Punkte einer Kegelfläche gelegt ist, ohne den Scheitel derselben zu treffen, bildet einen krummlinigen Durchschnitt mit derselben.

Beweis.

Es sei (Fig. 68.) eine Kegelfläche mit dem Scheitel A und der Axe AM gegeben und eine Ebene PQ durch denselben gelegt, welche nicht durch den Scheitelpunkt A geht, so ist der Durchschnitt derselben mit der Kegelfläche, die Linie BCD, eine krumme Linie.

Betrachtet man zwei Punkte dieser Linie B und C, so kann die gerade Linie BC, welche ganz in der Ebene ist (XIX, 1.) nicht durch den Scheitel A gehen, weil A nicht in der Ebene ist. Zieht man also die Geraden BA und CA; so liegt jede derselben in der Kegelfläche und die Ebene hat mit der Kegelfläche weiter nichts als diese beiden Durchschnittslinien gemein. Es liegen also von der dieser Ebene angehörigen Geraden BC nur die Punkte B und C auf der Kegelfläche.

Was von den Punkten B und C gilt, ist von jeden zwei noch so nahen Punkten der Linie BCD gültig. Es kann also kein noch so kleiner Theil dieser Linie auf der Kegelfläche eine gerade Linie sein. Der Durchschnitt der Ebene mit der Kegelfläche ist also eine krumme Linie.

§. 5. Erklärung.

Ein Körper, der von einer Kegelfläche und einer dem Bestimmungskreise parallelen Ebene vollständig begrenzt ist, wird **Kegel** genannt, der Scheitelpunkt der Kegelfläche ist die **Spitze** des Kegels, der Kreis, welcher in der Ebene von der Kegelfläche begrenzt wird, ist die **Grundfläche**, und sein Umfang der **Grundkreis** des Kegels, eine gerade Linie von der Spitze des Kegels bis zum Mittelpunkte des Grundkreises ist die **Axe** des Kegels. Eine gerade Linie von der Spitze des Kegels bis zum Umfange des Grundkreises ist die **Seitenlinie** des Kegels für diesen Punkt des Grundkreisumfanges. Ein Perpendikel von der Spitze des Kegels auf die Ebene des Grundkreises gefällt, ist die **Höhe** des Kegels. Steht die Axe eines Kegels senkrecht auf der Grundfläche; so ist der Kegel ein **gerader Kegel**, in allen andern Fällen ist es ein **schiefer Kegel**. Eine Ebene durch die Axe gelegt, bildet mit der Umgrenzung des Kegels ein Dreieck, welches **Axenschnitt** genannt wird. Steht die Ebene dieses Dreiecks senkrecht auf dem **Grundkreise**, so ist es ein **senkrechter Axenschnitt**. Jeder ebene Durchschnitt des Kegels dessen Ebene senkrecht auf dem senkrechten Axenschnitt steht, heißt ein **normaler Schnitt**. Eine Pyramide, deren Seitenkanten in der Kegelfläche liegen, heißt dem Kegel **eingeschrieben** und der Kegel ist ihr **umschrieben**. Eine Pyramide, deren Seitenflächen Berührungsebenen der Kegelfläche angehören, ist dem Kegel **umschrieben** und der Kegel ist ihr **eingeschrieben**. Ein Körper, der von einem Theil einer Kegelfläche und zwei parallelen Kreisen eingeschlossen ist, heißt abgestumpfter Kegel oder Kegelstumpf. Die parallelen Kreise sind seine Grundflächen, ihr Abstand die Höhe, die Gerade zwischen den Mittelpunkten der Grundflächen die Axe desselben. Eine Gerade in der Kegelfläche zwischen zwei Punkten der Grundkreisumfänge ist eine Seitenlinie des Kegelstumpfes. Die krumme Oberfläche eines ganzen oder abgestumpften Kegels heißt Kegelmantel.

1. Zusatz.

In dem geraden Kegel sind alle Seitenlinien gleich.

2. Zusatz.

Im geraden Kegel ist jeder Axenschnitt ein senkrechter.

Anm. Aus den über das Zusammentreffen der Kegelflächen mit Ebenen erwiesenen Sätzen geht zugleich hervor.

1) Daß man eine dem Kegel eingeschriebene Pyramide erhält, wenn man in dem Grundkreise ein Sehnenvieleck construirt, und durch jede Seite desselben und die Kegelspitze eine Ebene legt.

2) Daß man zu einer Pyramide einen umschriebenen Kegel construiren kann, wenn sich um die Grundfigur derselben ein Kreis beschreiben läßt. Dieser ist dann der Grundkreis des Kegels, welcher mit der Pyramide dieselbe Spitze hat.

3) Daß man eine dem Kegel umschriebene Pyramide erhält, wenn man eine ebene Figur um den Grundkreis beschreibt, und durch jede Seite derselben und die Kegelspitze eine Ebene legt.

4) Daß man zu einer Pyramide einen eingeschriebenen Kegel construiren kann, wenn in die Grudfigur ein Kreis eingeschrieben werden kann. Dieser ist dann Grundkreis des Kegels, dessen Spitze zugleich die Spitze der Pyramide ist.

5) Daß zu regulären Pyramiden auch gerade Kegel als umschriebene und eingeschriebene gehören.

§. 6. Lehrsatz.

Jeder Kegel ist einer Pyramide gleich, die mit ihm dieselbe Grundfläche und dieselbe Höhe hat.

Beweis.

Da der Kreis als ein reguläres Polygon von unendlich vielen und unendlich kleinen Seiten betrachtet werden kann; so läßt sich auch der Kegel unmittelbar als eine Pyramide ansehen, die unendlich viele Seitenflächen hat. So betrachtet, ist der Satz nur ein besonderer Fall des Satzes über die Gleichheit der Pyramiden (XXIII, 4.).

Außerdem läßt sich auch durch Vergleichung ebenflächiger Körper dieser Lehrsatz beweisen, wenn man eine Pyramide von quadratischer Grundfläche construirt, die mit dem Kegel gleiche Grundfläche und gleiche Höhe hat und zeigt, daß aus beiden Körpern, dem Kegel und der Pyramide fortdauernd gleiche und exhaurirende Bestandtheile herausgenommen werden können (XI, 4.).

Dieser Beweis stimmt in seinem Gange ganz genau mit dem oben für die Gleichheit des Cylinders und des Prisma geführten überein, nur daß hier von Pyramiden gehandelt wird, wo dort von Prismen die Rede ist.

Ein dritter Beweis gründet sich auf die Vergleichung der dem Kegel eingeschriebenen und umschriebenen Pyramiden mit regulärer Grundfläche. Es ergiebt sich von selbst, daß die eingeschriebene Pyramide kleiner ist als der Kegel, die umschriebene größer, daß ferner bei fortdauernder Verdopplung der Seitenzahl der Unterschied der umschriebenen und eingeschriebenen Pyramide kleiner wird als jede angebbare Größe. Woraus dann leicht hervorgeht, daß kein Unterschied von angebbarer Größe zwischen einem Kegel und einer Pyramide von gleicher Grundfläche und Höhe angenommen werden kann; daß mithin beide Körper gleich sind.

Endlich läßt sich dieser Satz auch noch darthun, wenn man sich die Grundflächen des Kegels und der Pyramide als in einer Ebene liegend vorstellt; so daß ihre Spitzen in einer andern mit den Grundflächen parallelen Ebene liegen, und dann zeigt, daß alle andern dazwischen liegenden Parallelebenen gleiche Durchschnitte in beiden Körpern haben (XXIV, 6. Anm. 2.).

Wird der Kegel selbst als Pyramide betrachtet, so ist er auch als Trapezoidalkörper anzusehen, und dann fallen Kegel und Pyramide auch unter das Gesetz dieser Körper (XXIV, 2.).

Da nun der Cylinder einem Prisma von gleicher Höhe und Grundfläche, ein Kegel einer Pyramide von gleicher Höhe und Grundfläche gleich ist, das Prisma aber dreimal so groß als eine Pyramide von gleicher Grundfläche und Höhe ist; so ergiebt sich leicht

Zusatz.

Ein Kegel ist der dritte Theil eines Cylinders, der mit ihm gleiche Grundfläche und Höhe hat.

Hieraus folgt auch die Bestimmung des Rauminhaltes K für einen Kegel der die Höhe h und dessen Grundkreis den Radius r hat (XXV, 7.).

Es ist nämlich:

$$K = \frac{1}{3} r^2 h \pi.$$

§. 7. Lehrsatz.

Die krumme Oberfläche eines geraden Kegels ist einem Kreisausschnitte gleich, der zum Radius die Seitenlinie des Kegels hat und dessen gestreckter Bogen der gestreckten Peripherie des Grundkreises gleich ist.

Beweis.

Es sei (Fig. 69.) ein gerader Kegel mit der Axe AM und der Grundfläche BDC gegeben. Mit dem Radius AC sei um A ein Kreis beschrieben, in welchem der Bogen CF mit dem Umkreise DEC gleiche Länge hat. Die Fläche des Ausschnitts CAF ist der krummen Kegelfläche gleich.

Man stelle sich den Kegel als eine regelmäßige Pyramide vor, die unendlich viele und unendlich kleine Dreiecke zu Seiten hat. Jede Seite der Pyramide hat dann als unendlich kleines gleichschenkliges Dreieck einen unendlich kleinen Theil der Peripherie DEC zur Grundlinie und zu Schenkeln die Seitenlinie des Kegels.

Da der Bogen CF mit der Peripherie DEC gleich lang ist; so werden auch die Theile desselben mit den gleichvielten Theilen der Peripherie einerlei Länge haben. Denkt man sich daher den Bogen CF in eben so viele unendlich kleine Bogentheile getheilt wie die Peripherie, so werden die einzelnen Theile zwar in beiden krummen Linien unendlich klein, aber doch einzeln verglichen gleich lang sein. Stellt man sich nun auch von A aus nach allen Theilpunkten des Bogens CF Radien gezogen vor; so entstehen soviel gleichschenklige Dreiecke, als Theile in dem Bogen CF enthalten sind, und jedes hat zur Grundlinie einen Theil von CF, und zu Schenkeln die Linie AC. Da nun die Theile von CF den Theilen von DEC gleich sind; so haben die unendlich kleinen Dreiecke in der Kegelfläche und im Ausschnitt gleiche Grundlinien, und da AC überall die Länge des Schenkels dieser gleichschenkligen Dreiecke bestimmt; so haben sie auch gleiche Schenkel, sie sind also einzeln verglichen als congruent zu betrachten. Es bestehen also beide Flächen, die ebene des Ausschnitts und die krumme des Kegels aus gleich vielen congruenten Dreiecken. Beide Flächen sind also gleich. Was zu beweisen war.

Anm. 1. Daß zwei gleiche Größen, a und α, in unendlich viele unter einander gleiche Theile getheilt werden können, sieht man leicht ein. Wenn man sie zunächst halbirt, dann ist $\frac{1}{2}a = \frac{1}{2}\alpha$: wenn man die Hälften wieder halbirt, so ist $\frac{1}{4}a = \frac{1}{4}\alpha$. Setzt man diese Halbirungen fort, so kommt man auf Theile, die kleiner sind als jede angebbare Größe (XI, 3.), und doch noch einander gleich sind.

Unendlich kleine Größen dürfen nur gleich gesetzt werden; wenn sie aus gleichen Größen genau durch Theilung und Vervielfältigung auf dieselbe Weise entstanden sind.

Anm. 2. Aus dem Satze ergiebt sich leicht die Berechnung der krummen Fläche eines geraden Kegels. Da der Kreisausschnitt einem Dreiecke gleich ist, dessen Grundlinie der gestreckte Bogen, dessen Höhe der Radius ist; so ist hier die Grundlinie $2r\pi$, wenn der Radius des Grundkreises durch r bezeichnet wird, und die Höhe s, wenn s die Seite des Kegels vorstellt. Es ist also die krumme Oberfläche $f = sr\pi$.

Nennt man die Axe a, so ist $s^2 = r^2 + a^2$ also

$$f = s\pi \sqrt{r^2 + a^2}.$$

Auf diesen Ausdruck kommt man, wenn man den oben (XXIII, 7.) für die seitliche Oberfläche einer regelmäßigen Pyramide gefundenen auf den Kegel überträgt, und $u = 2r\pi$ setzt.

Anm. 3. Auf denselben Ausdruck kommt man auch, wenn man die krumme Oberfläche des geraden Kegels sich aus unendlich kleinen Dreiecken bestehend denkt, und durch alle Seiten derselben und die Axe des Kegels Ebenen gelegt annimmt; der Kegel selbst zerfällt dann in unendlich viele und unendlich kleine dreiseitige Pyramiden, die ihre gemeinsame Spitze im Mittelpunkte der Grundfläche, in M haben. Die Höhe jeder Pyramide ist dem Perpendikel MH gleich, welches von M aus auf die Seitenlinie gefällt ist. Alle Pyramiden zusammen sind daher raumgleich mit einer Pyramide, welche die Höhe MG und zur Grundfläche die Summe aller Grundflächen, d. h. die gesammte krumme Oberfläche des Kegels f hat. Es ist also

$$\frac{1}{3} f.MG = \frac{1}{3} hr^2\pi.$$

Nun ist aber

$$MG : MD = AM : AD = h : s,$$

also

$$MG = \frac{hr}{s}; \text{ daher ist}$$

$$f = rs\pi.$$

Anm. 4. Die hier angestellten Betrachtungen ergänzen sich und dienen zur richtigen Auffassung des unendlich Kleinen, deren man bei der Vergleichung des Krummen und Geraden in der Mathematik nicht entbehren kann. Eine weitläuftigere Art des Beweises für den obigen Satz ist die Vergleichung der Seiten der eingeschriebenrn und umschriebenen Pyramiden. Man zeigt, daß die seitliche Oberfläche aller eingeschriebenen kleiner ist als der Ausschnitt, die gesammte seitliche Oberfläche der umschriebenen größer als der Ausschnitt und daß bei Verdopplung der Seitenzahl die erstere größer wird, die letztere kleiner; so daß die Kegelfläche, welche auch, wie der Ausschnitt, größer als die seitliche Oberfläche der eingeschiebenen Pyramide und kleiner als die der umschriebenen ist, diesem Ausschnitte gleich sein muß.

Anm. 5. Auf schiefe Kegel ist die Anwendung dieser Schlüsse nicht möglich; selbst dann nicht, wenn man die Axe derselben als durch eine senkrechte Ebene durchschnitten annimmt. Die Grundfläche wird in diesem Falle kein Kreis, und der Kegel kann auch dann nicht als eine regelmäßige Pyramide betrachtet werden.

§. 8. Lehrsatz.

Die krumme Oberfläche eines geraden Kegelstumpfes ist sowohl a) einer geraden Cylinderfläche gleich, die mit ihm gleiche Mittelfigur und gleiche Seitenlinie hat, als auch b) einer geraden Cylinderfläche, die mit ihm gleiche Axe hat und zum Radius der Grundfläche das Perpendikel auf der Mitte der Seitenlinie bis zur Axe.

Beweis.

Es sei ein gerader abgestumpfter Kegel (Fig. 70.) mit der Axe MN gegeben, in welchem der Radius der unteren Grundfläche MA, der Radius der oberen NB ist, die Mitte der Seitenlinie AB sei in C und auf MN von C ein Perpendikel CD errichtet; so soll a) die krumme Oberfläche des abgestumpften Kegels der krummen Oberfläche eines geraden Cylinders gleich sein, dessen Radius der Grundfläche CD und dessen Axe AB ist.

Man verlängere AB und MN bis sich diese Linien in E schneiden; so ist E die Spitze zweier gerader Kegel, zu denen die Axen EM und EN gehören, und deren Grundkreise die Radien MA und NB haben. Den Unterschied dieser beiden Kegel bildet der um die Axe MN gegebene abgestumpfte Kegel.

Nun errichte man in dem durch EA gehenden Axenschnitte auf EA in A ein Perpendikel AF, dessen Länge der Peripherie des Grundkreises um M gleich ist und ziehe die Gerade EF; sodann errichte man in B ein Perpendikel auf EA, welches die Linie EFin G trifft.

Dann ist $EA : EB = AF : BG$.

Es ist aber auch

$$EA : EB = 2AM\pi : 2BN\pi \text{ (XXVI, 2.)}.$$

Da in beiden Proportionen die ersten drei Glieder übereinstimmen; so ist dies auch mit dem vierten der Fall (XI, 11. Zus. 2.) und

$$BG = 2BN\pi.$$

Es ist also auch BG dem Umfange des Kreises um N gleich.

Das Dreieck EAF ist aber flächengleich mit einem Ausschnitte der EA zum Radius und AF zur Bogenlänge hat. Daher ist das Dreieck EAF der krummen Oberfläche des ganzen Kegels an der Axe EM gleich.

Eben so folgt, daß das Dreieck EBG der krummen Oberfläche des Kegels an der Axe EN gleich ist.

Der Unterschied beider Dreiecke, das Trapez AFGB ist also der krummen Oberfläche des abgestumpften Kegels an der Axe MN gleich.

Errichtet man nun in C auf AB ein Perpendikel, welches die Linie EF in H trifft, und legt durch H eine Parallele mit AB, welche die Linie AF in K und BG in L trifft; so ist das Rechteck ABLK dem Trapez AFGB gleich.

Denn, weil HC ein Perpendikel zu AB ist;

so ist $HC \ddagger AF \ddagger BG$. Daher ist

$$FH : HG = AC : CB,$$

und weil $AC = CB$, auch $FH = HG$,

Winkel $GHL = KHF$ (III, 13.), $HLG = HKF$ (V, 6.),

also $\triangle HKF \cong HLG$. Daher auch

$$BGHKA + HKF = BGHKA + HLG,$$

oder $AFGB = AKLB$.

Es ist also auch das Rechteck AKLB der krummen Oberfläche des Kegelstumpfes gleich.

Dieses Rechteck ist aber auch einer geraden Cylinderfläche gleich, deren Grundkreis die Länge AK, oder, was dasselbe ist, CH, hat, und deren Axe AB ist.

Es ist aber

$$EA : EC = AF : CH \text{ (XII, 1.)},$$

$$EA : EC = 2AM\pi : 2DC\pi \text{ (XXVI, 2.)},$$

also auch $CH = 2DC\pi$.

Also ist die Oberfläche des Kegelstumpfes einer geraden Cylinderfläche gleich, die den mit DC um D beschriebenen Kreisumfang zum Grundkreise und die Linie AB zur Axe hat. Was bewiesen werden sollte.

Verlängert man ferner das Perpendikel CP auf AB in C, bis es die Axe MN in P trifft; so soll

b) die krumme Oberfläche des Kegelstumpfes auch einer geraden Cylinderfläche gleich sein, die PC zum Radius des Grundkreises und MN zur Axe hat.

Man fälle von B auf AM das Perpendikel BO; so ist: $\triangle DCP \sim CBA$,

$$DC : CP = OB : BA = MN : BA.$$

Daher verhalten sich auch die mit den Radien DC und CP beschriebenen Kreisumfänge wie die Linien MN und BA,

$$\text{also } 2DC\pi : 2CP\pi = MN : BA,$$

$$\text{oder } CH : 2CP\pi = MN : BA.$$

Deshalb ist auch

$$\text{Rechteck } CH.BA = 2CP\pi.MN.$$

CH.BA ist aber die Oberfläche des Kegelstumpfes und 2CPπ.MN eine gerade Cylinderfläche, in welcher CP der Radius der Grundfläche und MN die Axe ist. Es ist also dadurch auch der zweite Theil des Lehrsatzes bewiesen.

Anm. Die algebraische Behandlung der Ausdrücke für den Flächeninhalt der Kegeloberflächen führt auf das obige Ergebniß durch folgende Schlüsse.

Ist α die Axe EM des größeren Kegels, α' die Axe EN des kleineren, $a = \alpha - \alpha'$ die Axe MN des Kegelstumpfes, λ die Seite EA des größeren Kegels, λ' die Seite EB des kleineren und $\lambda - \lambda' = l$ die Seite AB des Stumpfes, ϱ der Radius AM des untern, ϱ' der Radius BN des oberen Grundkreises im Kegelstumpf, r der Radius CD des Mittelkreises, p das Perpendikel CP auf der Mitte von s bis zur Axe, φ die krumme Oberfläche des größeren, φ' die des kleineren Kegels und $f = \varphi - \varphi'$ die des Stumpfes, so ist

$$f = \varphi - \varphi' = \varrho\lambda\pi - \varrho'\lambda'\pi = (\varrho\lambda - \varrho'\lambda')\pi.$$

Nun ist $\lambda : \lambda' = \varrho : \varrho'$ also $\lambda\varrho' = \lambda'\varrho$;

daher
$$\begin{aligned}\varrho\lambda - \varrho'\lambda' &= \varrho\lambda - \varrho\lambda' + \varrho'\lambda - \varrho'\lambda' \\ &= \varrho(\lambda - \lambda') + \varrho'(\lambda - \lambda') \\ &= \varrho l + \varrho' l = l(\varrho + \varrho').\end{aligned}$$

Es ist aber auch

$$\lambda : \varrho = \lambda - l : \varrho' = \lambda - \tfrac{1}{2}l : r,$$

daher auch (XI, 12.)

$$2\lambda - l : \varrho + \varrho' = \lambda - \tfrac{1}{2}l : r,$$

oder $\lambda - \frac{1}{2}l : \frac{1}{2}(\varrho + \varrho') = \lambda - \frac{1}{2}l : r.$

Daraus folgt $\frac{1}{2}(\varrho + \varrho') = r$ oder $\varrho + \varrho' = 2r.$

Demnach ist $f = 2rl\pi.$

Dies ist der Ausdruck für eine gerade Cylinderfläche, deren Radius der Grundfläche r und deren Axe l ist.

Aus der Proportion

$$\alpha : \lambda = \alpha' : \lambda' = r : p \text{ folgt}$$
$$\alpha - \alpha' : \lambda - \lambda' = r : p, \text{ oder}$$
$$a : l = r : p;$$

daher ist ap = lr und auch

$$f = 2ap\pi.$$

Dies ist der Ausdruck für eine gerade Cylinderfläche, deren Halbmesser des Grundkreises r und deren Axe a ist.

§. 9. Schlußbemerkungen zum sechsundzwanzigsten Abschnitt.

Wie bei dem Cylinder, so ist auch bei dem Kegel diejenige Schnittfigur ein Kreis, welche in einer Ebene entsteht, die, normal durch den senkrechten Axenschnitt gelegt, gleiche Winkel an den verschiedenen Seitenlinien im Axendreieck bildet.

Es sei ABC (Fig. 71.) das senkrechte Axendreieck eines Kegels, der seine Spitze in A hat und dessen Grundkreis den Durchmesser BC hat. Dieses senkrechte Axendreieck sei durch eine Ebene normal geschnitten, welche am Kegel die krummlinige Figur DHE begrenzt.

Nimmt man auf dieser krummen Linie DHE einen beliebigen Punkt H an, und legt durch denselben eine Ebene mit dem Grundkreise um BC parallel; so bildet diese in der Kegelfläche den Kreis KHL, dessen Durchmesser, KL, mit dem Durchmesser des Grundkreises, BC, parallel ist, und durchschneidet die Ebene des Schnittes DHE in einer geraden Linie HM, welche senkrecht auf der Ebene des Dreiecks ABC (XIX, 17. Zus. 4.), also auch auf KL und DE steht

Es ist daher $HM^2 = KM.ML$.

Zieht man durch D und E in der Ebene des senkrechten Axendreiecks ABC die Linien DF und GE parallel mit BC; so ist

$$KM : GE = DM : DE; \text{ und } ML : DF = EM : DE. \text{ Daher auch}$$
$$KM.ML : DM.ME = GE.DF : DE^2 \text{ oder}$$
$$MH : \sqrt{DM.ME} = \sqrt{GE.DF} : DE.$$

Es verhält sich also MH zur mittleren Proportionale von DM und ME, wie die mittlere Proportionale der Kegeldurchmesser an den Endpunkten der Schnittaxe zu dieser Schnittaxe. Da nun das zweite Verhältniß dieser Proportion unveränderlich ist; wo auch immer der Punkt H in dem Umfange des Schnitts angenommen wird; so ist dieser Schnitt, wie oben bei den Cylinderschnitten bewiesen ist, jedenfalls eine Ellipse.

Es wird dieser Schnitt aber ein Kreis sein; wenn

$$MH^2 = DM.ME, \text{ d. h. wenn } GE.DF = DE^2 \text{ ist.}$$

Dies findet aber statt; sobald der Schnitt ein sogenannter Wechselschnitt ist. Dann ist Winkel

$$FED = ABC = DGE \text{ und Winkel } FDE = DEG, \text{ also } \triangle DFE \sim DEG \text{ und}$$
$$GE : DE = DE : DF; \text{ d. h. } GE.DF = DE^2.$$

Der Wechselschnitt ist also ein Kreis. Zugleich ist bewiesen,

2) daß jeder andere normal gegen den senkrechten Axenschnitt geführte ebene Schnitt, welcher die beiden Seiten des Axendreiecks trifft, eine Ellipse bildet, deren eine Axe die von diesem Schnitte im Axendreieck begrenzte Gerade ist, deren andere Axe aber die mittlere Proportionale zwischen den beiden Durchmessern des Kegels an den Endpunkten dieser Geraden ist.

Es ist also in allen andern Fällen der Schnitt DHE eine Ellipse, deren eine Axe DE, deren andere die mittlere Proportionale zwischen DF und GE ist.

Diese mittlere Proportionale findet man leicht; wenn man zwischen AE und AF die mittlere Proportionale sucht und von dem Endpunkte derselben zwischen F und E einen Durchmesser durch den Kegel legt. Dieser Durchmesser ist dann die andere Axe der Ellipse.

Wäre z. B. AF : AL = AL : AE; so wäre auch

$$AF : AL = DF : KL \text{ und } AL : AE = KL : GE;$$
$$\text{also } DF : KL = KL : GE.$$

Daher ist in diesem Falle KL die mittlere Proportionale zwischen DF und GE.

Außer demjenigen Normalschnitt, der eine Ellipse bestimmt, giebt es bei dem Kegel noch andere, durch welche krumme Linien von anderer Gestalt entstehen.

Betrachten wir zunächst denjenigen Normalschnitt, welcher (Fig. 72.) die eine Seite im Axendreieck des Kegels AB in D und die Verlängerung der andern in E trifft; so läßt sich durch Anwendung derselben Constructionen, die auch hier durch dieselben Buchstaben angedeutet sind, zeigen, daß

$$HM^2 : DM.ME = DF.GE : ED^2.$$

Nennt man also auch hier DE die Hauptaxe des Schnitts; so verhält sich jedes Perpendikel von einem Curvenpunkt auf die Axe zu der mittleren Proportionale der Abstände des Fußpunktes dieses Perpendikels von den Endpunkten der Axe, wie die mittlere Proportionale der Kegeldurchmesser an diesen Endpunkten zu der Axe.

Nennt man eine so bestimmte Curve eine Hyperbel; so gilt der Satz:

3) Jeder normale Schnitt der eine Seite des senkrechten Axendreiecks und die Verlängerung der andern trifft, bildet eine Hyperbel.

Die Construktion der Hyperbel in der Ebene, welche diesem Satze entspricht, ergiebt sich ähnlich, wie die der Ellipse (XXV; 9. Anm. 2.).

Zunächst kann das Perpendikel HM die mittlere Proportionale der beiden Abstände seines Fußpunktes M von den Endpunkten der Axe (D und E) sein. Man beschreibe den Kreis um den Durchmesser DE (Fig. 73.) und lege von M aus eine Tangente MN an denselben; mache das Perpendikel MH der Tangente MN gleich; so ist H ein Punkt einer solchen Hyperbel.

Soll das Perpendikel nicht der mittleren Proportionale gleich werden; sondern ein bestimmtes Verhältniß zu derselben erhalten; so errichte man in dem Mittelpunkt des Kreises um ED, in O den perpendiculären Radius OP, und nehme von diesem OQ ab, welche Linie der andern Axe der Hyperbel gleich sei. Zieht man dann PH, welche die Axe in S trifft und aus Q nach S, welche Gerade das Perpendikel MH in T trifft; so ist T der gesuchte Hyperbelpunkt.

Daß dieselben Constructionen auch an der Verlängerung von DE über E hinaus und zu beiden Seiten dieser Linien stattfinden können, ist ersichtlich; woraus sich die Gestalt der Hyperbel in der Ebene vollständig erkennen läßt.

Außer der Ellipse und Hyperbel ist am Kegel noch ein dritter Schnitt möglich; welcher entsteht; wenn der normale Schnitt durch eine Seite des senkrechten Axendreiecks geht und der anderen parallel ist.

Ist DM ‡ AB (Fig. 74.), so ist, ganz wie vorhin: $MH^2 = KM.ML$: aber $ML = FD$. Macht man daher noch $FO = FD$ und zieht OP ‡ AD; dann hat man

$$FD : FP = FA : FO, \text{ d. i. } LM : FP = FA : FD,$$

aber auch, wie oben $$KM : MD : FD : FA.$$

Daraus folgt $$KM.ML : FP.MD = 1 : 1,$$

oder, was dasselbe sagt, $$HM = \sqrt{FP.DM}.$$

Die Linie HM ist also jederzeit die mittlere Proportionale zwischen DM und FP.

Man nennt eine solche Curve Parabel, deren Ordinate (MH) überall die mittlere Proportionale ist zwischen der Abscisse (MD) und einer unveränderlichen Linie (FP), welche Parameter heißt. Es geht also aus dem Bewiesenen folgender Satz hervor.

4) Jeder normale Schnitt eines Kegels, der eine Seite des senkrechten Axendreiecks durchschneidet und der andern parallel ist, bildet eine Parabel, deren Parameter das vierte Glied einer stätigen Proportion ist, die zum ersten Gliede den Abschnitt der von der Schnittebene nicht getroffenen Seite hat, welcher von der Kegelspitze bis zu dem Bestimmungskreise reicht, der durch den Anfang des Schnittes gelegt werden kann, und deren mittleres Proportionalglied der Durchmesser dieses Bestimmungskreises ist.

Die Construktion der Parabel ergiebt sich hieraus leicht.

Ist D (Fig. 75.) der Anfangspunkt und in der Verlängerung davon DQ = FP der Parameter, M der Endpunkt der Abscisse; so errichte man in D ein Perpendikel auf MQ, beschreibe über MQ einen Halbkreis, der das Perpendikel in R trifft; ziehe aus R eine Parallele mit DM, die das Ordinatenperpendikel in S trifft; so ist MS die gesuchte Ordinate für den Axenpunkt M.

Anm. Nimmt man für einen Kegelschnitt den Anfangspunkt einer Axe, D, als Anfangspunkt der Abscissen und für einen beliebigen Punkt der Curve, H, die Abscisse desselben DM = x und die Ordinate HM = y an, und benennt zunächst bei der Parabel den Parameter mit p, bei der Ellipse und Hyperbel die halbe Hauptaxe mit a, die halbe Nebenaxe mit b; so ist

1) in der Parabel $y^2 = px$,

2) in der Ellipse $y^2 : x(2a-x) = b^2 : a^2$, also $y^2 = \frac{2b^2}{a}x - \frac{b^2}{a^2}x^2$,

3) in der Hyperbel $y^2 : x(2a+x) = b^2 : a^2$, also $y^2 = \frac{2b^2}{a}x + \frac{b^2}{a^2}x^2$.

Für beide letzteren Curven kann das vierte Glied der Proportion $a : 2b = b : p$ gesucht, und p gleichfalls Parameter genannt werden. Dann ist

1) $y^2 = px$, 2) $y^2 = px - \frac{p}{2a}x^2$, 3) $y^2 = px + \frac{p}{2a}x^2$.

Die erste Gleichung enthält die Gleichstellung (παραβολή) des Quadrates der Ordinate mit dem Rechteck aus Abscisse und Parameter, die zweite einen Mangel (ἔλλειψις), die dritte einen Ueberschuß (ὑπερβολή) des Quadrates in Vergleichung mit dem Rechteck. Dies ist der Grund zu den griechischen Namen dieser Curven.

Siebenundzwanzigster Abschnitt.

Von der Kugel.

(Neunter Abschnitt der Stereometrie.)

§. 1. Erklärung.

Diejenige krumme Fläche, welche überall von einem und demselben Punkte im Raum gleichen Abstand hat, wird Kugelfläche genannt. Der Punkt, von dem die Abstände der Fläche überall gleich sind, heißt Mittelpunkt der Kugelfläche, eine Linie vom Mittelpunkt bis zur Kugelfläche ist der Halbmesser oder Radius der Kugel. Jede Linie, die zwei Punkte der Kugelfläche verbindet, ist eine Sehne derselben. Geht die Sehne durch den Mittelpunkt; so ist sie ein Durchmesser der Kugelfläche. Der Raum, den die Kugelfläche einschließt, wird Kugel genannt.

Stellt man sich vor, daß ein Halbkreis um den Durchmesser so im Raum gedreht wird, daß dieser Durchmesser eine unveränderte Lage behält; so beschreibt der Umfang des Halbkreises eine Kugelfläche.

Es ist nämlich klar, daß jede Stelle des Raumes, die einen Punkt des Halbkreisumfanges beim Umdrehen einnimmt, immer denselben Abstand von dem Mittelpunkte des Halbkreises hat (III. 3.), der auch dieselbe Stelle im Raum behält.

Wenn eine Kugel um einen ihrer Durchmesser sich drehend gedacht wird; so bewegt sie sich fortdauernd in demselben Raum. Der Durchmesser, um welchen sie sich dreht, erhält dann den Namen Axe.

Anm. Daß die Kugel nicht zwei Punkte als Mittelpunkte haben kann, erkennt man, wenn man durch beide eine Gerade legt. Hat auf dieser ein Punkt gleiche Abstände von der Oberfläche, so hat der andere ungleiche Abstände.

§. 2. Lehrsatz.

Der Durchschnitt einer Ebene und einer Kugel ist immer ein Kreis und zwar desto größer, je näher die Ebene dem Mittelpunkte ist. Eine Ebene durch den Mittelpunkt enthält den größesten Kreis, der auf der Kugelfläche möglich ist.

Beweis.

Es sei (Fig. 76.) eine Kugel mit dem Mittelpunkte M gegeben und durch diesen eine Ebene gelegt. A, B, C seien Punkte der Durchschnittslinie dieser Ebene mit der Kugelfläche. Es ist dann MA = MB = MC nach der Erklärung (§. 1). Dasselbe gilt von allen Punkten dieser Schnittlinie. Diese ist daher ein Kreis, dessen Mittelpunkt, M, mit dem Mittelpunkte der Kugel übereinstimmt, dessen Radius MA also zugleich der Radius der Kugel ist.

Die Kugel um M werde von einer zweiten Ebene durchschnitten: in der Durchschnittslinie seien die Punkte E, F und G. Man falle von M ein Perpendikel auf die Durchschnittsebene. Dieses treffe dieselbe in D. Zieht man nun die Linien ME, DE, MF, DF, MG, DG; so ist

$$ME = MF,\ MD = MD,\ \text{Winkel } MDE = MDF = R,$$

$$\text{also } \triangle\ MDE \cong MDF\ (IV, 23.),$$

$$\text{folglich auch } DE = DF.$$

Auf dieselbe Weise ergiebt sich auch DE = DG, und überhaupt die Gleichheit aller von D nach der Durchschnittslinie gezogenen Geraden. Diese Durchschnittslinie ist also ein Kreis.

Da aber DE < ME; so ist auch dieser Kreis, der in einer Ebene liegt, welche nicht durch den Mittelpunkt geht, kleiner als ein Durchschnittskreis, dessen Ebene durch den Mittelpunkt gelegt ist.

Daß eben so jede andere nicht durch den Mittelpunkt gelegte Ebene einen Kreis mit einem Halbmesser bildet, der kleiner ist als der Halbmesser der Kugel, ergiebt sich eben so. Es ist also derjenige Kreis, dessen Ebene durch den Mittelpunkt gelegt ist, der größeste in der Kugelfläche.

Ist aber außer der durch D gelegten Ebene in der Kugel um M noch eine zweite durch H gelegt, und HM, das Perpendikel auf dieser Ebene vom Mittelpunkte aus, kleiner als das Perpendikel DM, also die Ebene durch H näher an dem Mittelpunkte als die Ebene durch D; so ist, wenn HK ein Radius des Kreises in der dem Mittelpunkte nähern Ebene ist,

$$KH^2 = KM^2 - HM^2 \text{ und } DE^2 = ME^2 - MD^2\ (VI, 23.).$$

Weil nun $KM = ME$, aber $HM < MD$;
so ist auch $KM^2 = ME^2$, aber $HM^2 < MD^2$;
folglich $KH^2 > DE^2$ (I, 10), also auch $KH > DE$.

Es ist also derjenige Kreis in der Kugelfläche größer, dessen Mittelpunkt dem Mittelpunkt der Kugel näher ist.

Es lassen sich ohne Schwierigkeit die Beweise für folgende Zusätze auffinden.

1. Zusatz.

Die gerade Linie, welche den Mittelpunkt der Kugel mit dem Mittelpunkt eines kleineren Durchschnittskreises verbindet, steht senkrecht auf der Ebene dieses Kreises.

2. Zusatz.

Ein Perpendikel, im Mittelpunkt eines Durchschnittskreises der Kugelfläche auf der Ebene desselben errichtet, geht durch den Mittelpunkt der Kugel.

3. Zusatz.

Eine Linie, vom Mittelpunkt einer Kugel perpendiculär auf die Ebene eines Durchschnittskreises gefällt, trifft den Mittelpunkt dieses Kreises.

4. Zusatz.

Eine gerade Linie, welche im Mittelpunkte eines Durchschnittskreises errichtet ist, trifft die Mittelpunkte aller Kreise, deren Ebenen seiner Ebene parallel sind.

Anm. Man pflegt an der Kugel solche Kreise, deren Ebenen parallel sind, Parallelkreise zu nennen, und den Durchmesser, der durch ihre Mittelpunkte geht, als Axe derselben, zugleich die Endpunkte dieser Axe als Pole zu bezeichnen.

§. 3. Aufgabe.

Den Mittelpunkt einer gegebenen Kugel zu finden.

Auflösung.

Man lege durch irgend einen Punkt innerhalb der Kugel eine Ebene von beliebiger Lage, suche den Mittelpunkt des dazu gehörigen Durchschnittskreises in der Kugel, errichte in demselben ein Perpendikel auf der Ebene, verlängere dieses zu beiden Seiten bis es die Kugel trifft, und halbire den durch die Kugeloberfläche in diesen Punkten begrenzten Theil dieses verlängerten Perpendikels. Der Halbirungspunkt ist dann der Mittelpunkt der Kugel.

Beweis.

Da das auf der Ebene des Durchschnittskreises im Mittelpunkte desselben errichtete Perpendikel durch den Mittelpunkt der Kugel geht; so bildet es innerhalb der Kugel einen Durchmesser, der im Mittelpunkte halbirt ist.

§. 4. Aufgabe.

Durch vier Punkte des Raumes, die nicht in derselben Ebene liegen, eine Kugelfläche zu legen.

Auflösung.

Es seien (Fig. 77.) die vier Punkte A, B, C, D nicht in derselben Ebene gegeben; so läßt sich durch A, B, C eine Ebene, durch A, B, D eine zweite Ebene legen (XIX, 2.). Beide durchschneiden sich in der Geraden AB. Man lege nun durch die Punkte A, B und C einen Kreis mit dem Mittelpunkt E, eben so durch die Punkte A, B und D einen Kreis mit dem Mittelpunkt F, und errichte in E ein Perpendikel auf der Ebene ABC, in F ein Perpendikel auf der Ebene ABD. Nun läßt sich leicht zeigen, daß beide Perpendikel sich treffen müssen.

Fällt man nämlich ein Perpendikel von E auf AB; so trifft es in die Mitte der Sehne AB, d. i. den Punkt H (VIII, 7.), denselben Punkt trifft auch ein von F auf AB gefälltes Perpendikel. Es ist also EHF der Neigungswinkel für die Ebene beider Kreise mit der gemeinschaftlichen Sehne AB. Die Ebene FHE steht also winkelrecht auf jeder der beiden Ebenen. Es muß daher das Perpendikel in E so wie das Perpendikel in F eine Linie dieser Ebene FHE sein. Diese Perpendikel können aber nicht parallel sein, da sie zu den Schenkeln eines Winkels (FHE) senkrecht sind. Sie müssen sich daher treffen. Dies geschehe in G; so ist G der Mittelpunkt einer Kugel, in deren Oberfläche die gegebenen Punkte A, B, C, D liegen.

Zum Beweise ziehe man die Geraden AE, BE, CE, AG, BG, CG;
so ist AE = EC, EG = EG, Winkel AEG = BEG = R.
Daher ist Dreieck GEC ≅ GEA, also GC = GA.
In derselben Weise wird gezeigt, daß GB = GA.

Wenn man dann dieselben Construktionen bei dem Kreise um F vornimmt; so ergiebt sich in gleicher Weise GA = GD. Es haben also die Punkte A, B, C, D denselben Abstand von G. Dieser Punkt G ist daher Mittelpunkt einer Kugel, in deren Oberfläche sich die Punkte A, B, C, D befinden.

In ähnlicher Weise werden sich die Construktionen anderer Aufgaben leicht durchführen lassen, von denen hier nur folgende erwähnt werden soll.

Aufgabe. Eine Kugel von gegebenem Radius zu construiren, deren Oberfläche durch drei gegebene Punkte geht, die nicht in gerader Linie liegen.

§. 5. Zusätze.

a) Jede zwei größesten Kreise einer Kugel durchschneiden und halbiren sich in den Durchschnittspunkten.

b) Ein kleinerer Kreis wird von einem größesten halbirt; wenn die Ebenen beider sich winkelrecht durchschneiden.

c) Zwei kleinere Kreise, die sich durchschneiden, können nicht beide zugleich halbirt werden.

d) Wird einer von zwei kleineren Kreisen halbirt; so ist der halbirte weiter vom Mittelpunkte der Kugel entfernt als der andere.

e) Wenn durch zwei Punkte auf der Oberfläche einer Kugel ein Bogen eines größesten Kreises gelegt ist, der kleiner ist als der Halbkreis; so ist er auch kleiner als jeder Bogen eines kleineren Kreises zwischen denselben Punkten.

f) Von zwei Bogen kleinerer Kreise zwischen zwei Punkten der Kugeloberfläche ist derjenige kleiner, welcher dem Bogen des größesten Kreises zwischen diesen Punkten am nächsten ist.

a) Da die Ebenen aller größesten Kreise durch den Mittelpunkt der Kugel gehen, so schneiden sich die Ebenen jeder zwei größesten Kreise in einer geraden Linie (XIX, 5.), welche durch den Mittelpunkt geht. Die Durchschnittslinie dieser Ebenen ist also ein Durchmesser der Kugel und zugleich ein Durchmesser jeder der beiden Kreise. Diese werden also in den Durchschnittspunkten halbirt.

b) Wenn die Ebene eines kleineren Kreises von der eines größeren senkrecht durchschnitten wird; so ist die Durchschnittslinie eine Sehne des größesten Kreises, welche auf demjenigen Durchmesser desselben senkrecht steht, der durch den Mittelpunkt des kleineren Kreises geht. Diese Durchschnittslinie ist also ein Durchmesser des kleineren Kreises, und mithin dieser durch den größeren halbirt.

c) Wenn ein kleinerer Kreis durch einen andern halbirt wird; so geht die Durchschnittslinie beider Kreisflächen durch den Mittelpunkt des halbirten Kreises. Eine Gerade zwischen diesem und dem Kugelmittelpunkte steht also senkrecht auf der Ebene des halbirten Kreises, kann daher nicht zugleich senkrecht auf der Ebene des andern Kreises stehen, mithin kann der Mittelpunkt desselben nicht auf dieser Durchschnittslinie liegen. Der andere Kreis wird also nicht halbirt.

d) Da also das Perpendikel vom Kugelmittelpunkte auf die Fläche des halbirenden kleineren Kreises kürzer ist als die Gerade zwischen den Mittelpunkten des halbirten kleineren Kreises und der Kugel; so ist die Fläche des halbirenden Kreises dem Mittelpunkte näher als die Fläche des halbirten.

e) Wenn sich ein größerer und ein kleinerer Kreis treffen; so ist die Gerade zwischen den Treffungspunkten eine gemeinschaftliche Sehne des größesten Kreises und des kleineren. Legt man beide Kreise in dieselbe Ebene; so hat der Abschnitt des kleineren Kreises einen größeren Pfeil (d. h. Perpendikel auf der Mitte der Sehne zwischen Bogen und Sehne). Es läßt sich aber geometrisch leicht nachweisen, daß von zwei Abschnitten über derselben Sehne derjenige den längeren Bogen hat, dessen Pfeil der längere ist. Man kann nämlich jederzeit um den Bogen des größeren Kreises einen regulären Polygonumfangstheil construiren, der kleiner ist als ein Sehnenumfang innerhalb des Bogens der zum kleineren Kreise gehört. Da nun der umschriebene Tangentenumfang größer als der zugehörige Bogen, der eingeschriebene Sehnenumfang kleiner als der zugehörige Bogen ist; so ist noch weit mehr der den Sehnenumfang umschließende Bogen größer als der vom Tangentenumfange umschlossene.

f) Wenn durch die Durchschnittspunkte zweier kleinerer Kreise ein größester Kreis gelegt ist, und man betrachtet denjenigen Theil dieses Kreises, der kleiner als der Halbkreis ist; so läßt sich leicht zeigen, daß von den beiden Abschnitten, welche in den kleineren Kreisen entstehen, derjenige den größeren Pfeil hat, der von dem Bogen des größeren Kreises weiter abliegt, woraus sich ergiebt, daß bei ihm auch der Abschnittsbogen größer ist.

§. 6. Lehrsatz.

Eine Ebene, welche winkelrecht durch den äußeren Endpunkt einer Kugel gelegt wird, hat mit der Kugel nur diesen Punkt gemein und liegt sonst ganz außerhalb derselben. Eine solche Ebene ist demnach eine Tangirungsebene der Kugel.

Beweis.

Es ist leicht zu zeigen, daß der Punkt in der Kugeloberfläche, durch welchen die Ebene gelegt ist, dem Kugelmittelpunkte näher ist als jeder andere Punkt auf dieser Ebene, daß also jeder andere Punkt der letzteren außerhalb der Kugel liegt, weil der Abstand desselben als Hypotenuse größer als der Radius (als Kathete) ist.

Eben so leicht ergeben sich auch folgende Zusätze:

1. Zusatz.

Durch einen Punkt einer Kugelfläche läßt sich nur eine Berührungsebene legen

2. Zusatz.

Ein Perpendikel in dem Berührungspunkte einer Kugel und einer Ebene errichtet, geht durch den Mittelpunkt der Kugel.

3. Zusatz.

Die Gerade, welche durch den Mittelpunkt einer Kugel und durch den Berührungspunkt derselben mit einer Ebene gelegt ist, steht senkrecht auf der letzteren.

§. 7. Aufgabe.

Durch eine gerade Linie außerhalb einer Kugel eine Ebene zu legen, welche dieselbe berührt.

Auflösung.

Es sei (Fig. 78.) die Gerade AB außerhalb der Kugel um C gegeben. Man soll durch AB eine Ebene legen, welche die Kugel berührt. Man lege durch C eine Ebene, welche AB senkrecht schneidet (XIX, 9. 2.). Der Durchschnitt dieser Ebene mit der durch AB und C gelegten (XIX, 3.) sei CD. In der senkrecht durch AB gelegten Ebene beschreibe man um DC als Durchmesser einen Kreis, der die Kugeloberfläche in E und F trifft. Legt man nun durch AB und einen dieser Treffungspunkte, z. B. durch E, eine Ebene AG; so ist diese eine Berührungsebene an der Kugel und E der Berührungspunkt.

Beweis.

Zieht man noch die Geraden CE und ED, so liegen diese in der Ebene, welche die Linie AB senkrecht durchschneidet, welche also auf jeder durch AB gelegten Ebene winkelrecht steht (XIX, 17. 1.). Es steht also die Ebene des Dreiecks CED winkelrecht auf der Ebene AG, und CE winkelrecht auf der Durchschnittslinie DE; also ist CE ein Perpendikel der Ebene AG (XIX, 17. 1.); folglich auch AG eine Berührungsebene der Kugel.

Daß auch die durch AB und den Punkt F gelegte Ebene eine Berührungsebene der Kugel ist, ergiebt sich eben so.

Es schließen sich hier an

1. Zusatz.

Durch eine Gerade außerhalb einer Kugel können zwei Berührungsebenen derselben gelegt werden.

2. Zusatz.

Der Winkel, den zwei Berührungsebenen einschließen, ist das Supplement des Winkels der zu den beiden Berührungspunkten gehörigen Radien.

§. 8. Lehrsatz.

Eine gerade Cylinderfläche, deren Grundkreis ein größter Kreis einer Kugel ist, berührt die Kugel in allen Punkten dieses Kreises und hat mit derselben keinen andern Punkt gemein.

Beweis.

Ist DEB (Fig. 79.) ein größester Kreis der Kugel um C und zugleich Bestimmungskreis einer geraden Cylinderfläche MN; so soll diese mit der Kugelfläche keinen Punkt außer der Peripherie dieses Kreises gemein haben. Man nehme auf der Cylinderfläche den Punkt F an, der nicht auf diesem Bestimmungskreise liegt, und lege durch F die Seitenlinie des Cylinders, FE, die den Bestimmungskreis in E trifft, ziehe CE und CF; so ist CEF ein rechter Winkel, weil die Cylinderfläche eine gerade ist (XXV, 3.), daher CF $>$ CE. Da aber CE der Radius der Kugel ist; so liegt F außerhalb der Kugel. Dasselbe läßt sich eben so von jedem Punkte beweisen, der in der Cylinderfläche nicht auf dem größesten Kreise DBC liegt.

1. Zusatz.

Die Fläche eines schiefen Cylinders kann die Kugel nicht berühren.

Wäre der Cylinder (Fig. 79.) ein schiefer mit dem Bestimmungskreise DEB; so fände man nothwendiger Weise eine Stelle, wo die Seitenlinie des Cylinders mit dem Radius der Kugel einen spitzen Winkel einschließt. Wäre CF eine solche Seitenlinie, zu dem Radius EC gehörig; so könnte von C ein Perpendikel auf dieselbe gefällt werden. Wäre dieses die Linie CF; so wäre CF $<$ CD. Es läge also F innerhalb der Kugel.

2. Zusatz.

Durch einen Punkt in der Oberfläche einer Kugel lassen sich unzählig viele Berührungscylinder legen.

Man kann nämlich unzählig viele größeste Kreise der Kugel durch einen Punkt legen und jeden zum Bestimmungskreise einer geraden Cylinderfläche wählen.

3. Zusatz.

Durch einen Punkt außerhalb einer Kugel lassen sich gleichfalls unzählig viele Berührungscylinder legen.

Man kann nämlich durch einen solchen Punkt und den Mittelpunkt der Kugel unzählig viele Ebenen legen, in jeder derselben eine Tangente an den in ihr befindlichen größten Kreis der Kugel ziehen und diese zur Seitenlinie der zu construirenden Cylinderfläche machen, deren Bestimmungskreis derjenige größeste Kreis der Kugel ist, dessen Ebene durch den Berührungspunkt der Tangente gelegt, dieselbe Tangente senkrecht durchschneidet.

§. 9. Aufgabe.

Durch einen Punkt außerhalb einer Kugel eine gerade Kegelfläche zu legen, welche diesen Punkt zum Scheitelpunkt hat und die Kugel nur in einer einzigen Kreislinie berührt.

Auflösung.

Es sei (Fig. 80.) außerhalb der Kugel um C der Punkt A gegeben, durch welchen eine diese Kugel berührende Kegelfläche gelegt werden soll, die A zum Scheitel hat. Man lege durch A und C eine beliebige Ebene, in welcher ein größester Kreis der Kugel entstehen wird. An diesen ziehe man von A aus die Tangente AB, und lege durch B eine Ebene, welche die Linie AC senkrecht in E durchschneidet, diese Ebene bildet mit der Kugel einen Kreis, der E zum Mittelpunkte hat (XXVII, 2. 3.) und zugleich der Bestimmungskreis einer geraden Kegelfläche ist, die ihre Spitze in A hat. Zieht man beliebige Radien des Kreises um E, z. B. ED, EF, und von A nach den äußeren Endpunkten derselben die geraden Linien AD, AF u. s. w., so erkennt man leicht, daß dies Seitenlinien eines geraden Kegels sind, der AE zur Axe hat. Zieht man dann vom Mittelpunkte der Kugel C nach einem Punkte des Grundkreises für den Kegel, z. B. nach D; so ist CDA = R. Wenn daher ein anderer Punkt der Linie AD, z. B. G mit C, durch eine Gerade verbunden wird; so ist CG > CD. Es liegt also G außerhalb der Kugel. Dies läßt sich eben so bei jeder Seitenlinie erweisen, so daß also der Kreis BFD die einzige Linie ist, welche Kegel und Kugel gemein haben.

Eben so leicht löst sich die

Aufgabe.

Durch einen kleineren Kreis einer Kugel eine gerade Kegelfläche zu legen, welche die Kugel berührt.

Man wird den Mittelpunkt E des gegebenen kleineren Kreises (Fig. 80.) mit dem Mittelpunkt der Kugel C verbinden, durch CE eine Ebene legen, welche in der Kugel einen größesten Kreis bestimmt, durch einen Durchschnittspunkt dieses größesten Kreises mit dem gegebenen kleineren Kreise, z. B. durch D, wird man eine Tangente an den größesten Kreis legen, welche die verlängerte Gerade CE in A trifft. A ist dann die Spitze des gesuchten Kegels, wie leicht zu erweisen.

Daß Kugeln nur von geraden Kegelflächen berührt werden können, folgt eben so leicht. Wäre nämlich über dem kleineren Kreise der Kugel BFD (Fig. 80.) ein schiefer Kegel und dessen Spitze A; so wären in den meisten Axendreiecken die Seiten AB, AD ungleich, könnten also nicht Tangenten des größesten Kreises sein, der durch B und D geht (VIII, 22. Zus.).

Daß durch einen Kreis auf der Kugel nur ein Berührungskegel gelegt werden kann, eben so auch nur einer durch einen Punkt außerhalb der Kugel, wenn dieser zugleich Scheitelpunkt der Kefläche werden soll, ist leicht zu erkennen.

Wenn der außerhalb einer Kugel gegebene Punkt nicht der Scheitelpunkt des Kegels werden soll; so lassen sich unzählig viele Kegelflächen durch ihn legen, welche die Kugel berühren.

Wäre K (Fig. 80.) ein solcher Punkt, durch ihn und C eine Ebene gelegt, und die Tangente KD gezogen; so kann jeder Punkt auf KD, wie der Punkt A, als Spitze einer Kegelfläche angesehen werden, welche die Kugel berührt.

§. 10. Lehrsatz.

Wenn zwei gerade Linien sich in irgend einem Punkte des Raumes schneiden und zugleich eine Kugelfläche treffen; so haben die Rechtecke zwischen den Abschnitten jeder Linie, vom Durchschnittspunkte bis zur Kugelfläche gerechnet; gleiche Größe. Berührt eine der Linien die Kugel; so ist das Quadrat dieser Tangente, vom Durchschnittspunkte aus bis zum Berührungspunkt gerechnet, dem Rechtecke unter den Abschnitten der andern gleich. Berühren beide die Kugel; so haben sie vom Durchschnittspunkt bis zu den Berührungspunkten gleiche Länge.

Beweis.

Man lege durch beide Linien eine Ebene. Dieselbe wird in der Kugel einen Kreis bestimmen, auf den sich die Sätze von den Sekanten und Tangenten (VIII, 25. 26. 27.) anwenden lassen, aus denen dann die Richtigkeit des Lehrsatzes folgt.

Anm. Wenn eine Ebene eine Kugel berührt; so sind alle geraden Linien, welche durch den Berührungspunkt gehen und in der Ebene liegen, auch Tangenten der Kugel, und es giebt an demselben Kugelpunkte nicht andere Tangenten. Wenn ein Cylinder oder ein Kegel eine Kugel berührt, so giebt es in jedem Punkte des Berührungskreises nur eine Tangente innerhalb dieser Fläche, nämlich die zu diesem Punkte gehörige Seitenlinie der Cylinderfläche oder Kegelfläche.

§. 11. Lehrsatz.

Zwei Kugeln, deren Oberflächen durch einen Punkt gehen, der mit den beiden Mittelpunkten auf derselben geraden Linie liegt, berühren sich in diesem Punkte, d. h. ihre Oberflächen haben nichts als diesen Punkt gemein.

Der Beweis, daß in diesem Falle jeder andere Punkt der einen Kugel nicht auf der Oberfläche der anderen liegt, ergiebt sich, wenn man durch einen solchen Punkt und beide Mittelpunkte der Kugeln eine Ebene legt, in welcher dann auch der gemeinschaftliche Punkt beider Kugeln liegt. Diese Ebene bildet einen größesten Kreis in jeder Kugel. Beide Kreise berühren sich in dem gemeinschaftlichen Punkte beider Kugeln, haben also keinen anderen Punkt gemein; daher auch nicht die Kugelflächen, in denen sie liegen.

Anm. Zwei Kugeln werden sich von außen berühren; wenn ihre Mittelpunkte zu verschiedenen Seiten des Berührungspunktes liegen: von innen, wenn sie auf derselben Seite liegen.

§. 12. Lehrsatz.

Kegel, Halbkugel und Cylinder auf gleichem Grundkreise und von gleicher Höhe verhalten sich dem Rauminhalte nach wie die Zahlen Eins, Zwei, Drei.

Beweis.

Es sei ein Quadrat ABCD (Fig. 81.) gegeben. Durch dasselbe sei der Quadrant AB und die Diagonale CD gelegt. Man stelle sich vor, daß dies Quadrat um die Seite BC, als Axe, gedreht werde; so entsteht

1) ein gerader Cylinder als Raumspur des Quadrates, der AC als Radius der Grundfläche hat, dessen Höhe und Axe CB ist;

2) eine Halbkugel als Raumspur des Quadranten, deren Radius AC ist;

3) ein gerader Kegel als Raumspur des Dreiecks DBC, der BD zum Radius der Grundfläche hat, dessen Höhe BC ist.

Der Kugelradius, welcher der Quadratseite gleich ist, bildet also sowohl den Radius der Grundfläche als auch die Höhe für jeden dieser drei Körper.

Es ist nun zu zeigen, daß die Halbkugel doppelt so groß wie der Kegel und daß der Cylinder das Dreifache desselben ist. Das Letztere folgt aber unmittelbar, weil Cylinder und Kegel dieselbe Grundfläche, den Kreis mit dem Radius BD, und dieselbe Höhe BC haben (XXVI, 6. Z.). Es bleibt also nur noch zu zeigen, daß die Halbkugel das Doppelte des Kegels ist.

Wenn der Kegel aus dem Cylinder herausgeschnitten wird; so bleibt ein Reststück, dessen Grundfläche auch der Kreis um AC ist, das auch die Höhe DB hat, sich aber oben abgeschärft in der Peripherie des Kreises um B endigt. Es ist dies derjenige Körper, der die Raumspur für das Dreieck DCA bildet; wenn das Quadrat um BC gedreht wird. Diesem Reststücke soll die Halbkugel gleich sein.

Man lege, um dies zu zeigen, durch einen beliebigen Punkt der Axe CB, z. B. durch E, eine Ebene den Grundflächen dieser Körper parallel. Diese wird in jedem der drei Körper einen Durchschnittskreis bilden, nämlich im Cylinder einen Kreis mit dem Radius EH, in der Halbkugel einen Kreis mit dem Radius EG, in dem Kegel einen Kreis mit dem Radius EF; also in dem Reststück eine Ringfläche, deren beide Radien EH und EF sind. Diese Ringfläche ist dem Kreise in der Kugel, der den Radius EG hat, flächengleich.

Nennen wir nämlich das Ringstück R, den Kreis K, und ziehen noch den Kugelradius GC; so ist

$$R = EH^2\pi - EF^2\pi = (EH^2 - EF^2)\pi \text{ und } K = EG^2\pi.$$

Da aber $CB = BD$ und $EF \ddagger DB$, also auch

$DB : EF = BC : EC$ (XII, 1.) d. i. $DB : BC = FE : EC$ (XI, 20.);

so ist auch $FE = EC$ und $FE^2 = EC^2$ (weil $DB = BC$).

Nun ist $EH = CA = CG$; also $EH^2 = CG^2$;

folglich ist $EH^2 - EF^2 = CG^2 - EC^2 = GE^2$;

daher auch $(EH^2 - EF^2)\pi = GE^2\pi$, oder $R = K$.

Was aber für den Parallelburchschnitt in E gilt, läßt sich für jeden mit den Grundkreisen der drei Körper parallel geführten ebenen Schnitt beweisen. Der Restkörper ist daher der Halbkugel gleich (XXIV, 6. Z.).

Da aber der Restkörper das Doppelte des Kegels ist; so ist auch die Halbkugel doppelt so groß wie der Kegel, d. h. sie enthält zwei Drittheile des Cylinders, der den Radius der Kugel zum Radius der Grundfläche und zur Höhe hat.

Nennt man daher den Kugelradius r, so ist

1) der Rauminhalt der Halbkugel $\frac{2}{3}r^2\pi$,

2) der Rauminhalt der Kugel $\frac{4}{3}r^2\pi$.

Anm. Was hier einfach durch Anwendung des Cavalerischen Satzes (XXIV, 6. Z.) gezeigt ist, läßt sich auch durch umständlichere Betrachtung zeigen.

Denkt man sich nämlich den Radius BC, die gemeinsame Höhe der betrachteten Körper, in eine beliebige Anzahl (z. B. in n) gleicher Theile getheilt, durch jeden Theilpunkt eine Ebene parallel mit der Grundfläche gelegt, und zwischen je zwei dieser Ebenen gerade Cylinder construirt, welche zu Grundflächen haben:

1) den Schnitt der untern Parallelebene in der Kugel und 2) im Kegel;

3) den Schnitt der oberen Parallelebene in der Kugel und 4) im Kegel;

so entstehen dadurch in der Halbkugel hervorragende und hineinragende Cylinder. Eben so entstehen dadurch in dem Reststücke des Cylinders und Kegels hervorragende Cylinderringe (d. i. diejenigen, welche in den Kegelraum hineinragen), und hineinragende (d. i. solche, die bei dem Kegel hervorragen).

Dann läßt sich zeigen, daß zwischen jeden zwei Parallelebenen

1) der hervorragende Cylinder der Halbkugel dem hervorragenden Ringcylinder des Reststückes,

2) der hineinragende Cylinder der Halbkugel dem hineinragenden Ringcylinder des Reststückes raumgleich ist.

Daher ist die Vereinigung aller hervorragenden Cylinder, d. i. der hervorragende Cylindersatz der Halbkugel, raumgleich mit dem hervorragenden Cylindersatze des Restkörpers.

Eben so ist der hineinragende Cylindersatz der Halbkugel raumgleich mit dem hineinragenden Ringcylindersatz des Reststücks.

Je größer die Anzahl der Theile (d. i. die Zahl n) wird, desto geringer wird der Unterschied des hervorragenden und hineinragenden Cylindersatzes bei jedem Körper.

Es läßt sich nämlich leicht zeigen, daß dieser Unterschied dem untersten hervorragenden Cylinder in beiden Körpern gleich ist, dessen Raumgröße der nte Theil des ganzen Cylinders ist.

Nun ergiebt sich ferner, daß die Halbkugel M nicht größer und nicht kleiner sein kann, als das Reststück N.

Es ist nämlich M kleiner als der hervorragende Cylindersatz P, und größer als der hineinragende Cylindersatz Q.

Ebenso ist N größer als Q und kleiner als P.

Wäre nun M größer als N um die Differenz $\triangle$; so läßt sich n so groß annehmen, daß $P - Q$, welcher der nte Theil des Cylinders ist, kleiner als $\triangle$ wird. Dann ist:

$$P - Q < \triangle, \text{ also gewiß auch } M - Q < \triangle;$$

$$\text{also } M - Q < M - N, \text{ d. h. } Q > N, \text{ was unmöglich ist.}$$

In gleicher Weise ergiebt sich, daß M nicht kleiner als N sein kann. Es ist also $M = N$. Was zu beweisen war.

Anm. 2. Die Berechnung des Rauminhaltes der Halbkugel läßt sich auch ähnlich, wie die der Pyramide (XXIII, 8. 3.) durchführen, indem man den Rauminhalt des hineinragenden (Q) oder hervorragenden (P) Cylindersatzes berechnet.

Es ist leicht einzusehen, daß

$$P = \frac{r}{n^3} r^2\pi (1 + 2^2 + 3^2 + \ldots n^2) = \frac{r^3}{n^3}\pi . \frac{n(n+1)(2n+1)}{6}$$

$$Q = P - \frac{r^3}{n}\pi \text{ ist.}$$

Setzt man $n = \infty$; so wird

$$P = Q = \tfrac{2}{3} r^3 \pi, \text{ wie oben.}$$

§. 13. Lehrsatz.

Die ganze Kugel und jeder Kugelstumpf zwischen Parallelebenen kann in Bezug auf den Rauminhalt als Trapezoidalkörper behandelt werden.

Beweis.

Die Kugel um C (Fig. 82.) werde an den Endpunkten des Durchmessers AB von den Parallelebenen mn und op berührt. Man nehme in der Ebene op, in welcher der Berührungspunkt A liegt, einen Punkt D an, ziehe die beliebige Linie DE und gebe ihr die Länge der Seite eines Quadrates, das mit dem größesten Kreise der Kugel flächengleich ist; so daß also $DE^2 = AC^2\pi$ wird. Ueber D hinaus verlängere man die Linie ED bis F; so daß DF = DE wird, und errichte auf EF in der Ebene op das Perpendikel DH, und auf der Ebene op das Perpendikel DG, welches die Ebene mn in G trifft. Durch G lege man eine Linie parallel mit HD, welche ganz in der Ebene mn liegt, und schneide auf derselben nach beiden Seiten hin die gleichen Stücke GK und GL ab, so daß jedes gleich mit DE wird. Sodann lege man Ebenen durch KL und E, durch KL und F, durch FE und K, durch FE und L, welche ein zwischen beiden Parallelebenen schwebendes Tetraëder bilden, dessen Gegenkanten die Geraden EF und KL, und dessen Seitenkanten die Geraden EK, EL, FK, FL sind.

Nun läßt sich zeigen, daß jeder ebene Schnitt, der parallel mit den Ebenen mn und op durch die Kugel und dieses Tetraëder gelegt wird, in beiden raumgleiche Durchschnittsfiguren bildet.

Betrachtet man zuerst die Mittelfiguren, deren Ebenen die geraden Linien so wie die Halbkreise zwischen den Ebenen op und mn halbiren; so ist in der Kugel der größeste Kreis um C mit dem Radius CM als Mittelschnitt vorhanden, in dem Tetraëder das Parallelogramm NOPQ, von welchem sich leicht zeigen läßt, daß es ein Quadrat und jenem größesten Kreise flächengleich ist.

Da nämlich NO ‡ FE und $NK = \frac{1}{2} FK$ ist; so ist auch $NO = \frac{1}{2} FE$, also NO = DE.

In derselben Weise folgt, daß auch QP = DE ist, daß OP = GK = DE, und daß NQ = GK = DE ist.

Das Parallelogramm ist also gleichseitig.

Da aber QP ‡ FE, und OP ‡ KL ‡ HD ist; so ist auch Winkel OPQ = FDH = R (XIX, 15.).

Die Figur ist also auch rechtwinklig; also ist sie ein Quadrat.

Da die Seite dieses Quadrates NO = DE ist; so ist auch $NN^2 = DE^2 = AC^2\pi = CM^2\pi$.

Die Mittelschnitte beider Figuren sind also gleich.

Der Mittelschnitt des Tetraëders trifft das Perpendikel zwischen beiden Ebenen in R; der Mittelschnitt der Kugel trifft das Perpendikel AB in C. Legt man einen anderen Parallelschnitt durch beide Körper, der etwa AB in S, DG in Y trifft. Dann ist $CS = RY$.

Der Parallelschnitt durch S und Y bildet in der Kugel einen Kreis mit dem Radius ST, im Tetraëder das Rechteck $UVWX$. Da nämlich $XW \ddagger FE$, $VW \ddagger KL \ddagger HD$; so ist Winkel $XWV = FDH = R$, und da die Figur ein Parallelogramm ist; so ist sie ein Rechteck.

Um den Flächeninhalt des Rechtecks zu bestimmen, gehen wir näher auf die Seiten ein. Es verhält sich

$$UV : NO = KV : KO = BS : BC = BC - CS : BC,$$

$$VW : OP = EV : EO = AS : AC = AC + CS : AC.$$

Da nun $BC = AC$, $NO = OP$ ist; so ergiebt die Zusammensetzung:

$$UV.VW : NO^2 = AC^2 - CS^2 : AC^2.$$

In der Kugel verhält sich aber auch.

$$ST^2\pi : CM^2\pi = CT^2 - CS^2 : CM^2 \text{ (XIII, 8. 3. Z.)}.$$

In beiden Proportionen stimmen, wie leicht erkannt wird, die drei letzten Glieder überein, also sind auch die ersten gleich. Folglich ist

$$UV.VW = ST^2\pi.$$

Die Durchschnittsfiguren beider Körper in der Parallelebene durch S und Y sind also flächengleich.

Was aber von diesen bewiesen ist, kann von jeden zwei Durchschnittsfiguren derselben Parallelebene zu mn und op eben so gezeigt werden.

Es ergiebt sich also:

1) daß die ganze Kugel dem Tetraëder gleich ist;
2) daß jeder Stumpf derselben zwischen zwei beliebigen Parallelebenen dem Stumpfe des Tetraëders zwischen denselben Parallelebenen gleich ist.

Da nun jeder Stumpf des Tetraëders zwischen Parallelebenen ein Trapezoidalkörper ist, dessen Rauminhalt nach der Form

$$R = \frac{h}{6}(4m + g + h)$$

bestimmt werden kann, und

da ferner alle Parallelschnitte in der Kugel mit allen Parallelschnitten des Trapezoidalkörpers gleich sind; so kann also auch der Rauminhalt nicht nur der ganzen Kugel, sondern auch jedes Stumpfes derselben aus der unteren Grundfläche g, aus der oberen k und aus der Mittelfigur m berechnet werden.

Anm. 1. Wendet man diese Berechnungsweise an

1) auf die ganze Kugel; so ist

$$h = 2r, \quad k = o, \quad g = o, \quad m = r^2\pi,$$

$$R = \tfrac{4}{3}r^3\pi;$$

2) auf die Halbkugel; so ist

$$h = r,\ k = o,\ g = r^2\pi,\ m = \tfrac{3}{4}r^2\pi,$$
$$R = \tfrac{2}{3}r^3\pi;$$

3) auf einen Kugelstumpf, dessen untere Grundfläche ein größester Kreis ist; so ist

$$k = (r^2 - h^2)\pi,\ g = r^2\pi,\ m = (r^2 - \tfrac{1}{4}h^2)\pi,$$
$$R = \tfrac{1}{3}h(3r^2 - h^2)\pi;$$

4) auf ein Kugelsegment, dessen Grundfläche von dem Mittelpunkt den Abstand a hat; so ist

$$h = r - a,\ k = o,\ g = (r^2 - a^2)\pi,\ m = [r^2 - (a + \tfrac{1}{2}h)^2]\pi,$$
$$R = \tfrac{1}{3}h^2\pi(3r - h).$$

Anm. 2. Geht man von einem in einer Halbkugel befindlichen Stumpfe aus, dessen obere Grundfläche vom Mittelpunkt den Abstand a hat, dessen untere den Abstand b hat; so ist a — b = h und man hat

$$g = (r^2 - b^2)\pi,\ k = (r^2 - a^2)\pi,\ m = [r^2 - \tfrac{1}{4}(a + b)^2]\pi.$$

Also $R = hr^2\pi - \tfrac{1}{3}h(a^2 + b^2 + ab)\pi.$

Liegen die Grundflächen in verschiedenen Halbkugeln; so ist h = a + b, b also in der vorigen Formel negativ zu setzen; so daß

$$R = hr^2\pi - \tfrac{1}{3}h(a^2 + b^2 - ab)\pi$$

wird. Allgemein ist also

$$R = \tfrac{1}{3}(a \pm b)(3r^2 - a^2 - b^2 \pm ab)\pi.$$

Die oberen Zeichen gelten für den Fall, daß a und b über einander, die unteren für den Fall, daß sie neben einander liegen.

Anm. 3. Daß sich die vorstehenden Formeln auch aus den Bestimmungen des 11. §. ableiten lassen, ist an sich einleuchtend. Eine zweckmäßige Anordnung derselben führt auf die Vergleichung der Kugelstücke mit Cylindern und Kegeln, die in folgenden Sätzen enthalten ist.

1) Ein Kugelstumpf innerhalb einer Halbkugel ist der Raumunterschied eines Cylinders über dem größten Kreise mit der Höhe des Stumpfes und eines Kegelstumpfes von derselben Höhe, der die Abstände beider Grundflächen des Kugelstumpfes vom Mittelpunkt zu Radien seiner Grundflächen hat.

2) Ein Kugelstumpf zwischen einem größesten Kreise und einem Parallelkreise ist so groß wie drei Kegel derselben Höhe, deren zwei auf dem größesten Kreise stehen, und einer auf dem kleineren Kreise.

3) Ein Kugelsegment ist einem Kegel raumgleich, der die Höhe des Segments zum Radius der Grundfläche und zur Höhe eine Linie hat, welche die Höhe des Stumpfes zu drei Radien ergänzt.

4) Ein Kugelsector ist so groß wie ein Kegel, der den größesten Kreis zur Grundfläche hat und zur Höhe die doppelte Höhe des zum Sector gehörigen Abschnitts.

Die letzte Bestimmung findet man; wenn man zum Abschnitte den Kegel rechnet, der auf der Grundfläche des Abschnitts steht und seine Spitze im Mittelpunkte hat.

§. 14. Lehrsatz.

Wenn eine Kugel von einem Cylinder berührt wird, so werden von zwei Ebenen, die durch den Cylinder und die Kugel parallel mit dem Berührungskreise gelegt sind, gleiche Flächenräume auf der Kugeloberfläche und auf der Cylinderoberfläche begrenzt.

Beweis.

Es sei (Fig. 83.) eine Kugel um C gegeben, die von einer Cylinderfläche in der Peripherie des größesten Kreises, der zum Radius AC gehört, berührt wird. Auf der Ebene dieses größesten Kreises sei in C der perpendiculäre Radius CB errichtet. Durch die Punkte E und F dieses Radius seien Ebenen gelegt, parallel mit dem Berührungskreise, die in dem Cylinder Kreise bilden mit den Radien EG und FH, in der Kugel Kreise mit den Radien EJ und FK. Diese Kreise innerhalb der Kugel sind zugleich Grundflächen eines abgestumpften geraden Kegels, der die Gerade JK zur Seitenlinie hat. Fällt man nun von C auf JK das Perpendikel CL, welches diese Sehne des größesten Kreises der Kugel in L halbirt; und schneidet auf EG ein Stück EM ab, welches der Linie LC gleich ist und construirt zwischen denselben Parallelebenen, deren Durchschnitte FH und EG sind, den geraden Cylinder mit dem Radius EM; so ist die krumme Oberfläche des abgestumpften Kegels gleich der krummen Fläche dieses Cylinders zwischen denselben Parallelebenen. Es ist nämlich $CL = EM$ und

die Kegelfläche $2FE.CL\pi$ (XXVI, 8.),

die Cylinderfläche $2FE.EM\pi$ (XXV, 8.).

Da nun $CL < CA$; so ist auch die Kegelfläche kleiner als die Cylinderfläche, welche CA oder EG zum Radius der Grundfläche, GH als Seitenlinie hat.

Nun theile man den zur Sehne KJ gehörigen Bogen des größesten Kreises bei O in zwei gleiche Theile, und ziehe dazu die Sehnen JO und OK, und fälle auf eine derselben, auf OK, das Perpendikel CP, schneide ferner von EG ein Stück ab EQ = EP, lege durch O eine Ebene parallel mit dem Berührungskreise, welche in der Kugel zwei abgestumpfte Kegel mit den Seitenlinien JO und OK, und in dem Cylinder, der zum Radius des Grundkreises EG hat, so wie auch in dem Cylinder, der zum Radius des Grundkreises ES hat, zwei Kreise bestimmt, ersteren mit dem Radius RS, letzteren mit dem Radius RT.

Es ergiebt sich nun, ganz wie oben, daß die Kegelfläche mit der Seitenlinie OK gleich ist der Cylinderfläche mit der Seitenlinie TU, und daß die Kegelfläche mit der Seitenlinie OJ gleich ist der Cylinderfläche mit der Seitenlinie TQ.

Beide von der Kugelfläche umschlossene Kegelflächen vereinigt, sind also der Cylinderfläche gleich, welche den Radius EQ und die Seitenlinie QU hat.

Es ist aber auch hier $EQ < CA$, also kleiner als EG.

Halbirt man nun auch die Bogen JO und JK, legt wieder Parallelebenen durch die Halbirungspunkte und setzt die bisher angestellten Betrachtungen in derselben Weise fort; so ergiebt sich, daß sämmtliche Oberflächen der umschlossenen abgestumpften Kegel, welche die Sehnen gleicher Theile des Bogens JK zu Seitenlinien haben, einer geraden Kegelfläche gleich sind, deren Höhe EF ist, und deren Radius der Grundfläche dem Perpendikel gleich ist, welches vom Mittelpunkte auf eine dieser Sehnen gefällt ist.

Da nun der Kreisbogen JK selbst als eine Zusammensetzung unzählig vieler gleicher aber unendlich kleiner Sehnen betrachtet werden kann, deren Abstand vom Mittelpunkte dem Radius gleich ist; so läßt sich auch der Theil der Kugeloberfläche, der zu diesem Bogen gehört, als eine Zusammenfügung unzählig vieler abgestumpfter Kegelflächen betrachten, die zusammen einer geraden Cylinderfläche gleich sind, welche die Höhe EF hat und den Bestimmungsradius CA.

Die krumme Oberfläche jedes Kugelstumpfes läßt sich daher sehr leicht aus der Höhe desselben und dem Kugelradius berechnen. Es ist, wenn diese Höhe h und der Kugelradius r ist, die Oberfläche des Stumpfes

$$f = 2hr\pi.$$

Für die ganze Kugel ist $h = 2r$ und man erhält also als Oberfläche derselben.

$$f = 4r^2\pi.$$

Die Oberfläche der ganzen Kugel ist also viermal so groß wie die Fläche des größesten Kreises derselben.

Anm. 1. Wenn oben (§. 12. Anm. 2.) die Halbkugel als ein Aggregat von unzählig vielen hineinragenden Cylindern betrachtet wurde; so geschah dies mit der ausdrücklichen Einschränkung, daß nur in Hinsicht auf die Raumgröße diese Betrachtung zulässig sei, was auch schon für die Pyramide als Prismenaggregat gilt (XXIII, 8. Anm. 2.). Die Oberfläche eines solchen Cylinderaggregats würde, wenn man bloß die krumme Oberfläche berücksichtigte, offenbar kleiner sein als die Halbkugelfläche. Sieht man aber die Halbkugel als ein Aggregat von unzählig vielen abgestumpften Kegeln an; so ist diese Annahme durchweg zulässig; man mag nun die Oberfläche oder die Raumgröße ins Auge fassen.

Anm. 2. Wenn man um eine Kugel abgestumpfte Berührungskegelflächen construirt, deren Seitenlinien gleiche Längen haben; so sind die Aggregate dieser Flächen größer als die Cylinderfläche, welche die Kugel berührt und den Durchmesser derselben zur Höhe hat. Es nähert sich aber die Größe des Kegelflächenaggregats immer mehr jener Cylinderfläche; je größer die Anzahl der Berührungsflächen ist; so daß, wenn diese unendlich groß ist, jenes Aggregat ebenfalls der Cylinderfläche gleich ist. Die Kugel kann also auch als ein Aggregat unendlich vieler gerader abgestumpfter Berührungskegel von gleicher Seitenlänge betrachtet werden.

Anm. 3. Die krumme Oberfläche eines Kugelsegments läßt sich auch so ableiten, daß man sich den Kugelsector als ein Aggregat unzähliger Pyramiden mit unendlich kleiner Grundfläche vorstellt, die ihre gemeinsame Spitze im Mittelpunkte der Kugel haben. Ist nämlich h die Höhe des Abschnitts und r der Radius der Kugel; so ist die Größe des Kugelsectors S

$$S = \frac{2}{3} r^2 h \pi.$$

Da nun die Kugelfläche als Aggregat unzählig vieler und unendlich kleiner gleichseitiger Dreiecke betrachtet werden kann; so ist dies auch für die kleine Oberfläche des Segments zulässig. Denkt man sich über jedem unendlich kleinen Dreieck eine gerade Pyramide errichtet, die ihre Spitze im Mittelpunkt der Kugel hat; so hat jede Pyramide den Rauminhalt $\frac{1}{3}$dr; wenn d die unendlich kleine Flächengröße jedes Dreiecks vorstellt. Es ist also der Sector

$$S = \frac{1}{3} r(d + d + d + d + \ldots.$$

Nennt man nun f die krumme Oberfläche des Sectors; so ist

$$f = d + d + d + d + \ldots.,$$

$$\text{also } S = \frac{1}{3} rf. \text{ Folglich ist}$$

$$\frac{1}{3} rf = \frac{2}{3} r^2 h \pi.$$

Daher ist $f = 2rh\pi$; wie oben.

Für die Halbkugel ist $h = r$; also

$$f = 2r^2\pi; \text{ wie oben.}$$

§. 15 Erklärung.

Ein Theil der Kugel zwischen zwei Halbkreisen größester Kreise wird vorzugsweise ein **Kugelzweieck** genannt, so wie ein Theil der Kugel zwischen **drei Sectoren** größester

Kreise ein **Kugeldreieck** heißt, und überhaupt ein durch die Winkelblätter einer mehrseitigen Ecke, deren Scheitel im Mittelpunkt der Kugel ist, und durch die zugehörige Kugelfläche begrenzter Theil der Kugel, je nach der Anzahl der Seiten in der Ecke, ein **Kugeldreieck**, **Kugelviereck**, **Kugelfünfeck**, **Kugelvieleck** u. s. w. genannt wird. Die **Winkel** eines solchen Kugelvielecks sind die Neigungswinkel der Begrenzungsebenen, die **Seiten** sind die Sectoren der Begrenzungsbogen; die **krumme Oberfläche** derselben ist der zugehörige Theil der Kugeloberfläche.

Zwischen diesen Kugelvielecken und ihren krummen Flächen und den Körperecken findet eine Beziehung statt, wie zwischen den Centriwinkeln und den Ausschnitten und Bogen der Kreise. Die Zerlegung der hierhergehörigen Kugelstücke in unendlich viele und unendlich kleine dreiseitige Pyramiden, die ihre Spitzen im Centrum der Kugel, ihre Grundflächen in der Oberfläche derselben haben, führt leicht auf den Satz, **daß sich Dreiecke oder Vielecke derselben Kugel wie ihre krummen Oberflächen verhalten.** Daher werden auch diese begrenzten Theile der Kugelfläche vorzugsweise **sphärische Figuren** genannt.

§. 16. Lehrsatz.

Zwei Kugelzweiecke in derselben oder in gleichen Kugeln mit gleichen Winkeln der Begrenzungsebenen sind raumgleich, also auch ihre krummen Oberflächen flächengleich. Haben zwei Kugelzweiecke in derselben Kugel ungleiche Winkel; so verhalten sie und ihre krummen Oberflächen sich wie diese Winkel.

Beweis.

Daß zwei Kugelzweiecke gleicher Kugeln ADBEA und $\alpha\delta\beta\varepsilon\alpha$ (Fig. 84.) mit gleichen Winkeln (DABE = $\delta\alpha\beta\varepsilon$) der einschließenden Halbkreise congruent sind, ergiebt sich dadurch; daß sie in der Vorstellung leicht zur Deckung gebracht werden können. Stellt man sich nämlich die Mittelpunkte C und γ und die gleichen Durchmesser AB und $\alpha\beta$ aufeinanderliegend vor, und das eine Zweieck so gedreht, daß die Ebene des Halbkreises $\alpha\delta\beta$ auf die Ebene des Halbkreises ADB fällt; so muß auch die Ebene des Halbkreises $\alpha\varepsilon\beta$ auf die Ebene des Halbkreises AEB fallen, weil die Winkel D-AB-E und δ-$\alpha\beta$-ε einander gleich sind. Dann fallen aber auch die Umfänge dieser gleichen Halbkreise in einander und jeder Punkt der krummen Oberfläche $\alpha\delta\beta\varepsilon\alpha$ in einen Punkt der krummen Oberfläche ADBEA; so daß die Grenzen beider Kugelstücke vollständig zusammenfallen.

Hieraus folgt zunächst, daß die Kugelzweiecke gleicher Kugeln den Winkeln ihrer Halbkreisebenen proportional sind; sobald diese Winkel selbst ein rationales Verhältniß haben.

Hieraus endlich wird abgeleitet, daß die Proportionalität der Kugelzweiecke gleicher Kugeln mit den Winkeln ihrer Halbkreise auch für irrationale Verhältnisse gültig ist.

Bei dieser Beweisführung kommen dieselben Schlüsse vor, welche zum Beweise der Proportionalität der Kreissectoren und ihrer Winkel am Mittelpunkte, so wie ihrer Bogen angewendet sind (XII, 7.).

Die Fläche eines solchen Kugelzweiecks auf derselben ist also von der Seitenlänge ganz unabhängig. Vielmehr haben alle Kugelzweiecke auf der Oberfläche derselben Kugel denselben Umfang bei unendlich verschiedener Flächengröße. Zieht man aber Zweiecke der Kugelfläche in Betracht, die von einem Bogen eines größesten Kreises und einem Bogen eines kleineren Kreises oder von zwei Bogen kleinerer Kreise eingeschlossen werden, die man füglich sphärische Lunuln nennen kann (vergl. X, 34.); so gilt der

Zusatz.

Sphärische Lunuln, die auf derselben Kugeloberfläche von congruenten Kreisbogen eingeschlossen werden, sind congruent.

Der Beweis dieses Satzes ergiebt sich leicht.

Sind z. B. zwei der gleichen Seiten in beiden Lunuln Bogen eines größesten Kreises; so können sie jederzeit so auf einander gelegt werden, daß ihre Endpunkte zusammenfallen und die Lunulflächen nach derselben Seite hin liegen. In solcher Lage müssen aber auch die Bogen der kleineren Kreise zusammenfallen, weil sie sonst nicht einander gleich sein könnten (§. 5. f.).

Beide Lunuln sind also congruent.

Sind beide Begrenzungen Bogen kleinerer Kreise; so legt man durch die Eckpunkte Bogen größter Kreise und zeigt, daß beide Lunuln aus congruenten Stücken bestehen.

§. 17. Lehrsatz.

Zwei Kugeldreiecke an derselben oder an gleichen Kugeln sind übereinstimmend (congruent oder symmetrisch) wenn a) zwei Seiten und der eingeschlossene Winkel, b) eine Seite und die beiden anliegenden Winkel einzeln verglichen, c) alle drei Seiten, d) alle drei Winkel einzeln verglichen übereinstimmen.

Beweis.

Wenn in zwei, derselben oder gleichen Kugeln angehörigen, Kugeldreiecken ABC und $\alpha\beta\gamma$ (Fig. 85.) zwei Seiten und der eingeschlossene Winkel übereinstimmen (AB = $\alpha\beta$, BC = $\beta\gamma$, Winkel ABC = $\alpha\beta\gamma$); so stimmt in den zugehörigen Raumecken, deren Scheitel die Kugelmittelpunkte M und μ sind, in M — ABC und μ — $\alpha\beta\gamma$, auch die Seite AMB mit $\alpha\mu\beta$, BMC mit $\beta\mu\gamma$ und der Winkel A-MB-C mit α-$\mu\beta$-γ überein. Die Ecken sind also übereinstimmend (XX, 11.). Da nun nach der oben ausgesprochenen Annahme MA = $\mu\alpha$ ist; so sind auch die Bogen AC und $\alpha\gamma$ gleich (VIII, 3.). Eben so ist der Winkel $\beta\alpha\gamma$ = BAC und $\beta\gamma\alpha$ = BCA.

In derselben Weise wird durch Hinweisung auf die zugehörigen Ecken auch der übrige Theil des Lehrsatzes bewiesen, wobei die Sätze von der Uebereinstimmung der Ecken (XX, 12. 13. 14.) in Betracht kommen.

§. 18. Lehrsatz.

Die krummen Oberflächen übereinstimmender (congruenter oder symmetrischer) Kugeldreiecke so wie die denselben zugehörigen Kugeltheile sind gleich.

Beweis.

Da die congruenten Oberflächen und zugehörigen Kugeltheile zur Deckung gebracht werden können; so ist über diese der Satz an und für sich einleuchtend. Wären aber die Kugeldreiecke abc und ABC, derselben oder gleichen Kugeln angehörend (Fig. 86.), symmetrisch, so daß zwar Bogen AB = ab, BC = bc, CA = ca wäre, aber die Aufeinanderfolge in beiden Dreiecken entgegengesetzt; so daß, wenn ab auf AB gelegt wird, bc nicht auf BC fallen kann; so werden diese Dreiecke symmetrisch sein. Es soll auch für diesen Fall ihre Gleichheit, so wie die Gleichheit der Kugeltheile bewiesen werden, die zwischen diesen Dreiecken und den drei sie begrenzenden Kreisausschnitten liegen, die ihre Mittelpunkte in μ und M haben.

Man lege Kreise durch die Punkte A, B, C, und durch die Punkte a, b, c; so sind dieselben kleinere Kreise der Kugel (§. 2.) und zugleich umschriebene Kreise für die ebenen Dreiecke ABC und abc, deren Seiten als Sehnen gleicher Bogen in gleichen Kreisen, einzeln verglichen, gleich sind (AB = ab, BC = bc, CA = ca) (VIII, 6.). Da nun die ebenen Dreiecke ABC und abc congruent sind (IV, 5.); so sind auch diese umschriebenen Kreise gleich (VIII, 14. Anm.), folglich auch die in ihnen zu gleichen Sehnen gehörigen Bogen (VIII, 5.). Es ist also Bogen ARB = arb und ASB = asb, folglich auch

Lunul ARBS $\cong$ arbs.

Derselbe Beweis gilt für die andern beiden Lunulpaare.

Die drei Lunuln in dem einen Kugelsegment sind also zusammengenommen so groß wie die drei Lunuln in dem andern Kugelsegment. Da aber die Kreise um ABC und abc gleich sind; so sind auch ihre Abstände vom Kugelmittelpunkte gleich, also auch die Krümmoberfläche der Segmente.

Nimmt man nun von diesen gleichen Oberflächen die gleichen Lunuln hinweg; so bleiben die sphärischen Dreiecksoberflächen ABC und abc, welche also auch gleich sind (I, 8.).

Der Uebergang auf die körperlichen Kugeldreiecke ist nun leicht; da diese so groß sind, wie Pyramiden, welche die sphärischen Dreiecksflächen zu Grundflächen und den Kugelradius zur Höhe haben.

§. 19. Lehrsatz.

Der Inhalt eines Kugeldreiecks verhält sich zum vierten Theil der Kugel wie der Ueberschuß seiner drei Winkel über zwei Rechte zu zwei Rechten.

Beweis.

Es sei (Fig. 87.) das Kugeldreieck ABC gegeben. Man ergänze die Seiten desselben zu ganzen Kreisen; so daß die durch die Eckpunkte des Dreiecks gehenden Durchmesser $A\alpha$, $B\beta$, $C\gamma$ werden; so sind dadurch auf der Kugeloberfläche acht Dreiecke bestimmt. ABC, $BC\alpha$, $B\alpha\gamma$, $B\gamma A$, $AC\beta$, $C\alpha\beta$, $\beta\alpha\gamma$, $\beta\gamma A$. Zwei an einer Seite anliegenden bilden ein Kugelzweieck. Nennt man zur Abkürzung die Viertelfläche der Kugel $\varkappa$; so ist, wenn R den rechten Winkel bezeichnet.

$$ABC + BC\alpha : \varkappa = A : R,$$

also
$$ABC + BC\alpha = \frac{A}{R}\varkappa.$$

Eben so ist
$$ABC + AC\beta = \frac{B}{R}\varkappa \quad \text{und}$$

$$ABC + AB\gamma = \frac{C}{R}\varkappa.$$

Da nun $AC\beta$ symmetrisch mit $\alpha\gamma B$ ist; so kann man für $AC\beta$ auch $\alpha\gamma B$ setzen; dann ist
$$ABC + BC\alpha + AC\beta + AB\gamma = 2\varkappa.$$

Berücksichtigt man dies bei der Vereinigung der eben gefundenen drei Ausdrücke, so ergiebt sich

$$2ABC + 2\varkappa = \frac{A+B+C}{R}\varkappa = \frac{A+B+C}{2R} \cdot 2\varkappa$$

d. i. $ABC = \frac{A + B + C}{2R} \varkappa - \varkappa = \frac{A + B + C - 2R}{2R} \varkappa.$

Daraus folgt die Proportion

$$ABC : \varkappa = A + B + C - 2R : 2R.$$

Diese Proportion enthält den Ausdruck des obigen Satzes.

Es ergiebt sich aus dieser auch leicht der

Zusatz.

Zwei Kugeldreiecke sind (flächen- oder raum-) gleich, wenn die Winkelsumme des einen der Winkelsumme des anderen gleich ist.

Anm. Der Ueberschuß der drei Winkel eines sphärischen Dreiecks über zwei Rechte, wird der sphärische Exceß des Dreiecks genannt.

§. 20. Lehrsatz.

Mehrseitige Kugelfiguren verhalten sich zur Viertelkugel wie der Unterschied ihrer Winkelsumme von der Winkelsumme einer ebenen geradlinigen Figur gleicher Seitenzahl zu zwei Rechten.

Beweis.

Hat ein Kugelviereck die Winkel A, B, C, D; so kann man durch zwei gegenüberliegende Winkelspitzen einen größesten Kreis legen. Dadurch zerfällt das Kugelviereck in zwei Dreiecke und die Gegenwinkel, z. B. A und C werden auch getheilt. Das eine Dreieck erhalte die Winkel $\alpha B \gamma$, das zweite $\alpha' D \gamma'$; so daß $\alpha + \alpha' = A$, $\gamma + \gamma' = C$.

Dann ist $ABCD = ABC + CDA$

$$= \frac{\alpha + B + \gamma - 2R}{2R} \varkappa + \frac{\alpha' + D + \gamma'}{2R} \varkappa$$

$$= \frac{A + B + C + D - 4R}{2R} \varkappa. \quad \text{Daher}$$

$$ABCD : \varkappa = A + B + C + D - 4R : 2R. \quad \text{W. z. b. w.}$$

Ist ein Kugelfünfeck ABCDE gegeben; so kann es durch einen größesten Kreis in das Dreieck ABC und in das Viereck ACDE zerlegt werden. Ersteres hat die Winkel $\alpha B \gamma$. Letzteres die Winkel $\alpha' \gamma'$DE.

Es ist dann

$$\begin{aligned} ABCDE &= ABC + ACDE \\ &= \frac{\alpha + B + \gamma - 2R}{2R}\varkappa + \frac{\alpha' + \gamma' + D + E}{2R}\varkappa \\ &= \frac{A + B + C + D + E - 6R}{2R}\varkappa. \end{aligned}$$

Man ersieht, wie hieraus der Beweis des Satzes für alle mehrseitigen Figuren der Reihe nach sich ergiebt. Auch folgt leicht der

Zusatz.

Zwei mehrseitige Kugelfiguren von gleicher Seitenzahl sind gleich, wenn die Summe der Winkel in einer Figur so groß ist wie in der andern.

Anm. Die Gesammtoberfläche der Kugel läßt sich nur auf fünf verschiedene Weisen in reguläre Theilfiguren zerlegen, nämlich in 4, 8 oder 20 reguläre Dreiecke, in 6 reguläre Vierecke und in 12 reguläre Fünfecke.

Stoßen nämlich immer drei reguläre Dreiecke in einen Punkt der Kugeloberfläche mit ihren Spitzen zusammen; so ist jeder Winkel $\frac{4}{3}$ R. Also ist die Summe aller drei Winkel 4 R; folglich die Fläche jedes Dreiecks $\varkappa$, d. i. der vierte Theil der Kugeloberfläche.

Stoßen je vier reguläre Dreiecke zusammen, so ist jeder Winkel 1 R, die Summe aller 3 R, die Fläche $\frac{1}{2}\varkappa$, d. i. der achte Theil der Oberfläche.

Stoßen je 5 reguläre Dreiecke zusammen; so ist jeder Winkel $\frac{4}{5}$ R, die Summe $\frac{12}{5}$ R, die Fläche $\frac{1}{5}\varkappa$, d. i. der zwanzigste Theil der Oberfläche.

Stoßen je drei Vierecke zusammen; so ist ein Winkel $\frac{4}{3}$ R, die Summe $\frac{16}{3}$ R, die Fläche $\frac{2}{3}\varkappa$, d. i. der sechste Theil der Oberfläche.

Stoßen je drei Fünfecke zusammen; so ist ein Winkel $\frac{4}{3}$ R, die Summe $\frac{20}{3}$ R. die Fläche $\frac{1}{3}\varkappa$, d. i. der zwölfte Theil der Oberfläche.

Daß in allen anderen Fällen die Zerlegungen der Oberfläche in reguläre Figuren unmöglich wird, ergiebt sich leicht (Vergl. XXI, 3.).

§. 21. Schlußbemerkungen zum siebenundzwanzigsten Abschnitt.

Die Lehrsätze über die Berührung einer geraden Kegelfläche und einer Kugel führen zu einer lehrreichen geometrischen Auffassung der Kegelschnitte.

Ist z. B. (Fig. 88.) ABC das Axendreieck eines geraden Kegels, dessen Oberfläche zwei Kugeln berührt, die eine in einem Kreise DOE, die andere in dem Kreise FPG; so liegen in der Ebene des Axendreiecks ABC die größesten Kreise dieser Berührungskugeln DLE, FMG. Legt man an diese Kreise eine gemeinschaftliche Tangente, welche die Seitenlinien des Kegels in H und K trifft, und die größesten Kreise der Kugeln in L und M berührt, und errichtet in dieser Tangente KH eine Ebene senkrecht gegen den senkrechten Axenschnitt; so wird diese eine Berührungsebene beider Kugeln sein und in der Kegelfläche den Ellipsenschnitt HNK bilden (XXVI, 9. 2.).

Da nämlich HL, als Tangente des größesten Kreises, senkrecht steht auf dem Kugelradius zum Punkte L und da ein Perpendikel in der Ebene des Schnittes HNK auf der Geraden HK im Punkte L errichtet, auch auf dem Radius in L senkrecht steht (VIII, 21.); so steht die Ebene HNK selbst senkrecht auf dem Radius in L (XIX, 7.); ist also eine Tangirungsebene der Kugel DEL. Auf dieselbe Weise ergiebt sich, daß HNK auch eine Tangirungsebene der Kugel GMF ist.

Zieht man nun von irgend einem Punkte im Umfange der Ellipse, von N, gerade Linien nach den Berührungspunkten der Kugeln mit der Schnittebene, nach L und M, und zugleich die durch N gehende Seitenlinie des geraden Kegels, welche die Berührungskreise beider Kugeln und der Kegelfläche in O und P durchschneidet; so ist $NL = NO$, weil beide Linien Tangenten der Kugel DLE sind. Ebenso ist $MN = NP$, als Tangenten der Kugel FMG. Daher ist

$$NL + NM = OP = EG.$$

Da dies für jede Lage des Punktes N in der Curve gilt; so ist also erwiesen, daß die beiden Geraden von einem Punkte der Ellipse nach den Berührungspunkten L und M zusammengenommen überall dieselbe Länge geben, welche der Seitenlinie des geraden abgestumpften Kegels gleich ist, der die Berührungskreise DOE und FPG zu Grundkreisen hat.

Betrachtet man nun das Dreieck AHK, zu welchem die größesten Kreise beider Kugeln als äußerer und innerer Berührungskreis gehören, und nennt die Seitensumme desselben 2s; so ist (nach XIV, 8.)

$$EH = s - AK,\quad HG = s - AH,\ \text{also}$$

$$EG = EH + HG = 2s - (AK + AH) = KH,$$

folglich ist $$MN + NL = KH.$$

Daraus folgt der Satz:

1) Eine Ellipse ist eine krumme Linie in einer Ebene, in welcher jeder Punkt von zweien innerhalb gelegenen Punkten Abstände hat, die zusammengenommen der Hauptaxe gleich sind.

Eine ähnliche Betrachtung läßt sich über die Hyperbel anstellen. Ist nämlich (Fig. 89.) außer dem Kegel ABC selbst, auch noch der Gegenkegel desselben

$A\beta\gamma$ gegeben, und befindet sich in jedem derselben eine Berührungskugel (DEL in ABC und FMG in $A\beta\gamma$); ist ferner eine Ebene senkrecht gegen den Axenschnitt gelegt, welche beide Kugeln in L und M berührt; so bildet diese eine Hyperbel in der Kegelfläche, deren Axenlinie, LM, die Seiten des Kegels in H und K trifft; so daß HK die Hauptaxe der Hyperbel wird.

Alles zur Construktion der Figur Erforderliche beruht auf denselben Gründen, wie bei der Ellipse, ist daher auch in der Figur durch dieselben Buchstaben bezeichnet.

Nimmt man nun auf der Hyperbel einen beliebigen Punkt N an und zieht nach den Berührungspunkten der Kugeln mit der Schnittebene die Geraden NL und NM und zugleich die Seitenlinie des Kegels, welche die Berührungskreise der Kugeln und des Kegels in O und P schneidet; so ist, wie vorhin

$$NM = NP \text{ und } NL = NO; \text{ also}$$

$$NM - NL = NP - NO = PO = PA + AO = EG.$$

Es ist also in diesem Falle der Unterschied der beiden vom Curvenpunkte nach den Berührungspunkten L und M gezogenen Geraden der Seite des Doppelkegels zwischen beiden Berührungskreisen gleich.

Betrachtet man aber jetzt das Dreieck AHK; so gehören zu demselben die größesten Kreise der Kugeln beide als äußere Berührungskreise:

Daher ist

$$AF = AG = s - AH, \quad AD = AE = s - AK;$$

daher ist $$EG = AE + AG = 2s - (AH + AK) = HK.$$

Hieraus folgt

2) **Die Hyperbel ist eine krumme Linie in einer Ebene, in welcher jeder Punkt von zwei Punkten innerhalb Abstände hat, deren Unterschied der Hauptaxe gleich ist.**

Die geometrischen Constructionen beider Curven, welche hierauf beruhen, sind schon in dem Anhange zum zweiten Cursus behandelt (603. 613.). Die Berührungspunkte der Kugeln mit der Schnittebene sind die dort näher bezeichneten **Brennpunkte** der Curven.

Die Parabel hat nur einen Brennpunkt; da in keinem der beiden Kegel eine zweite Kugel denkbar ist, welche die Kegelfläche und die Schnittebene zugleich berührt.

Eine andere einfache Beziehung aller drei Kegelschnitte zu einander ergiebt sich aus folgender Betrachtung.

Man erweitere (Fig. 90.) die Ebene des Berührungskreises DOE zwischen Kugel und Kegel und die Schnittebene, bis beide in der Linie RS sich durchschneiden, auf welcher der Axenpunkt Q liegt, lege dann durch den Punkt der Curve N eine Ebene, welche der Ebene des Berührungskreises parallel ist, also in der Kegelfläche einen Grundkreis WNV begrenzt; ziehe ferner von N noch eine Linie parallel mit der Axenlinie HL, welche RS in S trifft, und eine zweite Linie parallel mit RS, welche die Axe in T trifft.

Da RS Durchschnittslinie zweier Ebenen ist, die auf der Ebene des Axendreiecks perpendiculär stehen, so ist SQT = R, also auch NS, welche Linie parallel mit LQ ist, ein Perpendikel zur Linie SR.

Es giebt also NS den Abstand des Curvenpunktes N von der Linie RS an, und NL den Abstand desselben von dem Brennpunkt der Curve, möge diese nun Ellipse, Hyperbel oder Parabel sein.

Nun ist NL = NO = VE und NS = TQ,
daher NS : NL = TQ : EV.

Die Linien TQ und EV durchschneiden sich in H, liegen also in einer Ebene, die zwei Parallelebenen in den Geraden EQ und TV durchschneidet, daher ist EQ ‡ TV, und es ist auch

HQ : HE = TQ : EV. Daher
NS : NL = HQ : HE.

Da nun HQ und HE für denselben Kegelschnitt unveränderliche Linien sind; so hat der Abstand jedes Curvenpunktes von der festen Linie RS in der Schnittebene zu dem Abstande desselben vom Brennpunkte überall dasselbe Verhältniß.

Ist nun HQ = HE; so ist auch

Winkel HEQ = HQE, und da QEH = AED = ADE,
auch Winkel EQH = ADE; also QH ‡ AD (V, 4. 3.). Der Schnitt ist also in diesem Falle eine Parabel.

Ist HQ > HE; so ist auch Winkel HEQ > HQE, also auch ADE > HQE, Die Linie QH schneidet sich daher mit der Seitenlinie AB (V, 5.), und der Schnitt ist eine Ellipse.

Ist endlich HQ < HE; so ist auch Winkel HEQ < HQE, also auch Winkel ADE < HQE: die Linie QH schneidet also die Verlängerung von AB, und der Schnitt ist eine Hyperbel.

Aus diesen Betrachtungen ergiebt sich

3) In einer Ebene ist der geometrische Ort aller Punkte, deren Abstände von einer gegebenen geraden Linie, der Directrix, und von einem gegebenem Punkte außerhalb derselben, dem Brennpunkte, überall dasselbe Verhältniß haben, ein Kegelschnitt, und zwar eine Parabel, wenn diese Abstände überall gleich sind, eine Ellipse, wenn die Abstände von der Directrix größer sind als vom Brennpunkte, eine Hyperbel, wenn die Abstände der Curvenpunkte von der Directrix überall kleiner sind als von dem Brennpunkte.

Da der gerade Kegel keinen Wechselschnitt hat; so ist der Ellipsenschnitt nur dann ein Kreis; wenn die Schnittebene dem Grundkreise des Kegels parallel ist. Dann fallen beide Berührungspunkte der Schnittebene mit den Kugeln, welche die gerade Kegelfläche berühren (L und M Fig. 88.) zusammen, und die durch den Berührungskreis einer Kugel mit dem Kegel gelegte Ebene ist der Schnittebene parallel, die Durchschnittslinie beider Ebenen (RS Fig. 90.), d. h. die Directrix, liegt also in unendlicher Ferne.

Wie durch Umdrehung eines Halbkreises (§. 1.) um seinen Durchmesser eine Kugel entsteht; so entstehen auch Körper durch Umdrehung eines halben Kegelschnitts um seine Hauptaxe oder um seine Nebenaxe, welche ihre Benennungen nach der Curve erhalten, deren Raumspur sie sind.

Ist ein Körper durch Umdrehung einer Ellipse um ihre große Axe entstanden; so wird er Ellipsoïd genannt: ist die Umdrehungsaxe die kleinere gewesen; so heißt er elliptisches Sphäroïd. Dreht sich eine Hyperbel um ihre Hauptaxe, so entsteht ein Hyperboloïd: ist die Querare der Hyperbel die Umdrehungsaxe; so entsteht ein hyperbolisches Sphäroïd. Wird eine Parabel um ihre Axe gedreht; so entsteht ein Paraboloïd. Das Ellipsoïd und Sphäroïd sind, wie die Kugel, in sich abgeschlossene Körper, das Hyperboloïd und Paraboloïd werden durch eine senkrecht gegen die Axe gelegte Ebene zu gleichmäßig abgeschlossenen Körpern. Zwei Parallelebenen dieser Art schließen Körperstumpfe ab. Im hyperbolischen Sphäroïd können nur solche Körperstumpfe abgeschlossene Körper sein.

Wir wollen diese Körper hier näher betrachten, um zu zeigen, daß für die Bestimmung ihres Rauminhaltes die allgemeine Formel gilt, die für Körperstumpfe früher entwickelt und bereits auf die Kugel angewendet ist.

Um diese Betrachtung zu vereinfachen, hat man zunächst den Lehrsatz über die Körperstumpfe aufzufassen, der sich so ausspricht:

4) Zwei ebene Körperstumpfe von gleicher Höhe, deren Grundflächen und Mittelfiguren dasselbe Verhältniß haben, verhalten sich wie die Mittelfiguren.

Seien G, g die unteren Grundflächen, K, k die oberen Grundflächen, M, m die Mittelfiguren der Körperstumpfe P und p mit der Höhe h, und

$$G : g = K : k = M : m = \alpha : \beta;$$

so ist $P = \frac{h}{6}(4M + G + K)$, $\quad p = \frac{h}{6}(4m + g + k)$.

Nun ist:

$M : m = \alpha : \beta$ also auch $\frac{4}{6}h\,M : \frac{4}{6}h\,m = \alpha : \beta$

$G : g = \alpha : \beta$ „ „ $\frac{h}{6}G : \frac{h}{6}g = \alpha : \beta$

$K : k = \alpha : \beta$ „ „ $\frac{h}{6}K : \frac{h}{6}k = \alpha : \beta$.

Daraus ergiebt sich (XI. 12.)

$$P : p = \alpha : \beta.$$

Eine leichte Folgerung dieses Satzes ist folgender:

5) Zwei Körperstumpfe, deren Parallelschnitte überall dasselbe Verhältniß haben, stehen im Verhältniß dieser Parallelschnitte.

Man sieht leicht ein, daß man durch unendlich nahe gelegte Parallelschnitte beide Körperstumpfe in unendlich viele und unendlich kleine Körperstumpfe zerlegen kann, die alle dasselbe Verhältniß haben; so daß auch die Summe derselben, d. h. die ganzen Stumpfe, dieses Verhältniß haben.

Nach diesen Vorbereitungen wenden wir uns zu der Betrachtung der erwähnten Umdrehungskörper.

Zwischen den Parallelebenen $\alpha\beta$ und $\gamma\delta$ (Fig. 91.) befinde sich eine schwebende dreiseitige Pyramide ABMN, deren Seitenebenen über die Parallelebene hinaus erweitert sind (z. B. die Kante AM bis O u. s. w.).

Zwischen denselben Parallelebenen befinde sich ein Ellipsoïd, oder Sphäroïd, oder eine Kugel, so daß die Axe SU das Perpendikel zwischen beiden Ebenen ist. Diese sei halbirt in T und ein Mittelschnitt durch beide Figuren gelegt. Dieser bildet in dem runden Körper einen Kreis mit dem Radius TV, in der schwebenden Pyramide das Parallelogramm CDEF. Das Verhältniß des Kreises zum Parallelogramm sei m : n; so läßt sich zeigen, daß überall jeder parallele Durchschnitt in beiden Körpern Figuren enthält, die das Verhältniß m : n haben.

Es werde durch den Punkt W der Axe SU ein Parallelschnitt gelegt, der einen Kreis mit dem Radius WX in dem runden Körper und das Parallelogramm GHKL in der schwebenden Pyramide begrenzt; so verhält sich, den Eigenschaften der Curve SVXU entsprechend (mag diese nun ein Halbkreis oder eine halbe Ellipse zur großen oder kleinen Axe SU sein),

$$WX^2 : TV^2 = TU^2 - TW^2 : TU^2.$$

Die Parallelogramme CDEF und GHKL sind aber gleichwinklig, weil CD ‡ GH und CF ‡ GL ist. Daraus folgt:

$$GHKL : CDEF = GH.GL : CD.CF.$$

Es ist aber

$$GH : CD = AG : AC = SW : ST = TU + TW : TU,$$

$$GL : CF = GM : CM = WU : TU = TU - TW : TU;$$

also $GHKL : CDEF = TU^2 - TW^2 : TU^2$,

daher $GHKL : CDEF = WX^2\pi : TV^2\pi$,

oder $GHKL : WX^2\pi = CDEF : TV^2\pi$.

Es haben also überall die Durchschnitte des runden Körpers zu den Durchschnitten der schwebenden Pyramide das Verhältniß m : n.

Daher haben nicht nur die ganzen Körper, sondern auch jede zwei zwischen denselben Parallelebenen liegenden Stumpfe das Verhältniß m : n. Jeder ebene Stumpf ist aber als Trapezoidalkörper nach der aufgestellten Formel zu berechnen, also auch jeder Stumpf des runden Körpers.

Wären G, K, M, h die Bestimmungsgrößen des Trapezoidalkörpers P; G', K', M', h, die des runden Stumpfes P'; so wäre

$$G' = \frac{m}{n} G, \quad K' = \frac{m}{n} K, \quad M' = \frac{m}{n} M, \quad P' = \frac{m}{n} P,$$

$$\text{also } P' = \frac{h}{6} \frac{m}{n} (4M + G + K) = \frac{h}{6} (4M' + G' + K').$$

Stellt man sich die Verlängerung von SU als Axe eines Hyperboloïds vor, dessen Erzeugungscurve UZ zur Hauptaxe US und zur Queraxe TV hat, und legt durch diesen runden Körper und durch den Trapezoidalkörper, der von den erweiterten Seitenebenen der schwebenden Pyramide eingeschlossen wird, eine Ebene parallel mit $\alpha\beta$ und $\gamma\delta$, die in dem runden Körper den Kreis mit dem Radius YZ, und in dem Trapezoidalkörper das Parallelogramm PQRO bildet; so verhält sich auch hier der Kreis zum Parallelogramm wie m : n.

Nach den Gesetzen der Hyperbel ist nämlich

$$ZY^2 : TV^2 = TY^2 - TU^2 : TU^2.$$

Es ist aber auch das Parallelogramm OPQR gleichwinklig mit CDEF, weil CD ‡ FE ‡ RQ und CF ‡ OR ist. Daher ist

$$RQPO : CDEF = RQ.RO : CF.CD = RQ.RO : FE.FC,$$

$$RQ : FE = RB : FB = YS : TS = TY + TU : TU,$$

$$RO : CF = RM : MF = YU : UT = TY - TU : TU.$$

Also auch $ROPQ : FCDE = TY^2 - TU^2 : TU^2 = YZ^2\pi : TV^2\pi.$

Das Uebrige ergiebt sich wie vorhin, und es ist ersichtlich, daß auch ein Hyperboloïd nach dieser Formel gemessen werden kann.

Um die Anwendbarkeit der Formel auch auf Paraboloïde zu zeigen, dient folgende Construction.

Sei (Fig. 92.) ein Paraboloïd mit der Axe AB zwischen den Parallelebenen $\alpha\beta$, $\gamma\delta$ aufgestellt und neben demselben ein beliebiges liegendes dreiseitiges Prisma, dessen eine Parallelkante CD mit dem Scheitel des Paraboloïds in der Ebene $\alpha\beta$ liegt, und dessen andere beide Parallelkanten EF, GH in der Ebene $\gamma\delta$ liegen, in welcher sich als Durchschnitt des runden Körpers der Kreis mit dem Radius BK befindet. Dieser Kreis habe zum Parallelogramm das Verhältniß m : n; so hat jeder Durchschnitt des Paraboloïds zum Durchschnitt des Prisma in derselben Parallelebene mit $\alpha\beta$ und $\gamma\delta$ dasselbe Verhältniß m : n.

Es sei eine Parallelebene gelegt, welche die Axe des Paraboloïds in L schneidet und mit derselben einen Kreisdurchschnitt bildet, der den Radius LM hat, in dem Prisma aber das Parallelogramm NOPQ begrenzt; so ist auch

$$LM^2\pi : NOPQ = m : n.$$

Nach dem Gesetz der Parabel ist:

$$KB^2 : LM^2 = AB : AL.$$

Es ist aber auch das Parallelogramm EGHF gleichwinklig mit NOPQ; also

$$EGHF : NOPQ = EG.GH : NO.OP = EG : NO$$
$$= EC : NC = BA : AL.$$

Daher ist auch

$$EGHF : NOPQ = KB^2\pi : LM^2\pi,$$

Alles Uebrige ergiebt sich wie vorhin, und man sieht ein, daß alle Parallelschnitte des Paraboloïds auch jenseits der Ebene $\gamma\delta$, zu den Schnitten zwischen den erweiterten Flächen des Prisma, überall das Verhältniß m : n haben. Es läßt sich daher auch jeder Paraboloïdstumpf nach dieser Regel ausmessen.

Um auch das hyperbolische Sphäroïd dieser Betrachtung zu unterwerfen, bezeichnen wir in der Hyperbel der Kürze wegen die Hauptaxe durch 2a und die Queraxe durch 2b, und die vom Mittelpunkt der Hauptaxe auf denselben gerechnete Absciſſe durch x, die zugehörige Ordinate durch y; so ist, wie schon gezeigt,

$$y^2 = \frac{b^2}{a^2}(x^2 - a^2), \text{ d. h. } a^2y^2 = b^2x^2 - a^2b^2,$$

$$\text{oder } x^2 = \frac{a^2}{b^2}y^2 + a^2.$$

Befindet sich nun zwischen den Parallelebenen $\alpha\beta$ und $\gamma\delta$ (Fig. 93.) ein hyperbolisches Sphäroïd mit der Axe AB; so sei AC = a die Halbaxe der Hyperbel, zu welcher der Umdrehungsbogen CD gehört, die in der durch AB gelegten Ebene zu denken ist, welche senkrecht auf der Ebene $\alpha\beta$ und $\gamma\delta$ steht. Ist dann AE = b die Queraxe, so lege man auch durch E eine Ebene parallel mit $\alpha\beta$ und $\gamma\delta$, die den runden Körper in einem Kreise durchschneidet, dessen Radius FE ist. Man errichte ein zweites Perpendikel GH auf $\alpha\beta$ und $\gamma\delta$, welches von der durch E gelegten Parallelebene in K getroffen wird, und lege in dieser Ebene durch K zwei sich winkelrecht schneidende Linien LN, MO. Zwischen den Schenkeln der Verticalwinkel LKM und NKO errichte man die Quadrate LM und NO, deren jedes die Linie AC zur Seite hat. Es ist demnach KL = KN = AC = a.

Construirt man dann an der Linie GM als Seitenlinie ein vierseitiges Prisma mit der Grundfläche LM und eine vierseitige Pyramide mit der Grundfläche NO, deren Spitze auf $\alpha\beta$ in G ist, und erweitert die Seitenflächen dieser Körper bis zur Ebene $\gamma\delta$; so ist überall der Paralleldurchschnitt des runden Körpers zwischen $\alpha\beta$ und $\gamma\delta$ den Durchschnitten der beiden ebenflächigen Körper zusammengenommen gleich.

Betrachtet man zunächst den Parallelschnitt durch E; so ist, wenn man von F ein Perpendikel FR auf AC fällt und AR = x, RF = y annimmt,

$$EF^2 = \frac{a^2}{b^2} AE^2 + AC^2.$$

Da aber AE = b und AC = a ist; so wird hier

$$EF^2 = 2AC^2 = 2a^2.$$

Der Durchschnitt in E ist also $2AC^2\pi$, der Durchschnitt LM + NO ist $2AC^2$. Es verhalten sich also beide Durchschnitte wie $\pi : 1$.

Dasselbe Verhältniß zeigt sich aber auch in der oberen Grundfläche, wo in dem runden Körper die Kreisfläche $AC^2\pi$ entsteht, in dem ebenflächigen das Quadrat $ST = GS^2 = KM^2 = AC^2$. Dasselbe Verhältniß gilt endlich für jeden Parallelschnitt beider Körper.

Legt man z. B. durch den Punkt U der Axe AB den Parallelschnitt, welcher in dem runden Körper den Kreis mit dem Radius UV bildet, in dem ebenflächigen die beiden Quadrate XY und dZ, so ist; wenn man das Perpendikel Ve auf AC fällt

$$UV^2 = Ae^2 = \frac{a^2}{b^2} Ve^2 + AC^2 = \frac{a^2}{b^2} AU^2 + AC^2$$

$$\text{und} \quad WZ : KN = WG : GK = UA : AE = AU : b$$

$$WZ^2 : KN^2 = AU^2 : b^2, \text{ d. h. } WZ^2 : a^2 = AU^2 : b^2;$$

$$\text{also} \quad WZ^2 = \frac{a^2 AU^2}{b^2} \text{ und } WX^2 = KL^2 = a^2;$$

$$\text{folglich} \quad dZ + XY = UV^2.$$

Daher verhält sich der Kreis um U zu beiden Quadraten ebenfalls wie $\pi : 1$.

Da also alle Durchschnitte des runden Körpers zu allen Durchschnitten der Pyramide und des Prismas zusammengenommen dasselbe Verhältniß haben; ($\pi : 1$) so haben auch die Körperstumpfe zwischen beliebigen zwei Parallelebenen dasselbe Verhältniß. Es läßt sich also auch das hyperbolische Sphäroïd durch dieselbe Formel berechnen, wie der ebenflächige Körperstumpf.

6) Die Cubaturformel

$$R = \frac{h}{6}(4M + G + K)$$

ist daher auch auf die Stumpfe der Umdrehungskörper der Kegelschnitte anwendbar.

Achtundzwanzigster Abschnitt.

Von den regulären und ähnlichen Körpern, und von der Bestimmung der Körper durch Axen.

(Neunter Abschnitt der Stereometrie.)

A. Construction der regulären Körper.

§. 1. Erklärung.

Ein Körper mit ebenen Seitenflächen ist einer Kugel eingeschrieben, wenn alle Eckpunkte desselben in der Oberfläche einer Kugel sind. Ein ebenflächiger Körper ist einer Kugel umschrieben, wenn alle Seitenflächen desselben Tangirungs-Ebenen der Kugel sind. Eine Kugel ist einem eckigen Körper umschrieben, wenn die Oberfläche derselben alle Eckpunkte des Körpers aufnimmt. Eine Kugel ist einem ebenflächigen Körper eingeschrieben, wenn sie alle Seitenflächen desselben berührt.

Es ist leicht einzusehen, daß die Seitenflächen eines einer Kugel eingeschriebenen Körpers zugleich eingeschriebene Figuren eines Kreises sind (XXVII, 2.). Wenn man einen solchen Kreis als Schnittfläche der Kugel betrachtet; so dient der Abstand desselben vom Mittelpunkte und die Gestalt der Seitenfigur des eingeschriebenen Körpers zur genaueren Bestimmung für die Lage der Seitenfläche des eingeschriebenen Körpers. Verbindet man je zwei an einer Seite anliegende Eckpunkte der eingeschriebenen Figur durch Bogen größester Kreise; so entsteht auf der Kugelfläche eine Figur von eben so viel Seiten, als die ebene Figur enthält, die in demselben Kreise eingeschrieben ist. Daraus folgt, daß jeder eingeschriebene Körper einer Zerlegung der Kugelfläche in eben so viele Theile, als der Körper Seitenflächen hat, entspricht.

Die Beziehungen der dadurch entstandenen Kugelfiguren zu den ebenen Figuren ist für die Auffassung dieser Körper von Wichtigkeit. Sie soll hier zunächst für die regulären Körper durchgeführt werden.

§. 2. Erklärung.

Eine Figur auf der Oberfläche einer Kugel, von Bogen größester Kreise eingeschlossen, deren Eckpunkte die Pole zu den Seiten einer eben solchen Figur sind, wird die **Polarfigur** der letzteren genannt.

Wenn z. B. (Fig. 94.) zur Seite AB des sphärischen Dreiecks ACB, der Pol γ ist, zur Seite AC der Pol β, zur Seite BC der Pol α, und die Bogen $\alpha\beta$, $\beta\gamma$, $\gamma\alpha$ gehören größesten Kreisen der Kugel an; so ist $\alpha\beta\gamma$ die Polarfigur zu ABC.

Die Polarfiguren haben eben so viel Seiten wie die Hauptfiguren und werden daher nach diesen benannt, z. B. Polardreieck, Polarviereck u. s. w.

Wenn γ der Pol zum Bogen AB ist; so steht der Radius γM senkrecht auf der Ebene des Bogens AB, oder des Winkels AMB. Hieraus erkennt man leicht den Zusammenhang der Polardreiecke auf der Kugeloberfläche mit den früher behandelten Supplementarecken (XX, 5.), aus welchem sich auch die Eigenschaften der Polarfiguren ergeben, namentlich die in folgendem Satze ausgesprochenen:

Jede Hauptfigur steht mit der zugehörigen Polarfigur in Wechselbeziehung; so daß die Seiten der einen Figur sich mit den Bogen, welche den Winkeln der anderen, bei gleichem Radius, entsprechen, zu einem Halbkreise ergänzen.

Anm. Der Ausdruck **Pol** ist bereits im vorigen Abschnitte (XXVII, 2. Anm.) erklärt.

§. 3. Lehrsatz.

Die Eckpunkte einer regelmäßigen Kugelfigur befinden sich in einer Ebene.

Beweis.

Von Kugeldreiecken ist der Satz an sich richtig, von regulären Kugelvielecken folgt er in folgender Weise.

Sei ABCDE (Fig. 95.) ein regelmäßiges Kugelfünfeck. Man lege durch A eine Ebene, welche den Winkel BAE halbirt (XIX, 24. 1.), so wird dies die Ebene eines größesten Kreises sein, da sie durch die Kante des Winkels, durch AM, also auch durch den Mittelpunkt M gelegt ist. Eine solche Ebene lege man auch durch B. Diese wird ebenfalls einen größesten Kreis auf der Oberfläche bilden, der sich mit dem durch A gelegten in F schneidet. Man lege nun durch F und C einen größesten Kreis; so entsteht das sphärische Dreieck FBC, welches dem Dreieck FAB congruent ist.

Es ist nämlich zunächst in dem Dreieck FAB Winkel FAB = FBA, als Hälften gleicher Winkel, also auch Seite FA = FB (XX, 19. 3.).

Nun ist auch AB = BC und Winkel FAB = FBC, als Hälften gleicher Winkel, also $\triangle FAB \cong FBC$. Daher auch Winkel FCB = FBA = $\frac{1}{2}$BCD.

Legt man also auch den Bogen eines größesten Kreises durch F und D; so entsteht das Dreieck FDC, congruent mit CFB aus denselben Gründen. Eben so wird gezeigt, daß wenn ein größester Kreisbogen durch F und E gelegt wird, auch die Dreiecke FED und FEA den übrigen congruent sind.

Die Punkte A, B, C, D, E liegen also auf den Peripherien der durch F gelegten größesten Kreise gleich weit von diesem Punkte ab. Wenn man daher Perpendikel von diesen Punkten auf dem zum Punkte F gehörigen Durchmesser FM legt; so treffen sie ihn alle in demselben Punkte G. Diese Perpendikel liegen also in derselben Ebene, folglich auch die Punkte A, B, C, D, E.

Jeder regulären sphärischen Figur entspricht also eine reguläre ebene Figur in den kleineren Kreis der Kugel eingeschrieben, der durch die Eckpunkte der sphärischen Figur gelegt werden kann, und hat mit der Kugelfigur die Eckpunkte gemein. Sie möge die ebene Nebenfigur der sphärischen Figur genannt werden. Es ergeben sich dann unmittelbar folgende Zusätze.

1. Zusatz.

Wenn die Hauptfigur ein regelmäßiges Kugelvieleck ist; so ist auch die ebene Nebenfigur ein reguläres Polygon von gleicher Seitenzahl.

2 Zusatz.

Ein Kugelradius durch die Mitte der Seite in der Nebenfigur gelegt, halbirt die entsprechende Seite der Hauptfigur.

§. 4. Lehrsatz.

Zu jeder regulären sphärischen Figur gehört eine reguläre Polarfigur und die Eckpunkte beider liegen in Parallelkreisen.

Beweis.

Es sei (Fig. 96.) das sphärische Fünfeck ABCDE gegeben, und durch Halbirung der Winkel desselben der Punkt F ermittelt, von dem aus durch Bogen größester Kreise das Fünfeck in congruente Dreiecke zerlegt ist. Man halbire die Seite des Fünfecks AB in H, und lege durch F und H einen größesten Kreisbogen, der um einen Quadranten HK verlängert ist: einen eben solchen Kreisbogen FLN lege man durch die Mitte von BC, und noch einen FPQ durch die Mitte von CD.

Es ist nun Dreieck AHF $\cong$ FHB (XXVII, 17 c.),

eben so FLB $\cong$ FBH (XXVII, 17 a.),

woraus sich leicht ergiebt, daß die kleinen Dreiecke AFH, HFB, BFL, LFC, CFP, FPD u. s. w. sämmtlich congruent sind.

Aus dieser Congruenz folgt die Gleichheit der Bogen FK, FN, FQ, und der Winkel KFN, NFQ. Hieraus aber ergiebt sich, wenn man K mit N und N mit Q durch Bogen größester Kreise verbindet, die Congruenz der Dreiecke KFN und NFQ, also der Bogen KN und NQ.

Denkt man sich die Construction so fortgesetzt; so wird offenbar ein sphärisches Fünfeck entstehen, dessen Seiten KN, NQ, QS u. s. w. gleich sind, und dessen Winkel KNQ, NQS u. s. w. gleichfalls als Summen gleicher Winkel gleich sind.

Es entsteht also eine regelmäßige Figur, deren Eckpunkte K, N, Q u. s. w. die Pole der gegebenen Figur sind, aber zugleich auch in derselben Ebene liegen, weil die Bogen FK, FN, FQ u. s. w. gleich sind.

Der Durchmesser aus F steht sowohl auf der Ebene ABCDE als auch auf der Ebene KNQS senkrecht; also bilden beide Ebenen Parallelkreise.

Nennt man, ähnlich wie bei ebenen regulären Polygonen, den Punkt F den sphärischen Mittelpunkt der Kugelfigur ABCDE, eben so FB den großen Bogenradius desselben, FH den kleinen Bogenradius; so ergeben sich leicht folgende Zusätze.

1. Zusatz.

Die Mittelpunkte einer regulären sphärischen Hauptfigur und ihrer Polarfigur liegen an den entgegengesetzten Endpunkten desselben Durchmessers.

2. Zusatz.

Der große Bogenhalbmesser der Hauptfigur ergänzt sich mit dem kleinen Bogenhalbmesser der Polarfigur zu einem Quadranten des größesten Kreises.

3. Zusatz.

Wenn die Oberfläche einer Kugel aus congruenten regulären Kugelfiguren besteht; so umgrenzen die Nebenfiguren einen regulären Körper.

§. 5. Aufgabe.

Die Seitenfläche eines in eine Kugel eingeschriebenen regulären Körpers von gegebener Seitenzahl und den Neigungswinkel zweier zusammenstoßender Seitenflächen desselben zu finden.

Auflösung.

Die Anzahl der regulären Körper kann, wie früher gezeigt ist, nicht über fünf hinausgehen. Für jeden derselben ist die Anzahl der Flächen, die in einer Ecke zusammenstoßen, und die Gestalt der Seitenfläche genau bestimmt, und von beiden die Anzahl der Seitenflächen abhängig.

Da die Construction der Seitenflächen in allen fünf Fällen dieselbe ist; so mag hier das Dodekaëder zur Durchführung derselben dienen:

Es sei also (Fig. 96.) der um C beschriebene größeste Kreis einer Kugel mit dem Durchmesser BA gegeben. Man soll das reguläre Fünfeck construiren, welches die Seitenfläche des eingeschriebenen Dodekaëders bildet, und zugleich den Winkel finden, den diese Seitenfläche an einer Kante mit der anstoßenden bildet. Man theile den Kreis um C in so viel Theile, als die Ecke des regulären Körpers Seiten hat. Dies sind drei bei dem Dodekaëder. Einen solchen Theil, also hier den dritten, schneide man von B aus ab. Es sei BD. Dann ziehe man die Sehne DA, und construire über derselben eine reguläre Figur von gleicher Seitenzahl mit der Seitenfläche des regulären Körpers, in diesem Falle also ein reguläres Fünfeck. Diese Figur soll als Hülfsfigur bezeichnet werden. Man verbinde den Mittelpunkt F derselben mit C durch die Gerade FC, welche AD in G schneidet, und ziehe auch die Gerade AF; so ist AF der große und FG der kleine Halbmesser der Hülfsfigur. Nun errichte man in A auf AC das Perpendikel AH, welches dem großen Halbmesser der Hülfsfigur, AF, gleich ist, und ziehe aus H mit AB eine Parallele, die den Halbkreis zunächst in K trifft. Von K fälle man auf den Durchmesser AB das Perpendikel KL, welches durch diese Construction offenbar dem großen Halbmesser der Hülfsfigur, AF, gleich wird. Von diesem Perpendikel schneide man das Stück LM ab, welches dem kleinen Halbmesser der Hülfsfigur, FG, gleich ist, und ziehe durch M den Radius CN. Aus N fälle man das Perpendikel NO auf AB, wodurch auf dem Durchmesser der Abschnitt CO begrenzt wird. Nun trage man von F aus auf FA die Linie FP ab, der Linie CO gleich, und construire um FP, als großen Radius, ein der Hülfsfigur ähnliches Polygon, in unserem Falle also ein reguläres Fünfeck; so wird dieses die verlangte Seitenfigur des regulären Körpers, in diesem Falle des Dodecaëders, sein.

Eine Seite dieser Figur ist PQ, welche Linie parallel mit AD ist. Diese wird von CF in R durchschnitten; so daß FR der kleine, FP der große Halbmesser dieser Figur ist.

Schneidet man nun CS = NO auf dem Radius CB ab, errichtet in S ein Perpendikel, welches den Halbkreis in T trifft, und zieht den Radius TC; so ist das Dreieck TCS dem Dreieck NCO congruent (IV, 23.), also ST = CO = FP. Es ist also ST der große Halbmesser der gefundenen Figur. Man schneide auf ihm von S aus den kleinen Halbmesser derselben FR ab; so daß SU = FR wird, und ziehe CU, trage daran den Winkel CUV = CUS ab; so ist SUV der Winkel, den zwei Seitenflächen des regulären Körpers (hier des Dodecaëders) mit einander bilden.

Beweis.

Man stelle sich A und B als Pole der beiden Parallelkreise in der Kugel vor, zu denen die Radien ON und ST gehören; und die Hülfsfigur als Polygon in den Parallelkreis um L eingeschrieben, indem LK = FA ist. Errichtet man demnach in M auf der Ebene der Zeichnung ein (hier nicht zu zeichnendes) Perpendikel; so bildet dies, als Sehne in dem Kreise um L, eine Seite der in den Kreis eingeschriebenen Hülfsfigur. Es ist nämlich LM = FG. Die durch M auf LM senkrecht gelegte Sehne in dem Parallelkreise hat also vom Mittelpunkte L denselben Abstand, welchen AD in einem Kreise gleichen Halbmessers (AF = KL) vom Mittelpunkt F hat. Der durch M gelegte Kugelradius CN trifft also in N die Mitte der Seite einer regelmäßigen Kugelfigur, zu welcher das Polygon um L die ebene Nebenfigur ist. Es ist also AN der kleine Bogenhalbmesser der zum Polygon um L gehörigen regelmäßigen Hauptfigur.

Da ferner, wegen Congruenz der Dreiecke NCO und TCS, der Winkel NCO dem Winkel CTS gleich ist, und dieser den Winkel TCS zu einem rechten ergänzt; so ergänzen sich die Bogen AN und BT zu einem Quadranten. Es ist also BT der große Bogenhalbmesser der Polarfigur für die Hauptfigur, deren sphärischer Mittelpunkt A ist. Zugleich ist der Punkt T der Pol für die in N halbirte Seite dieser Hauptfigur.

Es liegen also in dem Parallelkreise um S die Eckpunkte einer regulären sphärischen Figur, die gleich viel Seiten mit der Hülfsfigur hat, und deren ebene Nebenfigur den großen Radius TS oder FP hat.

Die durch die Construction gefundene reguläre Figur läßt sich also in den Parallelkreis um S einschreiben, entweder so, daß sie einen Eckpunkt in T erhält, oder auch so, daß die Mitte einer Seite in U liegt (da SU = FR, mithin SU der kleine Halbmesser der eingeschriebenen Figur ist). Der durch U gelegte Kugelradius CW bestimmt für diese Lage der Nebenfigur den Halbirungspunkt W einer Seite in der zugehörigen Hauptfigur.

Es ist also durch die Construction die Lage zweier Hauptfiguren genau bestimmt. Die eine derselben, (sie möge als Figur um A bezeichnet werden), hat den großen Halbmesserbogen AK, den kleinen AN, ihre Nebenfigur in dem Kreise mit dem Radius LK und ist der Hülfsfigur congruent, die den großen Radius FA hat. Die andere, (sie heiße die Figur um B), hat den großen Halbmesserbogen BT, den kleinen BW, ihre Nebenfigur ist die der Hülfsfigur ähnliche Figur mit dem großen Radius PF. Jede dieser beiden Hauptfiguren ist Polarfigur der andern.

Sehen wir zunächst auf die Figur um A; so ist die Seite ihrer Nebenfigur der Sehne DA gleich, also die Seite der Hauptfigur selbst dem Bogen des größesten Kreises DA. Dieser bestimmt den Winkel DCA, dessen Supplement der Winkel BCD ist. Der Winkel der Figur um B, welche Polarfigur zu der um A ist, muß also diesem Supplemente gleich sein.

Die sphärische Hauptfigur um B hat also einen sphärischen Winkel, der dem Winkel BCD gleich ist, welcher durch den Bogen BD bestimmt wird.

Da aber der Bogen BD so oft in dem Kreise enthalten ist, als die Ecke des regelmäßigen Körpers Seiten hat; (in unserem Falle dreimal); so lassen sich auf der Kugeloberfläche um T herum auch nur drei Winkel legen, die dem Umfangswinkel der sphärischen Figur um B gleich sind. Es ist also die sphärische Figur um B so oft in der Kugelfläche enthalten, als der zu bestimmende regelmäßige Körper Seiten hat (in unserem Falle zwölfmal).

Es lassen sich daher auch an jedem Eckpunkte drei solcher Figuren zusammenfügen. Die Nebenfiguren derselben schließen also den verlangten regelmäßigen Körper ein, dessen Seitenfläche demnach die um F an dem großen Halbmesser FP construirte reguläre Figur ist.

Errichtet man in U auf der Ebene der Zeichnung ein (hier nicht sichtbares) Perpendikel; so ist dies, als Sehne, die Seite einer in dem Parallelkreise um S mit dem Radius FP construirten Nebenfigur; also eine Kante des eingeschriebenen Körpers, und der Linie PQ gleich.

Ist nun UV = US und die Linie VC gezogen; so ist das Dreieck CSU dem Dreieck CVU congruent, und also CV = CS, so wie Winkel CVU ein rechter. Stellt man sich daher eine auf der Ebene der Zeichnung durch UV gelegte senkrechte Ebene vor; so schneidet diese aus der Kugel einen kleineren Kreis ab, der dem Kreise um S gleich ist (XXVII, 2).

Es läßt sich also auch in diesem eine reguläre Figur construiren, die ihren Mittelpunkt in V, eine Seite senkrecht in U hat und der Figur um S congruent ist. Die senkrechte Kante in U ist also beiden Figuren gemein, und SUV der Neigungswinkel der Ebenen beider Figuren an dieser Kante.

Anm. 1. Die hier zum erstenmal gelehrte allgemeine Construction der Bestimmungsstücke der regulären Körper ist in der Hauptsache folgende.

Man stellt sich zunächst die zu suchende Seitenfläche als Nebenfigur einer Hauptfigur auf der Kugelfläche vor. Zu dieser Hauptfigur gehört eine Polarfigur. Für diese läßt sich (aus Beschaffenheit der Ecken des Körpers) die Nebenfigur leicht bestimmen. Dies ist die Hülfsfigur. Zu dieser Figur, als Nebenfigur betrachtet, sucht man die Hauptfigur, zu dieser Hauptfigur die Polarfigur, und zu dieser die Nebenfigur, welche dann die verlangte Seitenfläche des regelmäßigen Körpers ist.

Bei dem Tetraëder, Würfel und Dodekaëder kommen nur dreiseitige Ecken vor, der Bogen BD ist also immer der dritte Theil des Kreises und die Seite der Hülfsfigur AD dem Radius der Kugel gleich. Die Hülfsfigur ist aber für das Tetraëder ein gleichseitiges Dreieck, für den Würfel ein Quadrat, für das Dodekaëder ein regelmäßiges Fünfeck. Bei dem Oktaëder ist die Ecke vierseitig, der Bogen BD also der vierte Theil des Kreises und AD die Seite des eingeschriebenen Quadrates, diese wird Seite der Hülfsfigur, die ein gleichseitiges Dreieck ist. Es ergiebt sich im Verlauf der Construction sehr leicht, daß die Hülfsfigur schon die gesuchte ist.

Bei dem Ikosaëder ist die Ecke fünfflächig, der Bogen B also der fünfte Theil des Kreises und AD die Sehne zu drei Zehntheilen der Peripherie. Diese ist die Seite der Hülfsfigur, die ein gleichseitiges Dreieck ist, wie bei dem Tetraëder und bei dem Oktaëder.

Nach diesen Andeutungen wird jeder im Stande sein, die Construction für alle Fälle durchzuführen, und selbst ihre Undurchfuhrbarkeit für andere Annahmen zu zeigen, aus welcher auch die Unmöglichkeit anderer regulärer Körper hervorgeht. Es ist nämlich in der hier durchgeführten Construction zugleich die Aufgabe gelöst: Eine regelmäßige sphärische Figur von bestimmter Winkelgröße zu construiren.

Anm. 2. An die allgemein gültige Construction der regelmäßigen Körper in einer Kugel schließt sich die Berechnung der Kanten dieser Körper und der Neigungswinkel je zweier Seitenflächen in denselben sehr einfach an.

Bezeichnet man nämlich die Bestimmungsstücke der Hülfsfiguren (übereinstimmend mit X, 22), so daß die halbe Seite derselben $\frac{1}{2}AD = s$, der große Halbmesser $AF = r$ gesetzt wird, und setzt den Kugelradius $CA = \varrho$, die halbe Kante $PR = k$; so ist:

$$CL^2 = CK^2 - KL^2 = CK^2 - AF^2 = \varrho^2 - r^2,$$
$$LM^2 = FG^2 = AF^2 - AG^2 = r^2 - s^2,$$
$$CM^2 = CL^2 + LM^2 = \varrho^2 - s^2,$$
$$CM^2 : CL^2 = CN^2 : CO^2, \text{ d. i. } \varrho^2 - s^2 : \varrho^2 - r^2 = \varrho^2 : CO^2;$$

also auch $CO^2 = ST^2 = FP^2 = \varrho^2 \frac{\varrho^2 - r^2}{\varrho^2 - s^2}$.

Ferner ist

$$AF^2 : AG^2 = PF^2 : PR^2, \text{ d. i. } r^2 : s^2 = \varrho^2 \frac{\varrho^2 - r^2}{\varrho^2 - s^2} : k^2;$$

also auch $k^2 = \varrho^2 \cdot \frac{s^2}{r^2} \cdot \frac{\varrho^2 - r^2}{\varrho^2 - s^2}$, d. h. $k = \frac{\varrho s}{r}\sqrt{\frac{\varrho^2 - r^2}{\varrho^2 - s^2}}$.

Dadurch ist also die Länge der halben Kante bestimmt.

Da ferner der Punkt U auf der Mitte der Kante des eingeschriebenen regulären Körpers liegt, welche Sehne eines größesten Kreises der Kugel ist; so trifft der durch U gelegte Kugelradius CW auf der Kugeloberfläche in W die Mitte einer Seite der sphärischen Hauptfigur, deren Eckpunkte in dem Kreise um S liegen, und deren Polarfigur ihre Eckpunkte im Kreise um L hat. Es ist also K der Pol für W. Demnach betragen die Bogen AK und BW zusammen einen Viertelkreis. Es ist also KCA + WCB = KCA + UCS = R. Da aber auch UCS + CUS = R; so ist CUS = KCL. Der halbe Neigungswinkel (CUS = KCL) je zweier Seitenflächen des eingeschriebenen regulären Polyëders liegt daher als spitzer Winkel in einem rechtwinkligen Dreieck (CKL), dessen Hypotenuse dem Kugelradius gleich ist (CK = ϱ) einer Kathete gegenüber, die dem großen Radius der Nebenfigur gleich ist (KL = AF = r).

Daraus ergiebt sich einfach das Verhältniß der Hypotenuse CK zur Gegenkathete KL, durch welches der Winkel KCL genau bestimmt ist.

$$\frac{CS}{CU} = \frac{CK}{KL} = \frac{r}{\varrho}.$$

Um nun aus diesen allgemeinen Bestimmungen die besonderen für die einzelnen Körper abzuleiten, hat man in jedem besonderen Falle s nach der Zahl der Seiten jeder Ecke des Körpers, und r aus s, nach der Gestalt jeder Seitenfläche zu entwickeln.

a) Für das Tetraëder ist Bogen BD der dritte Theil des Kreises, also AD der sechste Theil. Die Hülfsfigur aber ist ein gleichseitiges Dreieck. Demnach ist

$$AG = s = \tfrac{1}{2}\varrho, \quad AF = r = \frac{2s}{\sqrt{3}} = \frac{\varrho}{\sqrt{3}} \text{ (X, 22.)}.$$

Mit Hülfe dieser Bestimmungen findet man:

$$k = \varrho\sqrt{\tfrac{2}{3}}, \quad \frac{CS}{CU} = \sqrt{\tfrac{1}{3}}.$$

b) Für das Hexaëder (den Würfel) ist Bogen BD der dritte Theil des Kreises, die Hülfsfigur ein Quadrat. Daraus ergiebt sich

$$AG = s = \tfrac{1}{2}\varrho,\quad AF = r = s\sqrt{2} = \varrho\sqrt{\tfrac{1}{2}}\ (X, 23.),$$

$$k = \varrho\sqrt{\tfrac{1}{3}},\quad \frac{CS}{CU} = \sqrt{\tfrac{1}{2}}.$$

c) Für das Oktaëder ist Bogen BD ein Viertelkreis, die Hülfsfigur ein Dreieck; also

$$AG = s = \varrho\sqrt{\tfrac{1}{2}},\quad AF = r = \frac{2s}{\sqrt{3}} = \varrho\sqrt{\tfrac{2}{3}}\ (X, 22.),$$

$$k = \varrho\sqrt{\tfrac{1}{2}},\quad \frac{CS}{CU} = \sqrt{\tfrac{2}{3}}.$$

d) Für das Dodekaëder ist Bogen BD ein Drittelkreis, die Hauptfigur ein Fünfeck; daher

$$AG = s = \frac{\varrho}{2},\quad AF = r = \frac{4s}{\sqrt{2(5-\sqrt{5})}} = \varrho\sqrt{\frac{2}{5-\sqrt{5}}}\ (X, 24.),$$

$$k = \varrho\sqrt{\tfrac{1}{6}(3-\sqrt{5})},\quad \frac{CS}{CU} = \sqrt{\frac{2}{5-\sqrt{5}}}.$$

e) Für das Ikosaëder ist die Hülfsfigur ein Dreieck und Bogen BD der fünfte Theil des Kreises; daher ist die halbe Sehne

$$\tfrac{1}{2}BD = \frac{\varrho}{4}\sqrt{2(5-\sqrt{5})}\ (X, 24.),\ \text{folglich}$$

$$AG = s = \sqrt{\varrho^2 - \tfrac{1}{4}BD^2} = \frac{\varrho}{2}\sqrt{\frac{3+\sqrt{5}}{2}},$$

$$AF = r = \frac{2S}{\sqrt{3}} = \varrho\sqrt{\frac{3+\sqrt{5}}{6}},$$

$$k = \varrho\sqrt{\frac{3-\sqrt{5}}{5-\sqrt{5}}} = \varrho\sqrt{\frac{2}{5+\sqrt{5}}},\quad \frac{CS}{CU} = \sqrt{\frac{3+\sqrt{5}}{6}}.$$

Das hier überall für die halben Neigungswinkel berechnete Verhältniß $\frac{CS}{CU}$ wird in der Trigonometrie der Sinus des Winkels genannt.

Anm. 3. In der Auflösung dieser Aufgabe ist zugleich ein Verfahren enthalten, jedes beliebige reguläre sphärische Polygon auf der Oberfläche einer Kugel zu beschreiben, wenn der Winkel desselben bekannt ist.

§. 6. Aufgabe.

Um eine Kugel einen regulären Körper zu beschreiben.

Auflösung und Beweis.

Man beschreibe in die Kugel einen regulären Körper derselben Seitenzahl, lege Kugelradien durch die Mittelpunkte der Seitenflächen, und construire Tangirungsebenen an den äußeren Endpunkten dieser Radien; so schließen diese Ebenen den verlangten regelmäßigen Körper ein.

Der Beweis ergiebt sich aus genauerer Betrachtung der Construction der eingeschriebenen regulären Körper. Da CS (Fig. 96.) der Abstand jeder Seitenfläche des Körpers vom Mittelpunkte der Kugel ist; so berührt eine Kugel, deren Radius CS ist, den regulären Körper. Erweitert man die Seitenflächen der Pyramide, die C zur Spitze und das Polygon zur Grundfläche hat, bis zu der Berührungsebene in B; so erhält man in dieser Berührungsebene ein ähnliches Polygon (XXIII, 8. 1.), also eine reguläre Figur von gleicher Seitenzahl. Erweitert man eben so jede andere Pyramide; so erhält man in jeder anderen Berührungsebene dasselbe Polygon und die congruenten Polygone treffen offenbar mit ihren Kanten zusammen. Es ist also der erhaltene Körper das umschriebene Polyëder.

Anm. 1. Es läßt sich leicht zeigen, daß die Berührungspunkte der umschriebenen regulären Figuren zu den Eckpunkten der eingeschriebenen Figuren in folgender Beziehung stehen.

Die Eckpunkte des eingeschriebenen Tetraëders sind Berührungspunkte für das umschriebene Tetraëder.

Die Eckpunkte des eingeschriebenen Hexaëders sind Berührungspunkte für das umschriebene Oktaëder und umgekehrt.

Die Eckpunlte des eingeschriebenen Dodekaëders sind Berührungspunkte für das umschriebene Ikosaëder und umgekehrt.

Wie nun bei den eingeschriebenen Körpern die Ebenen, welche durch den Kugelmittelpunkt und die Kanten gelegt sind, sphärische Figuren auf der Kugeloberfläche bestimmen; so ist dies auch bei den umschriebenen Körpern der Fall. Zu jedem umschriebenen Körper gehört also auch eine Eintheilung der Kugeloberfläche in sphärische Figuren, deren Eckpunkte auf den Geraden liegen, welche durch den Mittelpunkt und die Eckpunkte des umschriebenen Körpers gelegt werden.

Anm. 2. Auch die Mitten der Kanten eines regulären Körpers liegen in einer Kugelfläche; weil auch die Linie CU (Fig. 96.) für jede Seitenfläche gleiche Länge hat. Diese Mittepunkte bilden jedoch nur bei dem Tetraëder Eckpunkte eines Tetraëders, bei dem Würfel und Oktaëder haben die entsprechenden Körper 8 Dreiecke und 6 Quadrate zu Seitenflächen, bei dem Dodekaëder und Ikosaëder 20 Dreiecke und 12 Fünfecke.

B. Aehnlichkeit der Körper.

§. 7. Erklärung.

Zwei ebenflächig begrenzte Körper heißen vollständig ähnlich, wenn die Ecken derselben, einzeln verglichen, einander congruent sind, und die an diesen Ecken gleichliegenden Seitenflächen ähnliche Figuren sind. Zwei Körper werden symmetrisch ähnlich genannt, wenn der eine dem symmetrischen Körper des anderen ähnlich ist.

§. 8. Lehrsatz.

Zwei Pyramiden sind vollständig ähnlich; wenn die Ecken an den Spitzen congruent sind, und eine Ecke an der Grundfläche der einen Pyramide einer Ecke an der Grundfläche in der anderen bei gleichbleibender Lage der Kanten congruent ist.

Beweis.

Es seien (Fig. 97.) die beiden Pyramiden A-BCDE und a-bcde gegeben. Die Ecke bei A congruent der Ecke bei A, die Kante AB gleichliegend mit ab, die Ecke bei b congruent der Ecke bei B; so daß ba und BA auch in dieser Ebene gleichliegend sind; so sollen beide Pyramiden ähnliche Körper sein.

Man schneide in der einen Pyramide von der Kante AB von der Spitze A aus ein Stück ab, das der gleichliegenden Kante in der anderen Pyramide gleich ist, $A\beta = ab$, und lege durch β eine Ebene parallel mit BCDE, welche mit der Pyramide die Durchschnittsfigur $\beta\gamma\delta\varepsilon$ bildet; so ist die so entstandene Pyramide A-$\beta\gamma\delta\varepsilon$ der Pyramide a-bcde congruent.

Es ist nämlich Winkel $\beta A\gamma = bac$, weil die Ecken bei A und a congruent sind. Es ist ferner Winkel $A\beta\gamma = ABC$; weil die Linien $\beta\gamma$ und BC parallel sind, und Winkel $ABC = abc$ wegen der Congruenz der Ecken bei B und b. Daher ist auch Winkel $A\beta\gamma = abc$. Da nun auch Seite $A\beta = ab$; so ist Dreieck $A\beta\gamma \cong abc$ (IV, 4.). Daher ist $A\gamma = ac$.

In derselben Art wird gezeigt, daß $AE = ae$ ist, daher ist die Pyramide A-$\beta\gamma\delta\varepsilon \cong$ a-bcde (XXIII, 2.).

Nun ist aber $\triangle A\beta\gamma \sim ABC$ (XIII, 2.).

Eben so folgt, daß die übrigen Seiten-Dreiecke der Pyramiden A-$\beta\gamma\delta\varepsilon$ und A-BCDE ähnlich sind. Es sind aber auch die Grundflächen $\beta\gamma\delta\varepsilon$ und BCDE ähnlich (XXIII, 8. 2.). Daher sind der Reihe nach alle Seitenflächen der Pyramiden A-BCDE und A-$\beta\gamma\delta\varepsilon$ ähnliche Figuren.

Da $\gamma\delta \ddagger$ CD und $\gamma\beta \ddagger$ CB; so ist

Winkel $A\gamma\delta$ = ACD, $A\gamma\beta$ = ACB (V, 6.), $\beta\gamma\delta$ = BCD (XIX, 15.).

Mithin ist Ecke γ-ABD $\cong$ C-ABD. Dies gilt von allen gleichliegenden Ecken an den Grundflächen $\beta\gamma\delta\varepsilon$ und BCDE. Daher sind auch alle Ecken beider Körper übereinstimmend, und weil a-bcde $\cong$ A-$\beta\gamma\delta\varepsilon$ (XIX, 4.); so ist

$$ABCDE \sim A\beta\gamma\delta\varepsilon \sim abcde,$$ w. z. b. w.

Wenn man zu der Pyramide a-bcde durch Verlängerung der Kanten über den Scheitel hinaus, und zwar einer jeden um ihre eigene Länge eine Scheitelpyramide construirt; so findet man leicht den Beweis für den

Zusatz

Zwei Pyramiden sind symmetrisch ähnlich; wenn die Ecken an der Spitze symmetrisch sind, und eine Ecke an der Grundfläche der einen Pyramide einer Ecke an der Grundfläche der anderen bei gleichbleibender Lage der Kanten symmetrisch ist.

Anm. Es lassen sich für die Aehnlichkeit der Pyramiden noch manche andere Sätze aufstellen, denen entsprechend, die über die Congruenz (XXIII, 2. Anm. 2.) gültig sind. Ihre Aufführung im Einzelnen muß jedoch hier übergangen werden.

§. 9. Lehrsatz.

Wenn zwei Körper aus gleichartig ähnlichen Pyramiden in ähnlicher Weise zusammengefügt sind; so sind sie ähnlich.

Beweis.

Die beiden Körper ABCDEFG und abcdefg (Fig. 98.) seien aus den congruentähnlichen vierseitigen Pyramiden D-ABEFG und d-abefg und den congruentähnlichen dreiseitigen Pyramiden D-ABC und d-abc in ähnlicher Weise zusammengesetzt, d. h. so, daß die zusammenstoßenden Kanten DB, db, DA, da, in jeder der Theilpyramiden gleichliegend sind; so sind auch die ganzen Körper ähnlich.

Die Seitenflächen nämlich sind ähnlich, weil sie, wie abefg und ACEFG, gleichliegende Seitenflächen in ähnlichen Pyramiden sind, die Ecken sind übereinstimmend, weil sie, wie f-deg und F-DEG, gleichliegende Ecken ähnlicher Pyramiden sind, oder, wie d-acbefg und D-ACBEFG, aus übereinstimmenden Ecken in übereinstimmender Weise zusammengefügt sind.

§. 10. Lehrsatz.

Wenn die Seitenflächen zweier Körper, bei gleicher oder symmetrischer Lage, einzeln verglichen, der Reihe nach ähnlich sind, so sind die Körper ähnlich.

Beweis.

Es seien die Seitenflächen der Körper MK und mk (Fig. 99.) bei gleicher Lage, der Reihe nach ähnlich. ABCDE $\sim$ abcde, ABFGH $\sim$ abfgh, BCKLF $\sim$ bcklf u. s. w.; so sind die Körper ähnlich.

Man nehme innerhalb des Körpers mk den Punkt z an, ziehe die Gerade za, verlängere za bis α; so daß za : zα = ab : AB wird, lege dann durch α eine Ebene parallel mit abcde, welche die von z durch a, b, c, d, e gelegten Geraden in den Punkten α, β, γ, δ, ε trifft. Durch $\alpha\beta$ lege man ferner eine Ebene parallel mit abfgh, welche die von z durch a, b, f, g, h gelegten Geraden in den Punkten α, β, ζ, η, ϑ trifft. Fährt man in dieser Weise fort; so erhält man einen Korper, der von eben so viel Seitenflächen umschlossen ist, wie der Körper abcdefghklm und der diesem Körper ähnlich ist.

Es ist aber $\quad abcde : \alpha\beta\gamma\delta\varepsilon = ab^2 : \alpha\beta^2 = ab^2 : AB^2$.

Ebenso $\quad abcde : ABCDE = ab^2 : AB^2$.

Daher ist $\quad \alpha\beta\gamma\delta\varepsilon = ABCDE$.

In derselben Weise läßt sich zeigen, daß die Seitenflächen des Körpers ABC...M der Reihe nach den Seitenflächen des Körpers $\alpha\beta\gamma\ldots\mu$ congruent sind, und in gleicher Weise der Ordnung nach an einander liegen. Die Körper ABC...M und $\alpha\gamma\gamma\ldots\mu$ sind also congruent (XXI, 4.). Deshalb ist auch abc...m $\sim$ ABC...M, w. z. b. w.

Es folgt aus diesem Satze unmittelbar der

1. Zusatz.

Regelmäßige Körper von gleicher Seitenzahl sind ähnlich.

Da zwei Kugeln als reguläre Körper von gleich viel Seitenflächen betrachtet werden können (XXI, 3. Anm. 1.); so ergiebt sich auch hieraus

2. Zusatz.

Kugeln sind ähnliche Körper.

Außerdem ergiebt sich aus der Construction zu dieser Aufgabe der

3. Zusatz.

Aehnliche Körper lassen sich jederzeit im Raum so aufstellen, daß die geraden Linien, welche durch die gleichliegenden Eckpunkte gehen, in einen einzigen Punkte zusammentreffen.

Daß die beiden ähnlichen Körper $\alpha\beta\gamma\ldots\mu$ und abc...m in dieser Art aufgestellt sind, und daß in den Punkt z alle Geraden zusammentreffen, welche durch die gleichliegenden Eckpunkte a, α, b, β, c, γ u. s. w. gehen, ist leicht einzusehen.

Dieser Zusammentreffungspunkt heißt der Aehnlichkeitspunkt beider Körper in dieser Lage.

Zwei Kugeln haben in jeder Lage einen Aehnlichkeitspunkt. Man erkennt leicht, daß dies zugleich der Aehnlichkeitspunkt derjenigen beiden größesten Kreise derselben ist, die in derselben Ebene liegen.

Daraus ergiebt sich leicht der Satz:

Die sechs äußeren Aehnlichkeitspunkte für vier Kugeln liegen in einer Ebene.

Sind nämlich a, b, c, d die Mittelpunkte der Kugeln, und wird durch (ab) der äußere Aehnlichkeitspunkt der beiden Kugeln um a und b bezeichnet; so bilden (nach XVI, 8.)

1) (ab) (ac) (bc) eine gerade Linie,
2) (ab) (ad) (bd) eine gerade Linie,
3) (ac) (ad) (cd) eine gerade Linie,
4) (bc) (bd) (cd) eine gerade Linie.

Die erste Gerade hat mit der zweiten den Punkt (ab), mit der dritten den Punkt (ac) gemein, und diese haben unter sich den Punkt (ad) gemein. Es liegen also alle drei in der Ebene, welche durch diese drei Punkte gelegt werden kann. Jeder Punkt der vierten Linie ist aber zugleich ein Punkt auf einer der vorhergehenden, liegt also mit diesen in derselben Ebene.

§. 11. Lehrsatz.

Die Oberflächen ähnlicher Körper verhalten sich wie die Quadrate gleichliegender Kanten in denselben, und die Raumgrößen wie die Würfel dieser Kanten.

Beweis.

Werden zwei ähnliche Pyramiden so aufgestellt, daß ihre Spitzen und gleichliegenden Seiten zusammenfallen; so verhalten sich die Grundflächen wie die

Quadrate der Grundkanten (XXIII, 8. 1.). Das Verhältniß der Räume ist aus den Verhältnissen der Grundflächen und der Höhen zusammengesetzt. Die Höhen sind die Abstände der Grundflächen von der gemeinschaftlichen Spitze. Die Grundflächen stehen nun gleichfalls im quadratischen Verhältnisse dieser Abstände, also verhalten sich auch die Höhen wie die Grundkanten. Das Verhältniß der Räume ist also aus dem quadratischen Verhältniß der Grundkanten und aus dem einfachen derselben zusammengesetzt. Es verhalten sich also die Räume ähnlicher Pyramiden, wie die Würfel der Grundkanten.

Hat man nun zwei beliebige ähnliche Körper; so lassen sie sich im Raum so aufstellen, daß die Geraden durch je zwei gleichliegende Eckpunkte in dem Aehnlichkeitspunkte zusammentreffen. Dieser ist also gemeinschaftliche Spitze aller Pyramiden, deren Grundflächen die Seitenflächen der Körper sind. Nun verhalten sich die zu gleichen Körperecken gehörigen Pyramiden wie die Würfel der Grundkanten (d. h. wie die Würfel zweier beliebiger gleichliegender Kanten des Körpers), und die Grundflächen der einzelnen Pyramiden, wie die Quadrate zweier gleichliegender Kanten.

Vereinigt man alle diese Grundflächen, die als Vorder- und Hinterglieder gleicher Verhältnisse auftreten; so hat die Summe aller Seitenflächen des einen Körpers zur Summe der Seitenflächen des anderen dasselbe Verhältniß der Quadrate zweier gleichliegender Kanten. Vereinigt man alle Pyramiden, die als Vorderglieder und als Hinterglieder gleicher Verhältnisse, nämlich der Würfel der gleichliegenden Kanten anzusehen sind: so hat die eine Summe, d. i. der eine Körper, zu der andern, d. i. zu dem andern Körper, dasselbe Verhältniß, nämlich das der Würfel der Grundkanten.

Anm. Denkt man sich zwei Kugeln in concentrischer Lage, und stellt sich dieselben als regelmäßige Körper von unendlicher Seitenzahl vor; so zerfallen sie in unendlich viele ähnliche Pyramiden, deren Verhältnisse eben so bestimmt werden können. Daraus ergiebt sich leicht, daß Kugeln sich wie die Würfel ihrer Radien, und ihre Oberflächen wie die Quadrate der Radien verhalten.

Dies folgt auch aus den Sätzen über die Ausmessung der Kugel.

Haben zwei Kugeln die Radien r und r';

so sind ihre Raumgrößen $\frac{4}{3}r^3\pi,\ \frac{4}{3}r'^3\pi$.

Das Verhältniß derselben ist $r^3 : r'^3$.

Die Oberflächen sind $4r^2\pi,\ 4r'^2\pi$.

Das Verhältniß derselben ist $r^2 : r'^2$.

§. 12. Zusatz.

1) Zwei Cylinder oder zwei Kegel sind ähnlich; wenn ihre Axen gleiche Neigungswinkel zu den Grundflächen haben und sich wie die Radien derselben verhalten.

2) Kegelstumpfe sind ähnlich, wenn ihre Axen gleiche Neigungswinkel gegen die Grundflächen haben, und die Radien, sowohl der unteren Grundflächen als auch der oberen sich wie die Axen verhalten.

3) Kugelsegmente sind ähnlich, wenn ihre Höhen sich wie die Radien der Grundflächen verhalten.

4) Kugelsectoren sind ähnlich, wenn die Abstände der Abschnittskreise vom Mittelpunkte sich wie die Kugelradien verhalten.

Die Vergleichung aller dieser Körper mit ebenen Körpern von unendlich vielen Seitenflächen führt sehr leicht auf die hier ausgelassenen Beweise.

Anm. Daß alle Paraboloïde ähnliche Körper sind, findet man leicht; wenn man die Brennpunkte zu Aehnlichkeitspunkten wählt, während die Axen zusammenfallen.

Ellipsoïde und Hyperboloïde sind ähnlich, wenn sich die Hauptaxen wie die Nebenaxen verhalten. Auch dies findet man, wenn man die Körper so aufstellt, daß die Mittelpunkte der Curven, aus deren Umdrehung sie entstehen, und zugleich die Drehungsaxen zusammenfallen.

Ueberhaupt wird sich leicht aus den vorhergehenden Betrachtungen der Satz ableiten lassen:

5) Zwei Körper sind ähnlich, wenn sie sich so auf ein im Raum gegebenes Strahlensystem beziehen lassen, daß der Abschnitt, welchen die Oberfläche des einen Körpers auf einem Strahl hervorbringt zu dem Abschnitte, welchen die Oberfläche des anderen Körpers auf ihm bildet, überall bei jedem der unendlich vielen Strahlen dasselbe Verhältniß hat.

Der Mittelpunkt der Strahlen ist der Aehnlichkeitspunkt der Körper in dieser Lage.

C. Von den ebenflächigen Körpern, die sich auf Axen beziehen lassen.

§. 13 Erklärung.

Ein ebenflächiger Körper, dessen Eckpunkte oder Seitenflächen, oder Kanten gruppenweise gegen gerade Linien, die sich in einem Punkte innerhalb desselben durchschneiden, gleichmäßig liegen, wird ein axiger Körper genannt. Die bezeichneten Geraden selbst heißen Axen, und man unterscheidet die Körper als axig nach den Ecken, axig nach den Flächen, axig nach den Seiten.

Das reguläre Oktaëder, welches in eine Kugel eingeschrieben ist, kann als axig nach den Ecken betrachtet werden. Denn je zwei Eckpunkte liegen an den Endpunkten eines Kugeldurchmessers und die drei Kugeldurchmesser, als Axen betrachtet, durchschneiden sich winkelrecht.

Legt man durch jeden Eckpunkt des in die Kugel eingeschriebenen regulären Oktaëders eine Tangirungsebene; so erhält man einen umschriebenen Würfel, der sich in Bezug auf dieselben drei Durchmesser als axig nach den Flächen betrachten läßt. Denn die Mittelpunkte der Seitenflächen liegen bei ihm an den Endpunkten dieser drei Durchmesser.

Zieht man in jeder Seite des der Kugel umschriebenen Würfels nur eine Diagonale, jedoch so, daß der Endpunkt einer Diagonale jedesmal der Anfangspunkt zweier andern ist, und legt durch je drei dieser Diagonalen Ebenen; so erhält man ein regelmäßiges Tetraëder, das mit dem eingeschriebenen Oktaëder und dem umschriebenen Würfel dieselben Axen hat, aber in Beziehung auf dieselben axig nach den Kanten ist.

Nur die drei genannten Körper lassen sich so einfach auf drei gegeneinander senkrechte Axen beziehen. Sobald mehr Axen betrachtet werden, ist

das Oktaëder	3 axig nach den Ecken,	4 axig n. d. Fl.,	6 axig n. d. K.
das Hexaëder	4 axig nach den Ecken,	3 axig n. d. Fl.,	6 axig n. d. K.
das Dodekaëder	10 axig nach den Ecken,	6 axig n. d. Fl.,	15 axig n. d. K,
das Ikosaëder	6 axig nach den Ecken,	10 axig n. d. Fl.,	15 axig n. d. K.

Es giebt aber auch viele andere Körper, von denen sechs Punkte, sei es an den Ecken oder in den Mitten der Flächen oder der Kanten den Axenendpunkten des regulären Oktaëders entsprechen, so daß auch die andere Gestaltuug derselben leicht auf diese Axen bezogen werden kann.

Zu diesen Körpern gehört das Rhombendodekaëder, welches man erhält, wenn man Berührungsebenen durch die Kanten eines regulären Oktaëders an diejenige Kugelfläche legt, welche die Kantenmitten des Oktaëders aufnimmt. Da vier Kanten in jeden Eckpunkt des Oktaëders zusammenstoßen, so entsteht bei dieser Construction an jedem dieser Eckpunkte wieder eine vierseitige Ecke.

Da durch jede der drei Seitenkanten einer Oktaëderfläche Ebenen gelegt sind; so bilden diese dreiseitige Ecken. Der Körper hat also sechs vierseitige, und acht dreiseitige Ecken, die ersteren liegen an den Endpunkten dreier gleich langer, rechtwinklig gegen einander geneigter Axen, die letzteren an den Eckpunkten eines Würfels, der sich mit seinen Kanten auf dieselben Axen beziehen läßt.

Da an den Endpunkten jeder ursprünglichen Oktaëderkante in der hindurchgelegten Tangirungsebene gleiche Winkel entstehen; so ist jede Seitenfigur des Körpers ein Viereck mit gleichen Gegenwinkeln, also ein Parallelogramm, und da jeder Winkel an der Ecke kleiner als 1 R sein muß (TX, 8.); so ist es ein schiefwinkliges Parallelogramm, und da endlich wegen der gleichartigen Lage dieser Kanten sie sämmtlich einander gleich sein müssen; so sind die Seitenflächen zwölf Rhomben, von denen der Körper den Namen hat.

§. 14. Aufgabe.

Die Neigung einer Ebene, welche durch die Endpunkte dreier Axen geht, gegen die Ebene zweier dieser Axen zu bestimmen.

Auflösung.

Wenn drei beliebige Axen MA, MB, MC (Fig. 100.) gegeben sind, und durch die drei Punkte A, B, C eine Ebene gelegt ist; so bildet diese einen Winkel mit der Ebene, in welcher die Axen MB und MC liegen. Dieser Winkel soll bestimmt werden.

Fällt man von A auf die Ebenen der Axen MB und MC ein Perpendikel AD; so ist die Lage des Punktes D in der Ebene BMC genau bestimmt, von diesem Punkte aus ziehe man die Linien DC und DB; so sind dies auch ganz bestimmte Größen. Es ist also das Dreieck DCB bestimmt. Aus diesem Dreieck läßt sich auch das Dreieck ACB bestimmen (XXIII, 7.). Es ist also auch das Verhältniß $\triangle$CDB : $\triangle$ACB bestimmt. Fällt man nun von A ein Perpendikel AE auf BC und zieht DE; so ist auch DE ein Perpendikel zu CB, also AED der Neigungswinkel der Ebenen ACB und MBC. Dieser Winkel ist aber ein spitzer Winkel in dem rechtwinkligen Dreieck AED, dessen Hypotenuse AE die Höhe des Dreiecks ACB für die Grundlinie CB ist, und dessen Kathete DE die Höhe des Dreiecks CDB für dieselbe Grundlinie CB ist. Da nun das Verhältniß der Dreiecke ACB und BCD bei gleicher Grundlinie dem Verhältniß der Höhen AE und ED gleich ist; so ist in dem rechtwinkligen Dreieck AED das Verhältniß der Hypotenuse AE zur Kathete ED genau bestimmt, also auch der Winkel genau bestimmt, der in diesem Dreiecke von diesen Seiten eingeschlossen ist.

In der Trigonometrie wird die verhältnißmäßige Größe der anliegenden Kathete eines spitzen Winkels im rechtwinkligen Dreieck gegen die Hypotenuse Cosinus dieses spitzen Winkels genannt. Die Entwicklung der Größe dieses Cosinus aus den hier gegebenen Bestimmungen im Allgemeinen fällt daher auch der Trigonometrie anheim. An dieser Stelle möge nur der Fall genauer betrachtet werden; wo die eine Axe AM auf der Ebene der anderen beiden senkrecht steht, also DA = a, DB = b, DC = c, die Axen selbst sind.

In diesem Falle ist

$$(\triangle ACB)^2 = (\triangle DCB)^2 + \tfrac{1}{4} CB.^2 AD^2 \text{ (XXIII, 7.)}.$$

Daher $DE : AE = \triangle DCB : \sqrt{(\triangle DCB)^2 + \tfrac{1}{4} CB.^2 AD^2}$.

Machen wir nun die Annahme, daß Winkel BMC = BDC = R; so ist

$$DE : AE = bc : \sqrt{a^2b^2 + b^2c^2 + a^2c^2} = 1 : \sqrt{\frac{a^2}{a^2} + \frac{a^2}{b^2} + \frac{a^2}{c^2}}$$

Sind dann alle drei Achsen gleich; so ist

$$DE : AE = 1 : \sqrt{3}.$$

Ist nur $b = c$; so ist

$$DE : AE = 1 : \sqrt{1 + 2\frac{a^2}{b^2}}.$$

Nimmt man an, daß BDC ein gleichseitiges Dreieck ist; so wird, da dann auch $c = b$ ist,

$$DE : EA = \tfrac{1}{4} b^2 \sqrt{3} : \sqrt{\tfrac{3}{16} b^2 + \tfrac{1}{4} b^2 a^2} = 1 : \sqrt{\tfrac{4}{3} a^2 + b^2}.$$

Wenn sich also ein Körper auf Axen bezieht, deren zwei oder drei in einer Ebene liegen, und die Durchschnittspunkte seiner Seitenflächen mit diesen Axen gegeben, etwa durch die Längen der Axen vom Mittelpunkte bis zu der Ebene bestimmt sind; so läßt sich jederzeit die Lage dieser Ebene gegen die Ebene jener Axen bestimmen, mithin auch aus dem Axenverhältniß der Winkel den zwei solche Ebenen einschließen.

Umgekehrt wird aus den Winkeln sich auch das Verhältniß der Axenlagen bestimmen lassen. Die geometrischen Construktionen ergeben sich aus XX, 19; die Berechnungen darüber fallen aber in das Gebiet der Trigonometrie

§. 15. Zusatz.

Wenn alle Seitenflächen eines ebenflächigen Körpers gegen drei sich rechtwinklig schneidende Axen übereinstimmende Lage haben; so ist durch eine jede derselben die Eigenthümlichkeit des Körpers bestimmt. Daher hat man nur nöthig, die Abstände zu kennen, in welcher jede der drei Axen durch eine Fläche des Körpers geschnitten wird, um dadurch den Körper selbst zu bezeichnen.

Sind die drei Axenlängen gleich; so entsteht das Oktaëder, dessen Gestalt also durch das Verhältniß der Axenlängen 1 : 1 : 1 bestimmt ist.

Legt man durch jeden Endpunkt der gleichen Axen eine Ebene parallel mit den beiden anderen Axen; so bilden diese den Würfel, an dem jede Seitenfläche das Axenverhältniß $\infty : \infty : 1$ hat, da gerade Linien, die einer Ebene parallel sind, erst in unendlicher Entfernung geschnitten werden.

Legt man durch die Endpunkte zweier Halbaxen Ebenen, die der dritten Axe parallel sind; so entsteht das Rhombendodekaëder, dessen Seitenflächen durch das Axenverhältniß $\infty : 1 : 1$ bestimmt ist.

Legt man durch zwei Endpunkte der gleichen Axen Ebenen, welche die dritte Axe nicht in ihrem Endpunkte, sondern so treffen, daß auf derselben vom Mittelpunkte aus überall die größere Länge m abgeschnitten wird; so schließen diese Ebenen ein Pyramidenoktaëder ein, d. i. ein Oktaëder, das auf jeder Fläche noch eine dreiseitige Pyramide trägt. Jede Fläche dieses Körpers ist durch das Verhältniß der Axen $m : 1 : 1$ bezeichnet.

Legt man durch jeden Endpunkt der gleichen Axen eine Ebene, welche von jeder der anderen beiden Axen gleiche Längen m abschneidet, die größer als die Halbaxen sind; so schließen die Figuren ein Deltoidikosaëder ein, d. i. einen Körper, der von zwanzig congruenten Deltoïden oder Vierecken mit gleichen Nebenseiten, begrenzt ist. Die Axenverhältnisse jeder Seitenfläche sind $m : m : 1$.

Legt man durch jeden Endpunkt der gleichen Axen eine Ebene, welche eine der anderen Axen im Abstande n schneidet und der dritten parallel ist; so entsteht der Pyramidenwürfel, d. h. ein Körper, der als ein Würfel aufzufassen ist, auf dessen Seitenflächen gleichseitige Pyramiden stehen. Das Axenverhältniß jeder Begrenzungsfläche ist $\infty : n : 1$, wobei auch $n > 1$ sein muß.

Legt man endlich durch jeden Endpunkt der gleichen Axen Ebenen, welche die eine der anderen Axen im Abstande m, die andere im Abstande n treffen; so daß $m > n$, $n > 1$ ist; so entsteht das Hexakisoktaëder, ein Achtundvierzigflächner von congruenten ungleichseitigen Dreiecken eingeschlossen. Das Axenverhältniß jeder Seitenfläche ist $m : n : 1$.

Anm. Durch die vorstehenden 7 Arten der Körper sind alle Fälle erschöpft, die eine Uebereinstimmung der Axenverhältnisse für die einzelnen Flächen derselben enthalten. Ein sehr ausgedehnter Zweig der Naturwissenschaft, die Krystallographie, hat diese Körper zusammengefaßt und alle dahin gehörigen dem regelmäßigen Gestaltsystem eingeordnet. Die Naturkörper, Krystalle, welche bei sehr abweichender äußerer Gestalt, an ihrer Oberfläche die Flächen dieses regelmäßigen Systems zeigen, ergeben zugleich für die Verhältnißzahlen der Axenabschnitte dieser Flächen m und n jederzeit rationale Werthe; so daß also die Axenabschnitte immer commensurabel sind.

Eine eigenthümliche Klasse von Körpern, die diesem Systeme gleichfalls angehören, bilden die Halbflächner desselben, d. h. Körper, bei denen abwechselnd eine Fläche des regelmäßigen Körpers vorhanden ist und die angrenzende fehlt; so daß die fehlenden unter sich wieder denselben Halbflächner bilden.

So ist 1) der Halbflächner des Oktaëders ein Tetraöder, 2) der Halbflächner des Ikositetraëders das Trigondodekaëder, 3) der Halbflächner des Triakisoktaëders das Deltoïddodekaëder, 4) der Halbflächner des Hexakisoktaëders das Hexakistetraëder, 5) der Halbflächner des Tetrakishexaëders ist das Pentagondodekaëder und 6) der Halbflächner des Hexakisoktaëders ist das Dyakisdodekaëder. Der Halbflächner des Würfels giebt keine geschlossene Figur.

Es kann hier der Ort nicht sein, tiefer in die Krystallographie einzugehen. Es ist aber zweckmäßig bei der Betrachtung der ebenflächigen Körper vorzugsweise Formen ins Auge zu fassen, welche sich auch in der Natur vorfinden. Daher sei hier noch kurz erwähnt, wie sich auch andere Formen auf bestimmte Axenverhältnisse zurückführen lassen.

Es werden daher noch außer dem

1) regulären dreiaxigen System betrachtet
2) das zwei- und einaxige, in welchem zwei der rechtwinkligen Axen einander gleich sind, die dritte senkrecht hindurchgehende von beiden verschieden ist;
3) das ungleichaxige, in welchen die drei sich senkrecht durchschneidenden Axen ganz verschieden sind;
4) das drei- und einaxige, in welchem drei Axen in einer Ebene liegen und sich unter Winkeln von 60° treffen, die vierte Axe jene drei senkrecht durchschneidet;
5) das zwei- und eingliedrige, in welchen zwei Axen sich rechtwinklig durchschneiden, die dritte aber nur mit einer derselben rechte Winkel bildet;
6) das ein- und eingliedrige, in welchem drei Axen anzunehmen sind, die sich alle unter schiefen Winkeln schneiden.

Als Beispiel möge hier noch zum drei- und einaxigen System die sechsseitige Doppelpyramide aufgeführt werden, deren Flächen alle durch drei nächste Endpunkte der Axen gehen. Halbflächner derselben ist das Rhomboëder, ein von sechs congruenten Rhomben eingeschlossener Würfel, an dem sich nur noch die Endpunkte einer Axe als Ecken von drei stumpfen Winkeln gebildet, darstellen.

Anhang zum dritten Cursus.

Uebungsaufgaben und Zusätze zur Stereometrie.

1. Lehrsatz. Der geometrische Ort aller Punkte die in einer Ebene liegen und von einem Punkte außerhalb oder innerhalb derselben gleich weit entfernt sind, ist ein Kreis.

2. Lehrsatz. Gerade Linien, die sich in einem Punkte durchschneiden, liegen in einer Ebene, wenn sie in ihrem Durchschnittspunkte von einer und derselben geraden Linie perpendiculär durchschnitten werden.

3. Lehrsatz. Wenn zwei dreiseitige Ecken symmetrisch sind und eine derselben gleiche Seiten hat; so sind die Ecken auch congruent.

4. Aufgabe. Den Neigungswinkel einer geraden Linie und einer Ebene durch Construktion zu finden; wenn die beiden Winkel einzeln bekannt sind, welche die gegebene Linie mit zwei geraden Linien in der Ebene bildet.

5. Lehrsatz. Wenn man mit allen Seiten einer Raumecke durch einen Punkt des Raumes Parallelebenen legt; so schließen diese noch zwei Ecken ein, welche mit der gegebenen Ecke übereinstimmend sind.

6. Lehrsatz. Die Perpendikel, von einem Punkte innerhalb einer Ecke auf die Seiten derselben errichtet, sind die Kanten einer Ecke, welche zu der Supplementarecke der gegebenen symmetrisch ist.

7. Lehrsatz. In jeder dreiseitigen Raumecke ist der Ueberschuß der Summe zweier Winkel über den dritten kleiner als zwei Rechte.

8. Lehrsatz. In einem Körper, der von vier Seitenflächen vollständig begrenzt ist, kann keine Seitenfläche einer anderen parallel sein.

9. Lehrsatz. Ein ebenflächiger Körper hat auf seiner Oberfläche doppelt so viel ebene Winkel als Kanten.

10. Lehrsatz. Die Gesammtoberfläche eines regulären Tetraëders ist ein Rechteck, dessen eine Seite der Kante des Tetraëders gleich ist, und dessen Diagonale doppelt so groß als diese Kante ist.

11. Lehrsatz. Wenn jeder von zwei symmetrischen Körpern durch eine Ebene in zwei symmetrische Hälften getheilt werden kann; so sind beide Körper congruent.

12. Lehrsatz. Die Anzahl der Ebenen zu bestimmen, welche sich durch eine gegebene Anzahl von Raumpunkten legen lassen, von denen nicht drei in einer geraden Linie und nicht vier in einer Ebene liegen.

13. Aufgabe. Dieselbe Anzahl der Ebenen zu bestimmen, wenn von der gegebenen Anzahl von Punkten eine gewisse Zahl in derselben Ebene liegt.

14. Aufgabe. Dieselbe Anzahl der Ebenen zu bestimmen, wenn die gegebenen Punkte überhaupt nur in zwei Ebenen liegen.

15. Aufgabe. Dieselbe Anzahl der Ebenen zu bestimmen, wenn mehrere der Punkte in derselben geraden Linie liegen.

16. Aufgabe. Die Anzahl der Durchschnittslinien zu bestimmen, welche eine gegebene Anzahl von Ebenen hat, wenn

a) keine Parallelebenen darunter sind und nicht zwei die sich in derselben Geraden durchschneiden;

b) keine Parallelebenen darunter sind und sich einige in derselben Geraden durchschneiden;

c) einige Parallelebenen, aber keine gemeinschaftliche Durchschnittslinien vorkommen.

17. Erklärung. Es ist möglich außerhalb eines vollen ebenflächigen Körpers im Raum einen Punkt anzugeben, von welchem aus nach allen Eckpunkten des Körpers gerade Linien (Strahlen) gezogen werden können, so daß nicht zwei dieser Strahlen zusammenfallen. Ein solcher Punkt heiße Mittelpunkt der verschiedenen Eckstrahlen des Körpers. Werden alle diese verschiedenen Eckstrahlen von einer Ebene durchschnitten; so bestimmen die Durchschnittspunkte eine ebenen Figur, die von geraden Seitenlinien eingeschlossen ist und durch gerade Linien in zwiefacher Weise zerlegt. Man nenne dieselbe die Projectionsfigur des Körpers. In ihr ist jeder Punkt, wo gerade Linien zusammentreffen, Projetionspunkt einer Ecke der Figur, jede Gerade zwischen zwei solchen Punkten eine Projection einer Kante. Es finden sich daher in dieser Figur eben so viel Seiten als in dem Körper Kanten und eben so viel Figuren als in dem Körper Seitenflachen, und zwar hat jede Projectionsfigur eben so viel Seiten als die entsprechende Hauptfigur im Körper.

18. Lehrsatz. Die Summe sämmtlicher Projectionswinkel in der Projectionsfigur eines Körpers wird erhalten, wenn man vier Rechte so oft nimmt, als der Unterschied der Kanten und Flächen des Körpers beträgt.

19. Lehrsatz. Die Summe sämmtlicher Projectionswinkel an der Projectionsfigur eines Körpers wird erhalten, wenn man vier Rechte so oft nimmt, als Ecken vorhanden sind, und acht Rechte davon wegnimmt.

20. Lehrsatz. (Als Folge von 18 u. 19.) In jedem ebenflächigen Körper ist die Anzahl der Ecken um zwei großer als der Unterschied der Kanten und Flächen.

21. Lehrsatz. Jeder volle ebenflächige Körper hat wenigstens dreimal so viel ebene Winkel in den Seitenfiguren als er Ecken hat.

22. Lehrsatz. Ein ebenflächiger Körper kann nicht weniger als sechs Kanten haben.

23. Lehrsatz. Wenn ein voller ebenflächiger Körper Seitenflächen von ungerader Seitenzahl hat; so sind diese in gerader Anzahl vorhanden.

24. Lehrsatz. Wenn ein voller ebenflächiger Körper Ecken von ungerader Kantenzahl hat; so sind diese in gerader Anzahl vorhanden.

25. Lehrsatz. Wenn ein voller ebenflächiger Körper keine dreiseitigen Ecken hat; so muß er wenigstens acht dreieckige Seitenflächen haben und umgekehrt.

26. Lehrsatz. Wenn ein voller ebenflächiger Körper dreiseitige Ecken und dreieckige Seitenflächen hat; so muß die Anzahl beider zusammen mindestens acht betragen.

27. Lehrsatz. Ein voller, von ebenen Vierecken eingeschlossener Körper, der nur vierseitige und dreiseitige Ecken hat, muß acht dreiseitige Ecken haben.

28. Lehrsatz. Wenn ein ebenflächiger voller Körper, dessen Ecken alle vierkantig, nur von Dreiecken und Vierecken begrenzt ist; so ist die Anzahl der Dreiecke acht.

29. Lehrsatz. In keinem ebenflächigen vollen Körper haben sämmtliche Seitenflächen mehr als fünf Seiten oder sämmtliche Ecken mehr als fünf Kanten.

30. Lehrsatz. Ein voller ebenflächiger Körper, der keine Vierecke oder Fünfecke zu Seitenflächen hat, muß wenigstens vier Dreiecke darunter haben.

31. Lehrsatz. Ein voller ebenflächiger Körper, der keine vierseitigen oder fünfseitigen Ecken hat, muß wenigstens vier dreiseitige enthalten.

32. Lehrsatz.

a) Wenn einem solchen Körper dreieckige oder fünfeckige Seitenflächen fehlen; so hat er wenigstens vier sechseckige Seitenflächen.

b) Fehlen ihm dreikantige und fünfkantige Ecken; so hat er wenigstens sechs vierkantige.

c) Fehlen ihm Dreiecke und Vierecke unter den Seitenflächen; so hat er wenigstens zwölf Funfecke darunter.

d) Fehlen ihm dreikantige und vierkantige Ecken; so hat er wenigstens zwölf fünfkantige.

33. Lehrsatz.

a) Hat ein solcher Körper nur dreikantige Ecken, und zu Seitenflächen Sechsecke und Dreiecke, so ist die Anzahl der letzteren vier.

b) Ist ein solcher Körper nur von Dreiecken eingeschlossen, hat aber sechskantige und dreikantige Ecken; so ist die Zahl der letzteren vier.

c) Sind die Ecken sämmtlich dreikantig, die Seitenflächen Sechsecke und Vierecke; so ist die Anzahl der letzteren sechs.

d) Sind die Seitenflächen sämmtlich Dreiecke, die Ecken aber nur sechskantig und vierkantig; so ist die Anzahl der letzteren sechs.

e) Sind die Ecken sämmtlich dreikantig, die Seitenflächen aber nur Sechsecke und Fünfecke; so ist die Anzahl der letzteren zwölf.

f) Sind die Seitenflächen sämmtlich Dreiecke, die Ecken aber nur sechskantig oder fünfkantig; so ist die Zahl der letzteren zwölf.

34. Lehrsatz.

a) Ein solcher Körper, der keine Dreiecke und Vierecke zu Seiten hat, muß mindestens zwanzig dreikantige Ecken haben.

b) Hat ein solcher Körper weder dreikantige noch vierkantige Ecken; so sind mindestens zwanzig Dreiecke unter den Seitenflächen.

35. Lehrsatz.

a) Ein von fünfeckigen Seitenflächen begrenzter Korper dieser Art mit dreikantigen Ecken, muß zwanzig Ecken haben.

b) Ist ein solcher Körper aber von Dreiecken begrenzt und hat nur fünfkantige Ecken; so hat er zwanzig Seitenflächen.

36. Aufgabe. Eine vierseitige Pyramide zu construiren, in der alle Kantenlinien einander gleich sind.

37. Lehrsatz. Wenn gerade Prismen symmetrisch sind; so sind sie auch congruent.

38. Lehrsatz. In der Summe der ebenen Winkel auf der Oberfläche eines Prisma sind acht Rechte so oft enthalten, wie die Einheit in der gesammten Flächenzahl weniger drei.

39. Lehrsatz. Symmetrische Parallelepipede sind congruent.

40. Lehrsatz. Hat eine dreiseitige Pyramide gleiche Seitenkanten, so steht ihr Höhenperpendikel im Mittelpunkte des der Grundfläche umschriebenen Kreises.

41. Aufgabe. Wenn die drei Seiten einer dreiseitigen Raumecke gegeben sind, die Ecke zu construiren (nach 40).

42. Aufgabe. Eine reguläre Pyramide von gegebener Seitenzahl zu construiren, in der jede Seite einen gegebenen Winkel an der Spitze hat.

43. Lehrsatz. Wenn die Kanten eines rechtwinkligen Parallelepipedums Glieder einer stetigen Proportion sind; so ist das Parallelepidum einem Würfel raumgleich, der die mittlere Proportionallinie zur Kante hat.

44. Lehrsatz. Wenn vier Linien eine Proportion bilden, so verhalten sich die Würfel der ersten beiden Linien, wie die erste zur vierten.

45. Aufgabe, Die Kantenlänge eines Würfels durch Rechnung zu finden; dessen Rauminhalt die Hälfte eines anderen Würfels von gegebener Kantenlänge ist.

46. Aufgabe. Einen Würfel zu finden, der einem gegebenen Parallelepipedum raumgleich ist.

47. Lehrsatz. In einem regulären Polyäder verhält sich die Zahl der Kanten an jeder Ecke zur Zahl der Kanten an jeder Seite, wie die Zahl der Seiten zur Zahl der Ecken.

48. Lehrsatz. Stellt man reguläre Körper jeder Art und ein Rhombendodekaëder zwischen zwei Parallelebenen dergestalt auf, daß eine Seitenfläche der Körper in die eine Ebene fällt, und eine dieser Seite gegenüberliegende Ecke oder Fläche in die andere, und vergleicht die Körper mit Pyramiden von gleicher Grundfläche und Höhe; so enthält das Tetraëder eine solche Pyramide, das Hexaëder 3, das Oktaëder 4, jedes Dodekaëder 8 und das Ikosoëder 10 solcher Pyramiden.

49. Aufgabe. Das Verhältniß der Raumgröße für die sechs zwischen dieselben zwei Porallelebenen aufgestellten Körper (nach §. 48) in Zahlenwerthen anzugeben.

50. Lehrsatz. Die Oberflächen des regulären Tetraëders, Oktaëders und Ikosoëders von gleicher Kantenlänge verhalten sich wie die Seitenzahlen (4 : 8 : 20).

51. Lehrsatz. Der Rauminhalt eines Oktaëders ist viermal so groß wie der Rauminhalt eines Tetraëders von gleicher Kantenlange.

52. Aufgabe. Durch einen Würfel eine prismatische Röhre zu legen, deren senkrechter Durchschnitt der Würfelseite gleich ist.

53. Lehrsatz. Gerade Cylinder, deren krumme Oberflachen (Mäntel) gleich sind, verhalten sich direkt wie die Durchmesser ihrer Grundflachen, umgekehrt wie ihre Hohen.

54. Lehrsatz. Wenn eine Kugel einem Kegel raumgleich ist; so verhält sich das Quadrat des Kugeldurchmessers zum Quadrat des Halbmessers in der Kegelgrundfläche, wie die Höhe des Kegels zum Radius der Kugel.

55. Lehrsatz. Der Rauminhalt einer Kugel verhält sich zu dem des umschriebenen Würfels, wir der halbe Umfang eines Kreises zum ganzen Umfange des ihm eingeschriebenen Sechsecks.

56. Lehrsatz. Bei einer Kugel und dem ihr umschriebenen Cylinder ist das Verhältniß der Raumgrößen dem Verhältniß der Gesammtoberflächen beider Körper gleich.

57. Lehrsatz. Die Gesammtoberfläche eines der Kugel umschriebenen gleichseitigen Kegels ist viermal so groß als die Gesammtoberfläche des eingeschriebenen. Der Rauminhalt des ersteren achtmal so groß als der des letzteren.

58. Aufgabe. Einen Körper von gegebener Kantenlänge zu construiren, der von acht gleichseitigen Dreiecken und sechs Quadraten eingeschlossen ist.

59. Aufgabe. Sechs congruente gerade Kegel berühren sich untereinander und haben eine gemeinschaftliche Spitze, wie groß sind die geraden Berührungskegel, welche zwischen je drei derselben liegen, und dieselbe Spitze haben?

60. Lehrsatz. Wenn man zwischen denselben Parallelebenen einen Kugelabschnitt und einen Cylinder von gleicher Grundfläche und eine Kugel legt, mit deren Radius die Radien jener Grundflächeu übereinstimmen; so ist der Rauminhalt des Abschnitts so groß als der Rauminhalt des halben Cylinders und der ganzen Kugel.

61. Aufgabe. In einer Kugel ein Segment zu construiren, das zu der größesten Kugel, welche beide Oberflächen desselben berührt, ein gegebenes Raumverhaltniß n : 1 hat.

62. Aufgabe. Den Radius eines geraden Cylinders zu bestimmen, der mit seinen Grundflächen eine gegebene Kugel berührt, mit seinem Mantel die Kugelfläche durchschneidet und gleichen Rauminhalt mit der Kugel hat.

63. Aufgabe. Zu bestimmen wie groß der Raum ist, den Cylinder und Kugel in diesem Falle gemein haben.

64. Aufgabe. Den Radius eines geraden Cylinders zu bestimmen, der mit seinen Grundflächen eine gegebene Kugel berührt, mit seinem Mantel die Kugelfläche durchschneidet und gleiche Gesammtoberfläche mit der Kugel hat.

65. Aufgabe. Zu bestimmen wie groß in Nr. 64 derjenige Theil der Kugeloberfläche ist, welcher innerhalb der Cylinderfläche liegt, und derjenige Theil des Cylindermantels, der innerhalb der Kugel ist.

66. Aufgabe. Wenn eine Kugel von der Fläche eines geraden Kegels berührt wird, dessen Radius der Grundfläche r und dessen Axe a bekannt ist, das Verhältniß zu bestimmen, in welchem die Oberfläche der Kugel durch den Berührungskreis getheilt ist.

67. Aufgabe. Wenn eine Kugel von einem Würfel berührend umschlossen und in jeder Würfelecke eine Kugel eingeschrieben ist, welche drei Seitenflächen des Würfels und die Kugel berührt. Wie verhält sich der Radius jeder kleinen Kugel zum Radius der größeren.

68. Aufgabe. Eine Kugelfläche zu finden, welche durch drei gegebene Punkte geht und eine gegebene Ebene berührt. (Vergl. von 62 bis 80 die Berührungsaufgaben von Dr. Brennecke, Berlin bei Enslin 1853.)

69. Aufgabe. Eine Kugelfläche zu finden, welche durch drei gegebene Punkte geht und eine gegebene Kugel berührt.

70. Aufgabe. Es sind zwei Ebenen und außerhalb derselben zwei Punkte gegeben: eine Kugelfläche zu finden; welche durch diese beiden Punkte geht.

71. Aufgabe. Eine Kugelfläche zu finden, die eine gegebene Ebene und eine gegebene Kugelfläche berührt und durch zwei gegebene Punkte geht.

72. Aufgabe. Eine Kugelfläche zu finden, die zwei gegebene Kugeln berührt und durch zwei außerhalb derselben gegebene Punkte geht.

73. Aufgabe. Eine Kugelfläche zu finden, die drei gegebene Kugelflächen berührt und einen außerhalb derselben gegebenen Punkt aufnimmt.

74. Aufgabe. Eine Kugelfläche zu finden, die zwei Ebenen und eine Kugelfläche berührt und durch einen gegebenen Punkt geht.

75. Aufgabe. Eine Kugelfläche zu finden, die eine gegebene Ebene und zwei gegebene Kugelflächen berührt und durch einen gegebenen Punkt geht.

76. Aufgabe. Eine Kugelfläche zu finden, die drei gegebene Kugelflächen berührt und durch einen gegebenen Punkt geht.

77. Aufgabe. Eine Kugelfläche zu finden, die vier gegebene Kugelflächen berührt.

78. Aufgabe. Eine Kugelfläche zu finden, welche drei gegebene Ebenen und eine gegebene Kugel berührt.

79. Aufgabe. Eine Kugelfläche zu finden, die zwei gegebene Ebenen und zwei gegebene Kugeln berührt.

80. Aufgabe. Eine Kugelfläche zu finden, die drei gegebene Kugeln und eine gegebene Ebene berührt.

81. Lehrsatz. Wenn ein reguläres Hexaëder und ein reguläres Oktaëder in dieselbe Kugel eingeschrieben sind; so haben ihre Seitenflachen gleichen Abstand von dem Mittelpunkte der Kugel.

82. Lehrsatz. Wenn ein reguläres Dodekaëder und ein reguläres Ikosaëder in dieselbe Kugel eingeschrieben sind; so haben ihre Seitenflächen gleichen Abstand vom Mittelpunkt dieser Kugel.

83. Aufgabe. Man suche den Beweis folgender Construction: Ist ab der Durchmesser einer Kugel, der Kreis um m ein größester Kreis derselben, mp ein senkrechter Radius auf ab, bc der sechste und bd der fünfte Theil der Kreislinie, beide auf dem Quadranten bp abgeschnitten; schneidet ferner die Sehne ac den Radius mp in e, nnd schneidet die Sehne ad denselben Radius mp in f; ist ferner eh parallel mit ad und schneidet sie den Durchmesser ab in h; ist endlich eg perpendiculär auf ac, und schneidet sie ab in g; so ist

1) mg Abstand der Seitenfläche des in die Kugel eingeschriebenen Tetraëders vom Mittelpunkte der Kugel,

2) me Abstand der Seitenflächen der eingeschriebenen Hexaëder und Oktaëder,

3) mh Abstand der Seitenflächen der eingeschriebenen Dodekaëder und Ikosaëder.

Anm. Diese bisher noch nicht beobachteten Eigenschaften der regulären Körper, wie sie in den Sätzen 81., 82., 83. enthalten sind, habe ich in der Schrift; „Construction der regelmäßigen Körper nach einer für alle übereinstimmenden Methode" (Berlin, Amelang'sche Buchhandl. 1854) ausführlicher entwickelt.

84. Lehrsatz. Wenn ein Kegel seine Spitze und seinen Grundkreis in der Oberfläche einer Kugel hat, und von der Ebene eines Kreises durchschnitten wird, dessen Pol jener Punkt ist; so ist der ebene Schnitt ein Kreis (Princip der stereographischen Projection).

85. Lehrsatz. Wenn von den Endpunkten einer Parabelsehne Perpendikel auf die Hauptaxe und Perpendikel auf die Senkrechte im Scheitel gefällt sind; so entstehen zwei Paralleltrapeze, deren gemeinschaftliche Seite diese Sehne ist. Das Verhältniß der Fläche des äußern Trapezes zu der des innern nähert sich dem Verhältniß 1 : 2 immer mehr, je kleiner die Sehne ist.

86. Aufgabe. Den Flächeninhalt eines Parabelabschnitts zu finden, der durch eine auf die Axe senkrechte Sehne gebildet wird.

87. Aufgabe. Den Flächeninhalt eines Parabelabschnitts zu finden, der durch eiue beliebige Sehne gebildet wird, deren Endpunkte durch Abscissen und Ordinaten zur Hauptaxe bekannt sind.

88. Aufgabe. Die Raumgrößen der Stücke zu berechnen, in welche ein Kegel durch einen Parabelschnitt oder einen Ellipsenschnitt zerlegt ist.

89. Aufgabe. Der Durchmesser des Erdäquators ist 1719 Meilen, die Erdaxe ist $5\frac{3}{4}$ Meilen kürzer. Stellt man sich die Erde als elliptisches Sphäroïd vor; so ist zu berechnen:

a) der Kubikinhalt derselben in Kubikmeilen ausgedrückt;

b) der Umfang des Parallelkreises, dessen Ebene in der Mitte zwischen Aequator und Pol liegt, in Meilen.

c) der Rauminhalt des Abschnitts, welchen dieser Parallelkreis begrenzt.

90. Aufgabe. Die mittlere Entfernung des Mondes von der Erde beträgt $59\frac{3}{4}$ Erdhalbmesser, die größeste Entfernung ist $\frac{13}{8}$ Erdhalbmesser größer, die kleinste eben so viel kleiner. Der Durchmesser der Sonne beträgt 96258 Meilen. Es soll hieraus berechnet werden das Verhältniß der ganzen Fläche der elliptischen Mondbahn zur Fläche des größesten Durchschnittskreises der Sonne.

91. Aufgabe. Wenn Sonne und Mond von einer geraden Kegelfläche berührt werden; wie weit ist die Spitze dieses Kegels vom Mittelpunkte des Mondes entfernt, dessen Durchmesser 469 Meilen enthält, und zwar a) bei der möglichst größesten und b) bei der kleinsten Entfernung beider Weltkörper von einander. Hierbei ist zu berücksichtigen, daß die Erde in Mittel 20,658,000 Meilen von der Sonne absteht und ihr um 175,593 Meilen näher kommen, sich auch eben so viel weiter von ihr entfernen kann?

92. Aufgabe. Wenn Erde und Sonne von einer geraden Kegelfläche berührt werden; wie weit ist die Spitze dieses Kegels von dem Mittelpunkte der Erde entfernt, a) wenn die Erde der Sonne am nächsten ist, b) wenn sie von ihr am weitesten absteht, und wie verhält sich c) der mit dem Grundkreise parallele Durchschnitt dieses Kegels, im Abstande des Mondes von der Erde zur größesten Durchschnittsfläche des Mondes?

93. Aufgabe. Wenn die Erdbahn als Schnitt eines geraden Cylinders aufgefaßt wird, mit dessen Axe die Erdaxe bei ihrem Umlauf jederzeit parallel bleibt; welchen Winkel müßte dann die Erdaxe mit der Ebene ihrer Bahn bilden? (Zur Lösung dieser Aufgabe sind einige trigonometrische Kenntnisse erforderlich.)

94. Aufgabe. Wie verhält sich die Oberfläche des Mondes zur Oberfläche der Kugel, die seinen Abstand von der Erde zum Radius hat?

95. Aufgabe. Wie groß ist dasselbe Verhältniß bei der Sonne?

96. Aufgabe. Wenn der Mondkörper mit dem Erdkörper vereinigt wäre; wieviel größer würde der Radius der Erde sein, als er jetzt ist.

97. Aufgabe. Wie oft ist die Fläche der elliptischen Mondbahn in der Fläche der elliptischen Erdbahn enthalten?

98. Aufgabe. Wie weit ist ein Auge in Theilen des Halbmessers von der Oberfläche einer Kugel entfernt; wenn es den vierten Theil derselben übersieht?

99. Aufgabe. Wie verhält sich das Gewicht einer aus Holz gedrehten Kugel die auf dem Wasser schwimmend, mit dem vierten Theile ihrer Oberfläche aus demselben hervorragt, zum Gewicht einer gleich großen Wasserkugel?

100. Aufgabe. Wenn ein gerader Cylinder im Wasser stehend schwimmt und mit dem 10ten Theile seiner Axe hervorragt; wie viel wird er mit dem senkrechten Durchmesser der Grundfläche hervorragen, wenn er liegend schwimmt?

Berichtigungen und Zusätze.

S. 2 Z. 2 v. u. statt nach ihrer Erklärung ist zu lesen: der Erklärung gemäß

S. 4 Z. 10 v. u. statt: MB lese man MN

S. 14 Z. 7 v. u. statt die Ebenen lese man: die parallelen Ebenen

S. 16 ist der Beweis oben Z. 1 u. s. w. auf Fig. 18 zu beziehen

S. 33 Z. 7 und Z. 9 v. o. lies cd statt $\gamma\delta$

S. 35 Z. 18 v. u. lies MN statt MO und Z. 13 v. u. lies c statt C

S. 38 der Beweis des Lehrsatzes wird einfacher, wenn man ihn zuerst von solchen Körpern nachweiset, die von lauter dreiseitigen Flächen eingeschlossen werden. Man betrachtet dann bei einer Fläche drei Ecken, eine Seitenfläche und drei Kanten. Es ist also $e + f - k = 1$. Geht man zur Betrachtung der zweiten anstoßenden Fläche über; so wächst e um 1, f um 1, k um 2. Es bleibt also auch noch $e + f - k = 1$. Wenn nun eine neue Fläche in Betrachtung gezogen wird; so kann sie a) mit einer Kante oder b) mit zweien an die schon betrachteten anstoßen. Ist das erstere der Fall; so wächst wieder e um 1, f um 1, und k um 2: also bleibt $e + f - k = 1$. Findet das letztere statt; so bleibt e ungeändert, f wächst um 1 und k um 1; also ist auch dann $e + f - k = 1$. Dies findet also statt bei jeder neuen Erweiterung der Betrachtung, bis man c) auf das letzte Dreieck die Aufmerksamkeit richtet. Da bleibt e ungeändert, auch k ungeändert, aber f wächst um 1. Daher ist nun, wenn alle Seitenflächen bei der Zählung berücksichtigt sind, $e + f - k = 2$. Der Anfänger erkennt dabei auch leicht, daß jedesmal die Seiten der Figur in solcher Reihenfolge in Betracht gezogen werden können, daß vor der Betrachtung des allerletzten Dreiecks nur die Fälle a und b vorkommen. Der Fall c also den Schluß macht. Der Satz ist also von Körpern, deren Seitenflächen lauter Dreiecke sind, gültig.

Hat ein Körper andere Seitenflächen; so kann man außerhalb über einer solchen einen Punkt annehmen, nach allen Eckpunkten der Seitenfigur Linien ziehen, von denen je zwei mit einer Kante des Körpers ein Dreieck einschließen. Nimmt man die so entstandenen Dreiecke statt der Seitenflächen der Figur; so wird die Anzahl der Ecken um eine vermehrt. Die Anzahl der Kanten aber um eine mehr, als die Anzahl der Flächen. Es bleibt also $e + f - k$ bei dem neuen Körper eben so groß wie bei dem gegebenen. Geschieht diese Erweiterung des Körpers nun an allen mehrseitigen Seitenflächen desselben; so erhält man: 1) einen Körper, der lauter Dreiecksflächen zu Seiten hat, und bei dem 2) $e + f - k$ eben so groß ist, wie bei dem gegebenen Körper. Daher ist auch bei diesem

$$e + f - k = 2.$$

S. 44 Z. 1 u. 2 v. u. und S. 45 Z. 2 u. 3 von oben lies also:

1) in einem Dreieck zwei Wechsel möglich,

2) in einem Viereck, aber auch in einem Fünfeck, vier Wechsel (d. i. 2 . 2),

3) in einem Sechseck, aber auch in einem Siebeneck, sechs Wechsel (d. i. 2 . 3) u. s. f.

S. 45 Z. 8 v. o. ist zu lesen:

$$2W = 2a + 4b + 4c + 6d + 6e + 8f + 8g + \ldots + 2pn$$

S. 52 Z. 12 u. 13 lies DM statt FM

S. 53 §. 8 Z. 4 lies den Verhältnissen statt dem Verhältniß

S. 53 Z. 4 v. u. lies K statt E

S. 54 Z. 5 v. o. lies DC statt OC und Z. 9 raumgleich statt flächengleich

S. 56 Z. 12 v. u. lies FG statt DG und Z. 4 v. u. α statt A

S. 57 Z. 2 u. 4 v. o. lies K statt $\varkappa$

S. 58 Z. 1, 2, 3 u. 7 v. o. ist G statt E zu lesen

S. 61 Z. 1 v. o. lies A statt H

S. 69 Z. 4 der Erklärung lies: Grundflächen desselben

S. 71 im Beweise zu §. 3 Z. 6 vom Ende lies: HLMD statt HLMN

S. 72 letzte Z. $r = \frac{1}{6}h(4m + g + k) = \frac{1}{3}hg$

S. 73 Z. 8 v. o. lies: Aus diesen Proportionen folgt:

S. 76 Z. 10 v. u. lies so statt o

S. 92 Z. 1 v. o. lies GF statt GH

S. 99 in der ersten Z. lies: aus zwei Theilen, deren Unterschied die angegebene Größe hat

S. 102 die letzte Proportion lautet: Also auch $EC^2 : AC.CB = KF^2 : AF.FB$

S. 114 in der ersten Z. lies CH statt CP

S. 127 Z. 6 v. o. lies EF statt CF

S. 137 Z. 17 v. o. lies Cylinderfläche statt Kegelfläche

S. 140 der Zusatz ist:

Sphärische Lunuln, die auf derselben Kugeloberfläche von congruenten Kreisbogen eingeschlossen werden, unter denen je einer zu einem größesten Kreise gehört, sind congruent.

Die Bezeichnung: z. B., ist im Beweise zu streichen.

S. 145 Z. 22 v. o. lies EH statt EG

S. 151 Z. 16 v. u. lies Parallelebenen

S. 152 lies (Zehnter Abschnitt der Stereometrie.)

S. 161 in der Mitte lies: $\frac{CS}{CU} = \frac{KL}{CK} = \frac{r}{\varrho}$

Taf. I.

Figuren zum neunzehnten Abschnitt.

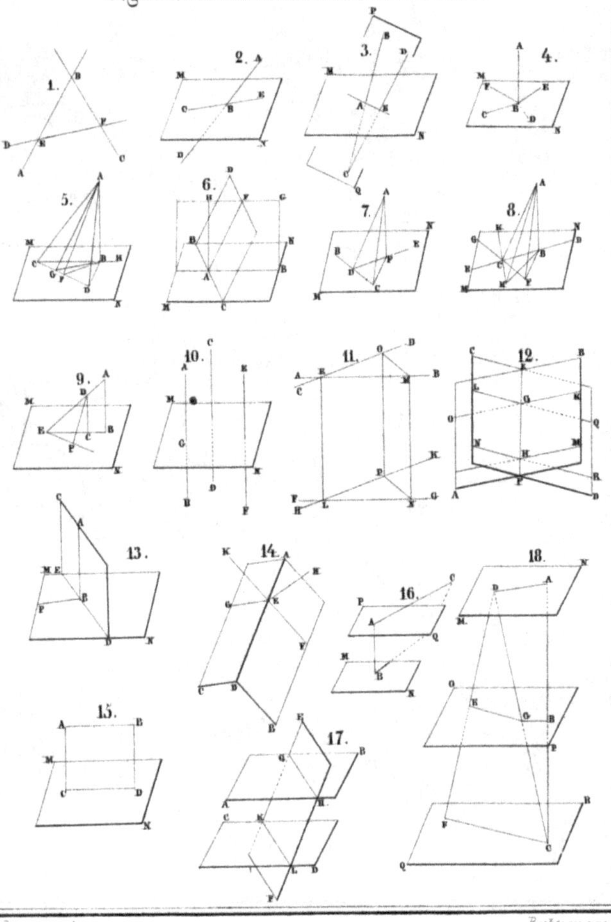

Links zu pag 1. Rechts zu pag 18.

Taf. II.

Figuren zum zwanzigsten und einundzwanzigsten Abschnitt.

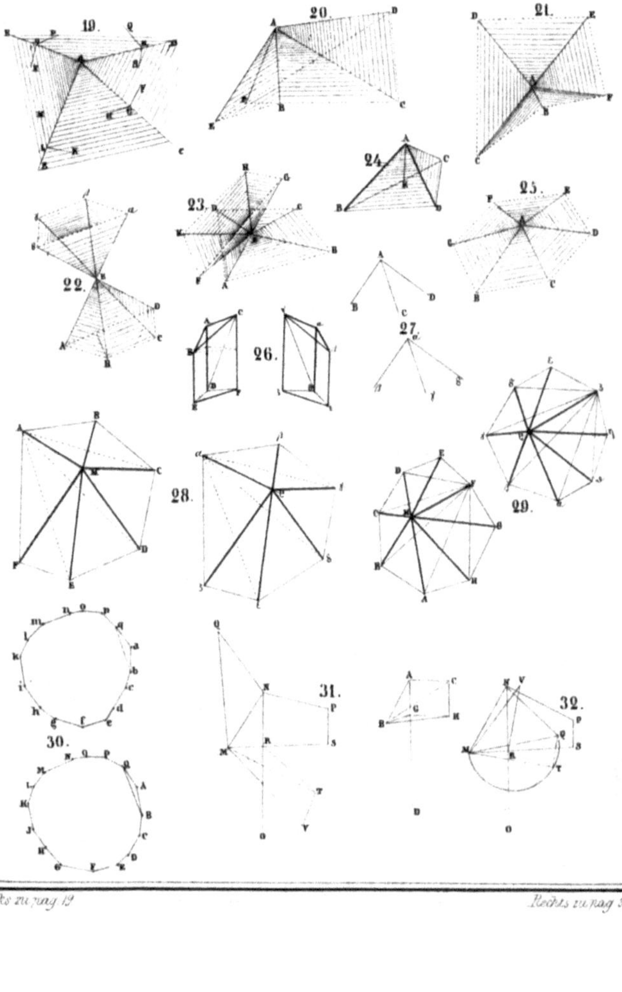

Links zu pag 19 Rechts zu pag 36.

Taf. III.

Figuren zum zweiundzwanzigsten Abschnitt

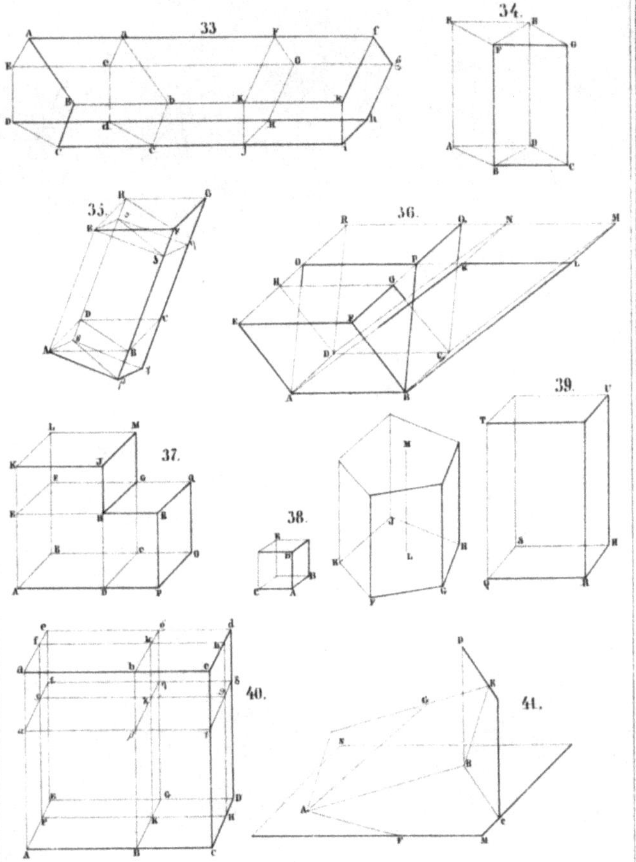

Links zu pag 49 Rechts zu pag 58

Figuren zum drei- und vierundzwanzigsten Abschnitt.

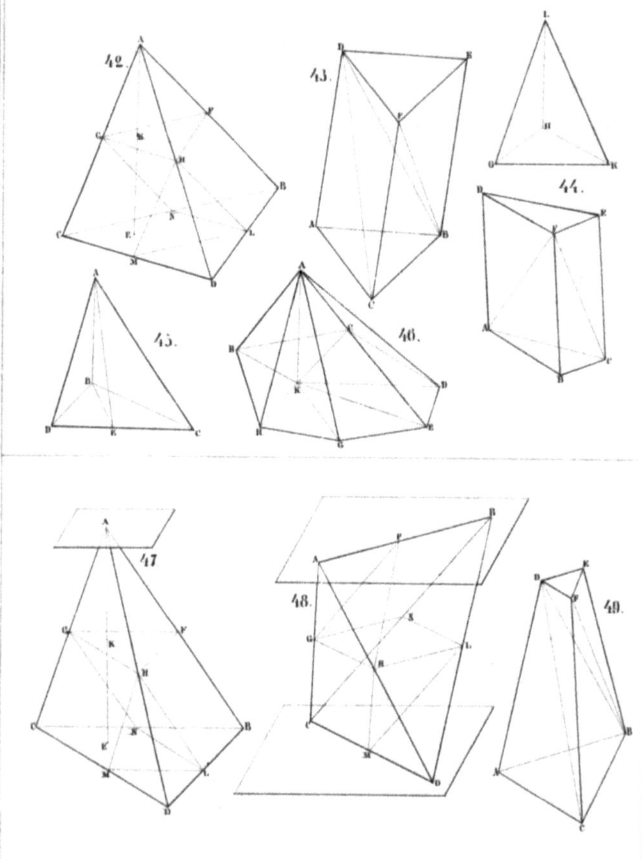

Links zu pag. 69

Rechts zu pag. 74

Taf. V.

Figuren zum vierundzwanzigsten Abschnitt.

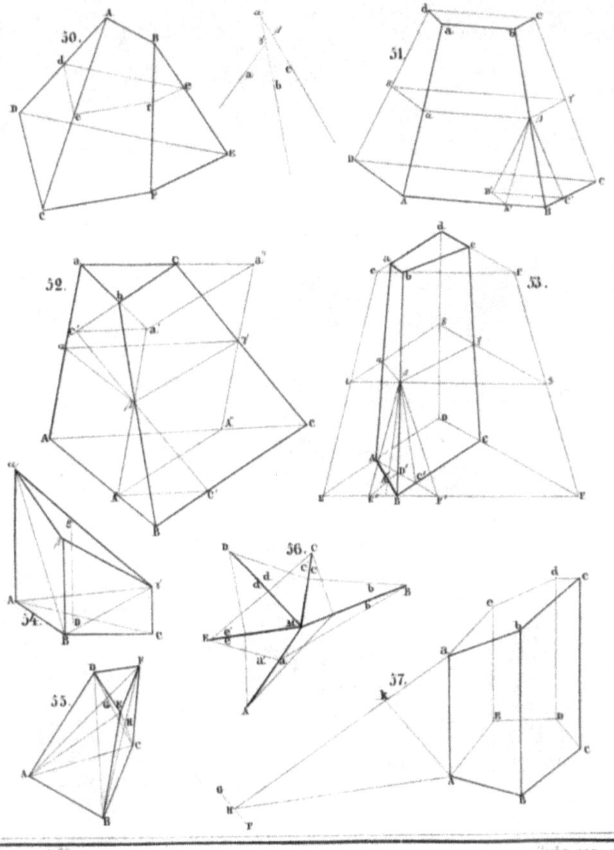

Links zu pag. 75. Rechts zu pag. 88.

Taf VI.

Figuren zum fünf und sechsundzwanzigsten Abschnitt.

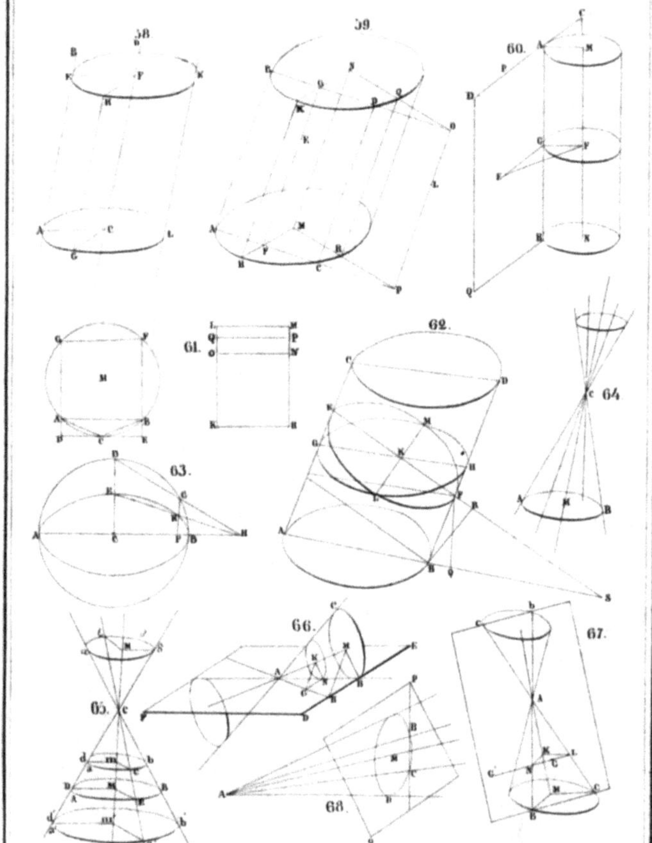

Links zu pag 89

Rechts zu pag 106

Taf. VII.

Figuren zum sechs- und siebenundzwanzigsten Abschnitt.

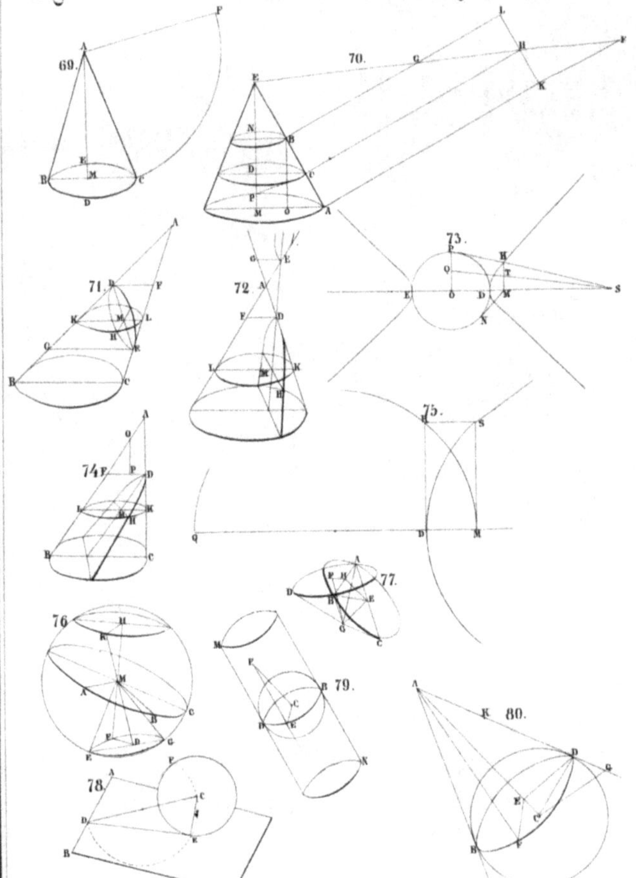

Taf. VIII.

Figuren zum siebenundzwanzigsten Abschnitt.

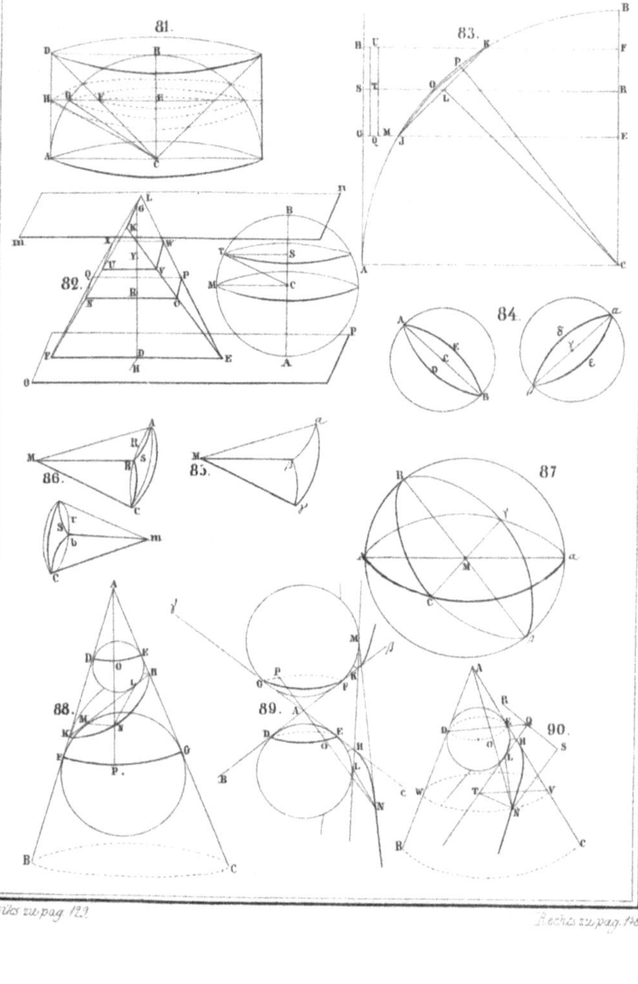

Links zu pag. 129. Rechts zu pag. 148.

Figuren zum sieben- und achtundzwanzigsten Abschnitt.

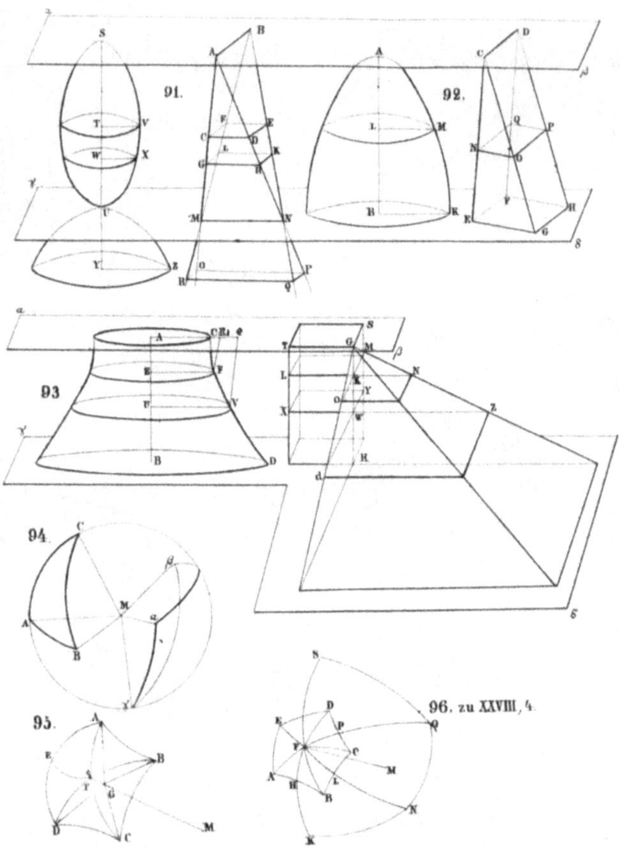

Links zu pag 149. Rechts zu pag 150.

Taf X.

Figuren zum achtundzwanzigsten Abschnitt.

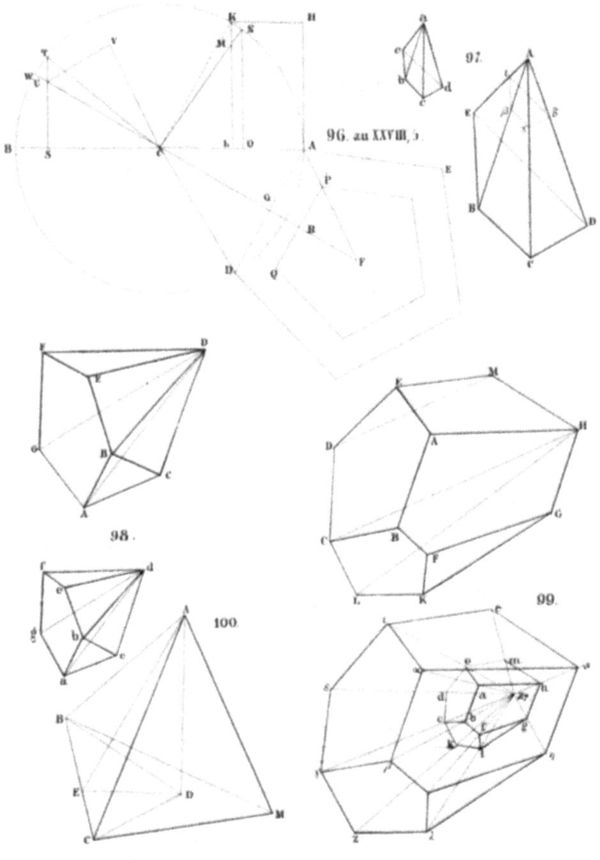

MIX
Papier | Fördert gute Waldnutzung
FSC® C083411

Zeitfracht Medien GmbH
Ferdinand-Jühlke-Straße 7
99095 Erfurt, Deutschland
produktsicherheit@kolibri360.de